2013

中国企业发展环境报告
2013

中国上市公司协会 /编著

中信出版社 · CHINA CITIC PRESS · 北京 ·

图书在版编目（CIP）数据

中国企业发展环境报告 2013 / 中国上市公司协会编著. —北京：中信出版社，2013. 8
ISBN 978 - 7 - 5086 - 4164 - 5

Ⅰ. ①中…　Ⅱ. ①中…　Ⅲ. ①企业环境管理 - 研究报告 - 中国 - 2013　Ⅳ. ①X322. 2

中国版本图书馆 CIP 数据核字（2013）第 179105 号

中国企业发展环境报告 2013

编 著 者：中国上市公司协会
策划推广：中信出版社（China CITIC Press）+《比较》编辑室
出版发行：中信出版集团股份有限公司
（北京市朝阳区惠新东街甲 4 号富盛大厦 2 座　邮编　100029）
（CITIC Publishing Group）
承 印 者：北京通州皇家印刷厂

开　本：787mm × 1092mm　1/16
印　张：18. 75　　字　数：208 千字
版　次：2013 年 8 月第 1 版　　印　次：2013 年 8 月第 1 次印刷
书　号：ISBN 978 - 7 - 4164 - 5/F · 2988　　广告经营许可证：京朝工商广字第 8087 号
定　价：55. 00 元

编委会

目　录

序

党的十八大报告提出，经济体制改革的核心问题是处理好政府和市场的关系，必须更加尊重市场规律，更好发挥政府作用。新一届政府成立以来，改革步伐加快，把经济转型与结构升级放到了重要位置。

今年春节前后，中国上市公司协会就组织力量开展了《改进政府与企业关系，改善企业发展环境》的专题调研。调研使我们对中国企业以提高效率为目标、向创新驱动转型，以及企业转型发展所需环境条件等有关问题，有了更深切的理解。

实现经济转型需要重新定位政府与市场、企业的关系

到目前为止，我国已基本走过了经济发展的追赶期。在这期间，我们主要的是重复工业化国家已经经历的过程，如建设和完善交通、通信等基础设施，提高矿业、能源等保障能力，奠定基础原材料、基础制造业、民生需求自给的基础等。这些领域的社会需求可以预测、所缺的技术可以从国外获得。在这种情况下，政府以控制着较多的资源配置权，采取举国体制、政府主导、依托国有企业、大规模投资的增长方式，在较短的时间内基本走完了这一过程，为进一步工业化奠定了基础。至今，如上领域普遍产能过剩、边际效益递减，明显进入了结构调整和升级的阶段。种种迹象表明，投资拉动的经济增长已经走到尽头。克服萧条、重振景气，恢复和提升产业边际效益的基本途径就是由投资驱动向创新驱动的经济转型。

但是，创新驱动的经济发展与追赶期不同，存在很大的不确定性，政府很难准确预知未来，是风险很大的经济活动。创新发展主要靠企业家的睿智和胆识，分散决策，不怕失败地进行不停歇的探索；创新的动力来自市场，创新是否成功要由市场评价，创新的试错成本要靠市场消化，创新的溢价收益也得靠市场变现。因此，创新发展所要求的环境条件与追赶期有很大的不同。好的市场环境、高度竞争强度是整体条件。因此，政府不能用追赶期的管理方式推动创新驱动的经济发展，必须从主导产业发展的角色中退出，采取有力的政策措施改变发展环境。首要的是重新定位政府、企业与市场的关系。政府是创造环境的主体，通过调控市场引导企业；企业是创新的主体，自主决策并承担风险；市场则为创新提供动力和平台，并使成功的创新获取溢价收益。

有怎样的发展环境，企业就会选择怎样的发展模式

近年来，资源、环境和市场的压力日益强劲，政府千呼万唤企业转型，但是，进展始终不尽如人意。重要的原因，是市场倒逼企业转型的力量被传统的体制和政策所扭曲，未能充分发挥效力，同时创新发展的环境条件尚待建立和完善。实际上企业对传统增长方式存在很强的路径依赖，没有市场力量的倒逼和高回报的吸引大多数企业不会轻易转型。例如，在生产要素充裕而且价格低廉的情况下，多数企业会选择规模扩张、低成本竞争的战略；环境成本可以“外部化”，高消耗、高污染就会大行其道，节能环保的企业就会退缩；如果假冒、仿制得不到有效监管、“搞创新的干不过盗版的”，多数企业就不会冒险创新；如果行业标准落后且实施不严，就会导致准入门槛过低，劣质低价产品充斥，先进的企业会被落后企业打倒；如果不正当竞争得不到有效治理、普遍存在“违规成本低、守法成本高”，就会导致劣币驱逐良币；如果选择性执法、寻租机会时时出现，就会使企业更加注重开发“政府关系”这个“生产力”；如果房地产、金融投资的回报持续远高于社会平均水平，就会造成“干制造业的干不过搞房地产的”，“干实体经济的干不过搞虚拟经济的”，企业就倾向于远离制造业，转而追逐各种投资热点；在市场机制不能有效发挥作用情况下，以行政力量淘汰那些虽然“落后”但仍有钱可赚的生产能力，不仅很难奏效，而且这类产能反会越来越多。

创新和变革是企业家精神的精髓，是企业不竭的追求，但在现实生活中，企业无法改变外部环境，只能适应环境。因此，创新或不创新，是企业应对外部环境的一种选择，有怎样的发展环境，企业就会做出怎样的选择。如果少数企业不愿创新，那是它基于自身条件的决策；如果多数企业缺乏转型动力，那就是发展环境还不太支持创新。从这个意义上说，向创新驱动的经济转型的问题，就是发展环境的转换问题。从如上情况看，目前的体制、政策环境比较适合投资驱动的发展方式，还不太适合创新驱动的经济发展。向创新驱动转型，我们还面临许多体制、机制的改革与创新问题。

政府既是重要的环境因素，也是改变发展环境的主体

能创造和改变发展环境的是政府，政府的政策和行政方式在很大程度上影响着企业行为。要改变发展环境，必须从转变政府职能、改革政府行政方式入手。

随着改革的深化，市场配置资源的能力、对市场主体的激励和约束力增强，政府职能应及时从对微观经济的直接干预转向创造有效率的市场和良好的宏观环境。

重要的是进一步完善基于法律规则的经济治理。政府经济工作的一项核心职能是制定市场规则，减少政府官员的自由裁量权，保证规则公开透明，并公平公正地严格执行。当前，一方面要完善规则，另一方面要提高规则的执行力。政府官员要带头遵守规则、执行规则，确保政企分开，确保竞争环境的公平性和对各类市场主体一视同仁，确保企业能自主决策进入或退出市场。同时，实施严格的市场监管，规范市场经济秩序，使违背市场规则的机构和个人付出应有的代价，以此形成稳定的社会预期。让企业在统一的法律和规则约束下自主经营，使任何企业都可以通过高水平的产品、营销和管理获得高收益，而不是“靠关系”。

培育有效率的市场。要“使市场在资源配置中发挥基础性作用”，政府经济工作的注意力就应放到创造有效率的市场上来，使政府调控经济的有效性，很大程度上应通过市场的有效性来体现。政府应充分释放市场的激励和约束作用，尊重企业的首创精神，尊重市场对产业发展方向和技术路线的筛选；应创造有效的竞争环境，激励产业和企业无休止的改善效率和投入创新。

政府应制定和实施促进效率提高和鼓励创新的竞争政策，消除市场进入壁垒，提高竞争强度。进入创新驱动发展阶段，应反思和调整通过传统“产业政策”对产业进行的行政干预。政府应从竞争性项目的经济性管制及时转向针对外部性的社会性管制，如对企业涉及的外部性因素，诸如资源利用、环境保护、安全卫生以及土地使用等进行社会性审查，实行公平市场准入，发布市场信息，利用货币政策和财、税、费等工具进行宏观调控等。

应改变政府主导产业发展的模式。实践证明，政府制定产业规划、确定目标、认定项目、选择依托企业、制定 GDP 增长指标、实施倾斜政策、进行督导和成果评价等做法，已经不适应创新驱动的企业发展。重要的是由此造成企业不是追踪市场，而是追随政府，无法确立自己的市场主体地位。包括市场准入在内的行政审批制，在很大程度上弱化了市场的引导和激励作用。政府对不同所有制企业区别政策的做法，使每个企业头上都有一个“所有制标签”，在企业间形成了所有制鸿沟，公平竞争机制难以建立。政府管的太多，包的太多，优惠太多，企业就会产生依赖，遇到问题不是找市场，而是向政府伸手，甚至寻租。以 GDP 指标考核企业，鼓励的是规模扩张，会抑制效率提升和创新。

服务上市公司是中国上市公司协会的基本职能。深入了解企业情况，反映企业群体呼声，是协会的一项重点工作。《中国企业发展环境报告 2013》一书就是在协会上半年组织完成的《改进政府与企业关系，改善企业发展环境》调研报告的基础上形成的，其中来自 1500 多家上市公司的一手数据为我们研判企业发展环境、评估政府职能转变进展提供了重要依据，报告中的一些观点和建议也得到了有关方面和企业的认可。中国的改革仍在进行时，协会希望能把企业发展环境的评估工作继续下去，争取每年都能推出本年度的企业发展环境评估报告，以推动发展环境改善，驱动企业转型升级。

是为序。

陳清泰

2013 年 8 月

第一章　改善企业发展环境

三十多年来，我国企业主要靠技术模仿、产业跟踪实现了快速追赶。今天，我国越来越多的产业和企业已开始参与国际前沿竞争，进入了培育全球领先企业的重要阶段。相应的，企业的发展正在由投资扩张驱动转向着力培育包括自主创新能力在内的软实力。向创新驱动的发展转型是我国企业面临的新挑战。

企业的转型有赖于发展环境的改善。2013 年以来中国上市公司协会针对改善企业发展环境，促进企业转型的问题，从企业的视角，就改进政府与企业的关系组织了专题调研①。下面是该项调研的结论和建议的汇总。

一、转变政府职能，减少政府对企业的干预

调查结果显示，近三年每家企业平均每年向政府申报、审批项目为 17.67 个，单个项目涉及的审批部门平均为 5.67 个、审批程序平均为 9.40 道，1 539 家受调查企业审批时间最长项目的平均值为 171.35 天，其中最长约为1 500天。企业希望在工商登记、投资体制、项目审批、市场准入、检查评比等方面能有实质性改革；清理一批审批、检查、认证的项目。最近一些

① 调研包括现场考察、召开座谈会、问卷调查等形式，共收回有效问卷 1 539 份。

地方为保增长不断给企业下达产销、投资和招商指标，并要求企业增加本地供应商的数量，企业十分无奈。它们希望减少对企业的行政性干预，创造更加适合创新发展的市场环境。

1. 简化企业设立变更程序。企业的设立要经名称核准、设立登记、验资、办理营业执照、印章、代码证、税务登记、获取验资证明、统计登记和社保登记等12个以上流程和审批，涉及工商、税务、质检、公安、审计、统计、劳动等7个以上部门。国有独资、外资企业和经营范围涉及许可的企业还需履行额外的审批。企业名称、住所、法定代表人、资本、经营范围等任何一项变更，都需进行工商审查和办理变更。有的企业一年需要更换几十次登记册。建议借鉴德国和香港地区等地做法，企业设立只需对口一个或少数几个政府机构进行登记；企业变更，一般只要限期报备，无需其他部门再审批，实行“宽进严管”。

2. 清理政府审批和核准项目清单，建立防止变相审批的机制。2004年国务院决定将项目审批改为核准和备案。多数企业认为改革后的核准和备案很多仍是变相审批。建议修订核准项目目录，在一般领域、不使用政府投资的建设项目应实行备案制；对于少数实行核准制的项目，政府部门应公布审理程序、标准和从受理之日到给予答复的工作日数，接受社会监督。

3. 简化建设项目审批流程。企业建设项目，从立项申请到投入运行要经过27个部门、50个环节。如要经申请、立项、办理土地证、规划许可、“三同时”评估等多个流程，企业反映仅办理立项、规划许可证就需6～10个月。验收审批更是复杂，如某企业厂房竣工后申请房产证，耗时4个多月，跑了10多个部门，盖了20多个公章，花费10多万元。建议系统清理建设审批项目，合理设计工作流程，增加透明度，提高工作效率。

4. 清理资质和认证项目，放宽市场准入。资质和认证是很多行业市场准入的前置条件，企业反映数量和名目过多过滥，有些已没有必要。如防伪标识产品有10余类、执行40多种标准，有些已起不到防伪作用，但属于强制性认证，产销或使用未获许可的防伪标识会被罚款。有些规定相互矛盾，如要求有资质才能进入某个领域，而要获得资质又须在该领域先有业绩，这就使新进入者“入市无门”。建议选择一些需设立资质和认证的行业，科学地清理所设资质和认证，取消无关紧要或效果甚微的部分，留下来的，实行“分类管理、标准统一、简化流程”的制度化管理。慎重新设立资质和认证。整合业务相同或相近的检验、检测、认证机构，提高权威性。

5. 减少企业会议负担，规范检查活动。总体看，对企业的检查评比呈下降趋势，但企业仍感检查过多、会议过多、报表过多。调查显示，上市公司平均每年接待政府检查和评比 19.06 次，所需费用占企业管理费的 3.27%。非上市公司约为上市公司的 1.5 倍。北京某商业企业一年接受了各类检查 210 次，检查人员 633 人次，企业接待人员超过 900 人次。税务专项检查有时一次达一个月，长则半年。政府会议多，公司主要领导平均每年参会 24.5 次（其中 53.9% 被认为没必要参加），加上接待检查等，平均占用 30.76 个工作日。企业频繁填报工商、统计、税务、财政、证监等多个部门要求的，内容相近、但格式各异的表格，耗费了很大精力。建议从减少“一次检查”、减少“一次会议”做起，力争为企业减少一半或 1/3 的接待和参会时间。建议由相关部门联合制定一个能涵盖不同部门要求的报表，以减轻企业工作量。

6. 建立针对评比活动的监管机制。近三年，每家上市公司平均获得 28 个奖牌、冠名、认证和牌匾，其中很多没有权威性、缺乏公正性。有的政府部门把设立名目、颁发牌匾作为推动工作的抓手；有的产品刚上市，“名牌产品”奖牌已经上墙。商业性评比更显多和乱。其中很多是收费性评比，大多有媒体参与。有的企业想借机宣传自己的品牌，也有企业说，实打实的评价是市场的货币选票，但为不得罪主办机构和媒体也得“出钱保平安”。建议减少政府出面组织的评比、发牌，对商业评比进行必要的监管，杜绝收费性评比。

二、改革市场监管，改善市场环境

问卷调查显示，近90%的企业认为政府监管尚未充分发挥改善保障公平竞争环境的作用，其中有35%认为监管严重不到位。假冒、仿制、不正当竞争等屡见不鲜，使企业的创新难以获得应有收益。环保、安全、质量等方面监管力度不足，导致违规成本低，守法成本高。行业标准落后且实施不严，导致准入门槛过低，落后产能不断扩张。总体看，与我国的市场规模和复杂程度相比，监管能力太弱阻碍了产业结构升级。企业呼吁，政府干预要减，监管能力要强。

1. 加快对创新活跃行业的监管体制改革。以医药和医疗器械行业为例，企业普遍反映，我国医药监管能力不足（美国FDA约有1.2万名药品审评员，而我国专业审评员只有87人），导致创新产品候审时间长、评审周期长，无法预期何时获批。企业大量研发投入无法收回，影响了再研发进程。医药定价较少考虑研发成本，招标中价格权重过高，一些药厂低价中标，偷工减料生产，研发能力萎缩。建议在电子信息、互联网、电子商务、医药和医疗器械、能源等创新活动最为活跃领域，率先建立既能保障安全，又能促进创新的现代监管体系。

2. 强化国家标准的约束力。多数企业承认，我国现行的技术、质量、环保、安全、卫生、能耗等许多标准已经落后于我国发展阶段，而且执行不严，有的还受到地方保护。标准落后保护了落后的生产力，使可以达到更高标准的企业也没有升级的积极性。一家钢铁企业反映，欧美国家各种建筑钢材标准强度不小于500兆帕，我国只有螺纹钢的标准是400兆帕，由此导致使用等量的钢材，我国的建筑寿命就短1/3以上，保证同等的寿命就得多用很多的钢材。一些企业认为，标准应当适度超前，成为一种倒逼产业升级的力量，而不能相反。有企业呼吁，政府应加强对强制性标准执行的监管，否则就会使先进的生产力被落后的生产力打倒。

3. 集中整顿典型的破坏市场秩序行为。很多中小企业反映大企业拖欠账款行为严重，“大（公司）欠小（公司）”已成三角债的一个源头。2012 年三大石油和国家电网公司的各类应付款总计超过 1. 5 万亿元，高铁建设拖欠超过一年的工程款已超过 1 000 亿元。2011 年政府采购额已超过了 1 万亿元。国企和政府年采购额巨大，但付款期越来越长，很多在 180 天左右。拿不到货款的中小企业，又向下游赊欠，扩大了三角债。一家面向央企销售的民企 2012 年营业收入 2. 44 亿元，而应收账款总额为 1. 42 亿元，占该年营业收入的 58% 。建议采取专项行动，限制政府部门和大企业的拖欠账款行为，这对改善市场秩序有标志性作用。

4. 加快垄断领域改革。在调研中民营企业反映最多的问题是市场准入，最盼望的是有更多的市场机会和公平的竞争环境。民营企业虽可参与铁路、油气管网等新放开领域的投资，但难以实质性参与经营，一些民营资本无奈撤出。建议落实各种所有制经济公平参与市场竞争的承诺，“打破垄断、引入竞争、重塑监管”，力求短期内实现民营资本进入金融、基础设施和能源等领域的实质性突破，建立市场信心。建议修改《反垄断法》，改革并强化执行机构的权能和独立性，使其有能力公正地执行法律赋予的使命。

三、从税费和社保入手，减轻企业负担

税费负担重、社保支出多是企业普遍反映的突出问题。目前企业缴税已占营业收入近 10% ，很多企业上交的税费超出企业净利润，全国 2 400 多家上市公司中有 100 多家公司上交的税费是其净利润的 5 倍以上。1 539 家受访企业中有 93% 的企业认为应将降低企业税负、简化税种作为税收体制改革的一项重要任务。

1. 实行结构性减税。一些企业认为研发费用加计扣除、固定资产加速折旧等政策是激励创新最有效、最公平的政策。如果支持创新的普惠性减税由目前的 100 多亿元上升到 500 亿元，其效果将胜过财政每年上千亿元的科技

经费补贴，而且机制会更好。出口退税和重大技术装备进口免税政策的办理手续仍较繁琐，企业反映退税到账一般要半年至一年。如果退税时间减少一半，对于出口型中小企业而言相当于流动资金增加了50%。

2. 优化税制结构。我国仍以流转税为主体，增值税和营业税等占税收总额的54%，而发达国家大多不超过30%。有企业反映，流转税以货物和劳务流转额为计税基础，衔接环节极易出现重复征税，且未考虑企业是否盈利。最近两年处于经营环境不佳、效益较差时期，企业税负压力反而相对加大。建议增加财产税等直接税种，相应减少流转税等间接税种，加快推广“营改增”的税制改革。

3. 规范行政性收费。各类行政性收费已超过企业营业收入的1%，收费项目名目繁多，企业大多不清楚收费的依据和实际用途。除残疾人就业保障金、价格调节基金、工会经费等国家列明的基金项目外，一些地方还征收如河道修建维护费、代除雪费等。土地、矿产等领域的收费项目更是多达数十种，某些地方缴费额已达企业营业收入的8%。建议国家组织一次行政性收费的清理，简政清费，加大“费改税”改革力度，并增强透明度，使企业了解设费根据、用途和使用情况。

4. 减少企业社保支出。从调研情况看，我国企业薪酬支出（含“五险一金”）、职工税前薪资、税后薪资三者的比例基本是1.4∶1∶0.8，即职工税后收入8 000元，企业需支付约1 4000元，其中6 000元用于缴纳社保和个税。我国社保费率约为40%，在全球125个国家排名前12，仅低于罗马尼亚、捷克、波兰等国家，较美国（16.1%）、日本（25.24%）、韩国（15.13%）等高出很多，企业社保支出成为用工成本增加的重要因素。建议适当减少企业社保支出，政府分担更多支出责任。社保统筹部分在员工流动时不能随之流动，影响了员工缴费的热情。建议推进社保账户跨地区携带，保障员工权益。由于社保项目大多不是直接返还，需进一步明确个人账户归属及运行情况，简化社保金等提取手续，促进社保积累显性化。

四、解决企业融资与并购难题

我国企业融资的近70%来自银行贷款，直接融资占比较低，不利于企业向创新驱动发展转型。贷款为主的融资结构使企业财务成本攀高，2012年国有四大银行净利润7 746亿元，占全部上市公司净利润总和的50%以上，而实体企业贷款利息支出与净利润的比例上升至50%。调研中，62%的国有企业、52%的民营企业、54%的外资企业认为应加快金融改革，拓展渠道，扩大包括股权融资在内的直接融资比重。

1. 改革股权融资审批制度。建议推进IPO融资的市场化改革，可从创业板开始审批制转向备案制。企业反映再融资审批一般要一年以上，长则3年左右，往往导致企业错失融资和投资的最佳时机。企业反映，上市公司已有规范的持续信息披露制度，定向增发等有条件由审批改为备案。目前上市公司再融资要取得发改委、环保局、国土局、国资委等前置批复才能进入证监会的审核程序。建议将融资审批与项目审批脱钩，需要审批的各走各流程，不应互为前置条件。

2. 改革债券融资审批制度。债券融资审批主体过多，短融、中期票据、集合债券由央行下属的银行间交易商协会审核；公司债、企业债、城投债由发改委会签，证监会或央行审批，可转债由证监会审批。部门分割限制了融资产品的创新和市场化进程。有些审核时间过长，如中小企业集合债的审核一般需要1年。建议债券融资改为备案为主，少数需要审批的如城投债，应缩短审批流程。

3. 约束地方政府对企业并购的不当干预。调研中发现，各地国企参与跨区域重组时，都要求本地企业保持控制权，导致跨区域并购很难成功。有的地方担心"国有资产流失"，政府对民企并购国企干预过多，甚至强制亏损的国企兼并盈利的民企。一些地方政府出面"归大堆"、"拉郎配"，"制造"大企业集团，并购后的重组十分困难。企业反映，当前并购重组是结构调整的重要支柱，政府的指导是必要的，但并购的主体终究是企业。希望政府能创造更加良好、更有利于并购重组的环境条件，减少不恰当的干预。建议中央政府对跨地区的并购提出指导意见，打破地区间的市场分割。

4. 减少境外并购审批，支持企业“走出去”。企业普遍反映境外并购审批环节太多。一般需经地方相关部门、国家发改委、商务部、外管局和证监会等审批。涉及金融、能源、传媒等行业以及国有企业，还需相关主管部门核准。各环节多为串行审批，耗时长。近年几乎没有一个项目的审批按政府公布的时间完成，由此可能丧失并购良机或成本被大幅抬高。建议清理审批项目，将串行审批改为并行审批。对一般性并购可采用备案制。

5. 设立产业并购基金。目前很多产能过剩行业的主体企业经营困难，发起并购的能力较弱，但并购时机难得。建议设立若干产业并购基金，适度增加杠杆作用，市场化地参与行业的并购重组。并购基金可由政府出资，广泛吸收社会资本。

五、着力改善企业创新环境

企业向创新驱动转型的态势逐渐形成，而公平的竞争环境是重要前提。调研中有27%的企业认为创新环境不好，有41.6%的企业遭遇过知识产权侵权，有40%的企业认为用法律手段保护知识产权很难取得效果。有23.5%的企业认为近年来地方保护加重了。在外地，企业在获取当地资源和享受政府政策等方面会受到歧视；在发生法律诉讼和经济纠纷时往往受到不公平待遇。企业提出，创造公平的市场环境比政府补贴更重要。

1. 加大知识产权保护。现在国内创新企业已替代国外公司成为呼吁保护知识产权的主体。应从支持引进模仿为主的知识产权制度转向支持原创和再创新为主的知识产权制度。企业呼吁政府和法院应当把知识侵权与盗窃财物同等看待，加大打击假冒、非法仿制、窃取知识产权等行为的惩处力度，保障创新者权益。跨区域知识侵权有时有政府背景，尤其难处理，建议跨地区知识产权纠纷应由第三方法院裁决。

2. 改革政府支持企业研发的方式。有的企业在实践中发现，由企业申报、政府部门选项目、分配资助资金，并对成果进行评估、鉴定、表彰的做法存在弊端。以经济效益为目标的创新必须以市场为导向，而不是政府导向；创新具有风险和不确定性，只能以企业为主体，分散决策，而不能以政府为主体，集中决策。一些得到政府“点对点”资助的企业逐渐感觉在被政府牵着走，对如上做法也有意见。一些企业建议，政府资金应减少对企业点对点的支持，加大普惠性政策支持的力度，使政府的支持有利于建立良性的企业创新机制。

3. 改革对产业化的支持方式。企业反映创新成果产业化的一个难关，是如何打开市场出口。在重大技术装备领域就曾不断遭遇“首台首套”的困境。建议政府有必要将资金支持需求侧，培育市场，再让市场拉动企业创新。政府以直接拨款方式支持产业化不是最优的机制，可与金融资本结合，成立基金，发挥杠杆作用，以金融资本的运作机制支持产业化。

4. 改革产业政策。有企业建议政府尽量减少以制定规划、设立准入门槛、政府确定产业发展方向和技术路线、政府选择依托企业进行支持的产业政策。新技术的突破带来了众多机会，政府认定了个别企业，就限制了新的进入者，而新的进入者会带来活力、加速试错过程、降低试错成本。政府应创造公平的市场环境，尊重企业的首创精神，尊重市场对产业发展方向和技术路线的筛选。政府主要通过信息发布、支持科技型中小企业、资助竞争前共性技术的研发、适时制定技术标准等方式对产业发展进行引导。

5. 改善创新要素供给条件。调研中有超过60%的企业反映，融资、人才、市场准入、技术市场等缺乏是制约创新的主要因素。企业向创新驱动转型的一个重要基础，就是获得融资的支持，现在企业转型的不同阶段都遇到了融资瓶颈。建议通过政府引导和金融改革，进一步发挥市场化的资本配置功能，使企业在创新中从初创、研发、中试到产业化和成熟期的技术改造等各个发展阶段都能得到相应的金融工具和资本市场的支持。还应大力发展创新服务业，包括技术交易市场、股权交易市场、猎头公司等，使不同成熟度的创新成果都可以在市场上变现，使买方可以在市场上方便地获得所需的创新资源。

第二章　商事管理改革

商事登记是企业走向市场的第一道准入门槛，企业的设立登记要经申请、企业名称核准、验资、办理营业执照、印章、代码证、税务登记、统计登记、社保登记、办理生产许可证等流程，涉及工商、税务、质检、公安、审计、统计、劳动等部门。调研中企业反映，设立变更须经多部委多项审批备案，商事登记程序繁琐问题突出。

一、我国商事管理制度现状及主要问题

我国商事管理制度运行三十多年来，逐步建立了包括企业登记、监督管理、年度检验、商标注册等内容在内的商事管理体系。近十年来，商事管理制度进行了多项改革：一是通过《行政许可法》对企业登记行政许可的设定、实施主体、实施程序、监督检查和法律责任进行全面规范，将工商企业登记由过去的行政审批制转化为作为行政许可行为。2004 年起，国家工商总局陆续清理、废止、审查修订 1 000 余件规章和规范性文件。二是完善和修订企业登记立法。三是一些地区初步尝试注册官制度、并联审批、便民服务中心一厅（站）式审批中心等审批服务性机构，如浙江等地，推行并联审批制度，依托工商局企业注册大厅，统一受理企业注册登记及前置审批申请，并通过传真、计算机通讯等技术手段，将企业注册登记前置审批事项传达给

相关部门，实行集部门前置审批与工商部门注册登记于一体的审批方式。

十二届全国人大一次会议审议批准的《国务院机构改革和职能转变方案》将改革工商登记制度作为国务院机构职能转变的一项重要内容。2012年，国家工商总局批复《关于支持广东加快转型升级、建设幸福广东的意见》，以广东为改革试点，创新市场主体登记管理机制，推出商事登记改革。

专栏 2.1　我国商事登记管理制度沿革

1978 年，随着国务院《关于成立工商行政管理总局的通知》，我国全面恢复中断十多年的企业登记管理工作，对全民所有制和集体所有制的工业企业进行全面登记。

1979 年 6 月，最先对旅店业、旧货业、印铸刻字业和修理业 4 个特种行业开始登记发照工作，同年 12 月，开始对工业企业全面登记。

1980 年 7 月，国务院颁布《中外合资经营企业登记管理办法》。

1982 年 8 月，国务院颁布《工商企业登记管理条例》，确立了工商行政管理部门对企业登记管理的法律地位，明确企业未经核准登记，不得开业经营。

1988 年，国务院颁布《企业法人登记管理条例》，国家工商行政管理局颁布了《企业法人登记管理条例施行细则》，标志着我国企业法人登记制度的全面确立。

1993 年以后，我国先后颁布《公司法》、《合伙企业法》、《个人独资企业法》等法律。

2004 年 7 月 1 日，《行政许可法》实施生效，规定企业登记属于依申请的行政许可行为，对提交材料齐全、符合法定形式的申请，实行当场登记，在登记制度和服务理念等方面实现了重大改变。

2005 年，修改《公司法》和《公司登记管理条例》，在公司制度方面做出创新，如公司设立制度，在注册资本、出资方式、无形资产出资和公司对外投资比例等方面作了重要修改。

工商环节的行政许可审批项目包括：企业（集团）设立变更注销登记、企业名称预先核准、外商投资广告企业设立分支机构审批、外商投资广告企业项目审批、外国企业常驻代表机构登记、外国（地区）企业在中国境内从事生产经营活动核准等。非行政许可审批项目主要包括企业年检、驰名商标认定、商标注册、动产抵押登记等。其他登记事务，包括企业迁移登记，企业申请迁入调档，内资企业变更为外商投资企业，申请授权属地登记，申请增加营业执照副本，营业执照遗失补领/换发申请，集团登记证遗失补领申请，企业集团变更集团母公司登记，企业集团成员变更登记，企业集团母公司名称、住所变更登记，企业集团变更名称登记。备案项目如企业（集团）章程备案，公司董事、监事、经理备案，公司清算组备案，公司设立分公司情况备案，非公司企业法人主管部门（出资人）变动备案等。①

调研中，企业反映的主要问题包括：

1. 企业设立登记前置审批环节多，周期长，程序繁琐。我国企业设立登记的前置审批环节较多，涉及经营范围前置审批的法律法规和规范性文件约100多件，各类行政许可审批项目涉及的法律法规多、实施机关多、管理项目多。

企业办理工商设立登记程序，必须齐备消防、公安、税务、环保、卫生、质检等各主管部门的前置审批文件。国有独资、外资和合资企业，特定行业和经营事项还需履行额外的审批程序。如商业零售企业，备齐工商注册资料，至少要经历消防、卫生、环保、质检、食药监、公安、税务等7个以上部门12个以上审批流程。又以《北京市企业登记前置许可项目目录》（2012年）为例，包括企业设立、变更、解散，农林牧副渔、矿产资源及电力建设、市政及建设、交通运输、化工和公共安全、医疗医药和食品卫生、劳动、金融、邮政电信、广播电影电视、新闻出版、文化文物、娱乐旅游、环境保护、民政、中介服务、贸易、制造加工等20大类115项企业登记需要取得前置许

① 国家工商行政管理总局网站。

可，由工信、发改、交通、卫生等各主管部门先行审批后，再由工商部门进行审查登记。审批部门多，周期长，程序繁琐。

外商投资企业问题尤为突出。我国对内资企业与外商投资企业分别适用不同的登记制度，内资企业实行直接登记制，外商投资企业实行审批登记制。外商投资企业按照投资额度的不同分别由商务部、各级招商主管部门审批核准。投资产业依据发改委和商务部《外商投资产业指导目录》分为鼓励类、限制类和禁止类三类项目，报发改委项目核准。如为技改项目（工业技改项目指在原有工业企业基础上建设的项目，通常土地、建设和规划等条件已经具备），要求到工信部门办理投资项目核准。投资房地产经营开发，必须经过“招拍挂”拿到土地使用权后，才能办理。领取营业执照之后，还需办理外汇开户登记、税务、财政、海关等登记手续。

2. 企业设立变更程序的问题：登记注册提交材料、登记事项较多，实质审核色彩浓；变更程序复杂，部分手续不统一，周期难以预期。企业登记注册需提交的材料和登记事项较多，如外商投资公司设立登记须提交的材料包括：拟任法定代表人签署的《外商投资的公司设立登记申请书》；审批机关的批准文件（批复和批准证书副本 1）；公司章程；《名称预先核准通知书》；投资者的主体资格证明或自然人身份证明；董事、监事和经理的任职文件及身份证明复印件；法定代表人任职文件和身份证明复印件；依法设立的验资机构出具的验资证明；股东首次出资是非货币财产的，提交已办理财产权转移手续的证明文件；公司住所证明；创立大会的会议记录；前置审批文件或证件；法律文件送达授权委托书；其他有关文件等 14 余项。对企业的登记注册申请以实质审核为主，依据《企业法人登记管理条例施行细则》，登记主管机关审核登记注册，审查提交的文件、证件和填报的登记注册书是否符合有关登记管理规定，并核实有关登记事项和开办条件。《企业登记程序规定》第 3 条规定，企业登记机关依法对申请材料是否齐全、是否符合法定形式进行审查。根据法定条件和程序，需要对申请材料的实质内容进行核实的，依法进行核实。

调研中，企业反映变更程序复杂，企业名称、住所、法定代表人、注册资本、实收资本、经营期限、经营范围、增设/撤销分支机构等任何一项变更，都需经工商审查和办理变更手续。工商变更之后，还需要变更组织机构代码、地税、国税、外汇等。

外资企业呼声尤为强烈，依据《企业法人登记管理条例施行细则》第44条规定："外商投资企业改变登记注册事项，应当申请变更登记。申请变更登记时，应提交下列文件、证件：（1）董事长签署的变更登记申请书；（2）董事会的决议；（3）变更股东、注册资本、经营范围、营业期限时应提交原审批机关的批准文件。法律、法规及国家工商行政管理局规章规定设立分支机构或者办事机构需经审批的，应提交原审批机关的批准文件。外商投资企业变更住所，还应提交住所使用证明；增加注册资本涉及改变原合同的，还应提交补充协议；变更企业类型，还应提交修改合同、章程的补充协议；变更法定代表人，还应提交委派方的委派证明和被委派人员的身份证明；转让股权，还应提交转让合同和修改原合同、章程的补充协议，以及受让方的合法开业证明和资信证明。外商投资企业董事会成员发生变化的，应向原登记主管机关备案。"外商投资企业的分支机构和办事机构改变主要登记事项，也应当申请变更登记。变更登记的程序和应当提交的文件、证件，参照外商投资企业变更登记的有关规定执行。实践中，外资企业及其分支机构投资方通常为集团内所属的相关其他境外企业，企业人员变化非常快，一旦投资主体变更就需履行相关手续。股东增资的情形，变更手续要求股东亲自办理（从股东本人银行卡划出资金），而股东都在海外，给操作带来了困难。企业反映，变更审批手续较为繁琐，而实际却达不到监管效果，反而给企业造成了一定的负担。以外资房地产企业为例，每一个项目都要注册一个公司，办理企业登记证照需经9个委办局12道审批和证照，一旦企业某一事项发生变更，又需要重新跑一遍流程。又如软件厂商，每个经营网站都要有ICP，先去通管局备案，拿到ICP证书后去工商审批，整个流程期限非常长，而且如果某项信息发生变化，所有的程序都得重来，流程也非常长。且工商行政手续不统一，某些流程变更频繁超出企业预期，有时 3 个月就出新流程规定。

3. 现行营业执照制度存在弊端。我国企业注册登记采取的是法人登记和经营资格确认的统一程序。所有的商事主体要取得营业执照才能够具有主体资格和经营资格，但要取得营业执照，又要同时具备取得主体资格和经营资格的所有条件。商事主体要从事经营活动，无论其经营范围属于一般经营项目还是特许经营项目，都必须先将拟从事的经营范围申请登记在营业执照上；经营范围中含有特许经营项目的，还须在取得营业执照前先取得许可审批文件。这种做法人为抬高了取得主体资格的门槛，客观上导致许可审批部门与商事登记管理部门职责交叉。

营业执照种类繁多，对不同的市场主体类型适用不同的法律颁布不同的营业执照，几乎每一类市场主体都有其对应的登记事项和营业执照式样，包括企业法人（国有企业、集体企业、股份合作企业、联营企业、有限责任公司、股份有限公司、具有法人资格的私营企业、其他企业、港澳台商投资企业及外商投资企业等）营业执照、个人独资企业营业执照、个人独资企业分支机构营业执照、合伙企业营业执照、合伙企业分支机构营业执照、个体工商户营业执照和境外企业营业执照等类型，不同式样多达 30 余种。而且记载事项设置不一，规格、申请表格也不一致，对申请人造成困扰，增加了行政成本和企业办事成本，公众难以区分和识别。

企业每办理一次变更都需更换营业执照，有的企业一年可能需要更换几十次登记册，严重制约企业投资和经营效率。法律要求营业执照变更需要 30 天内完成，否则将处以罚款，行政低效迫使部分企业通过非正常渠道完成变更。

4. 商标申请周期长，效率低，商标和商号保护不力。自 2001 年开始我国商标确权案件出现大量积压，随着时间推移，案件积压数量越来越多，审理周期随之延长。调研中，企业反映商标申请周期较长，商标当事人从递交商标注册申请到获准注册，一般需要 36 个月左右。如计算机、自动控制行业商标申请需要 2 ~ 3 年，排队 1 年，公示 6 个月。相比之下，美国、日本等发达国家的商标审查周期一般在 10 个月左右。商标异议和商标评审案件的积压数量和审理周期问题更为突出，《商标法》对商标确权的审查时限未作明确限定，实践中从受理到审结有时长达 4 ~7 年。根据《商标法》和《行政诉讼法》等相关规定，现行我国对于商标确权案件适用商标注册形式和实质审查、商标异议、商标异议复审等行政三级审查以及具有相应管辖权的两级人民法院“司法两审”的审理制。层级较多，造成确权周期长，效率低，不利于保护当事人合法权益，也在一定程度上造成行政与司法资源的不必要消耗。

企业反映，商标申请之后，所有已正式注册和已在先申请受理的商标信息未及时联网、更新滞后。商标备案时，企业未被告知哪些不符合要求，而商标专业投诉人比较多，产品被投诉后，企业却要受罚。类似事件，给企业造成了一定困扰。

商标维权不力，违法成本太低，商标侵权和不正当竞争在部分行业中较为普遍。有企业反映，工商打假力度不够。质检要求商品须有防伪标识，目前防伪标识产品有 10 余类、执行 40 多种标准，有些已起不到防伪作用，但属于强制性认证，产销或使用未获许可的防伪标识会被罚款。企业名称和字号的保护程度较低，目前规定企业名称保护主要是《企业名称登记管理规定》，相关法律和司法解释均未有关于商号的定义性规定，有关商号的法律性质、地位、保护等问题模糊不清。商号作为知识产权在法律上更没明确细致的保护规定，企业名称保护受登记地域和级别的双重限制，难以有效地保护企业名称专用权。

5. 企业年检制度与国际通行做法背离，且手续复杂，收费名目不统一。除了设立、变更等程序繁琐之外，企业反映年检也是一项繁琐的工作。年检是对企业的一种监督管理方式，依据《企业年度检验办法》，企业年检审查内容包含对登记事项的检验，企业特许经营项目经营资格的审查或者对企业前置审批有效性的审查，实质上是对企业继续经营资格或者说是营业执照所代表的经营权的确认程序。企业不按照规定接受年检的，且在规定期限内未能改正的，严重者将由企业登记机关依法吊销营业执照。而国际通行做法是，对商事主体是否仍运作、是否已合法纳税进行检验，主要检验商事主体的生存状况和财务信用。

企业年检手续复杂，对不同类型企业要求提交不同的材料，年检时间集中在三四个月内完成，企业通过年检要跑两三次，办理年检花费大量人力和时间。企业营业执照“年检”，还要缴纳手续费、登记费、工本费、咨询服务费、工商事务代理费、个体劳动者协会费、消费者协会费等各项费用，给企业造成了一定负担。

二、相关建议

1. 改革前置审批制度，清理前置审批项目。首先要对企业设立登记的前置审批条件进行改革。根据 2013 年 3 月 14 日公布的《国务院机构改革和职能转变方案》提出的商事改革，公司的注册资本制度由实缴登记制改为认缴登记制，并放宽工商登记其他条件。除涉及国家安全、公民生命财产安全等情形，不再实行先主管部门审批、再工商登记的前置许可制度。商事主体向工商部门申请登记，取得营业执照后即可从事一般生产经营活动。

在部分省市实行并联审批经验的基础上，有必要在法律法规中明确并联审批制度，同时积极探索后置审批制度。后置审批实现了企业法人资格与经营资格的分离登记，代表了前置审批制度改革的方向。如在英国，公司设立的专项行政审批为后置。以设立医药制品公司为例，先在公司登记主管机构注册取得营业执照，再找到所在地政府的医药卫生部门、环境保护部门审批，取得法定的专项审批后，始得生产。如果一年以内没有经过有关行政部门专项批准，公司无法运转，再由主管机构吊销营业执照。这种后置审批的做法，鼓励了创业投资。目前的审批改革中，可以考虑将公共场所卫生许可、治安许可、消防许可等审批事项，改为企业设立登记后，再到有关部门办理审批手续。

目前已在广东省深圳、珠海、东莞、佛山顺德区、惠州等地试行的工商登记改革，取消了部分前置审批，实行企业主体资格登记与经营项目许可相分离的登记制度。属于一般经营项目，比如百货之类，由工商部门直接登记注册，就可以开始经营。一般经营项目企业若备齐资料，当天完成登记注册，不过，属于许可经营项目的，比如需要文化部门审批的网吧，则须凭审批许可部门的文件或者许可证才能经营。但注册过程中，工商部门不再核定具体的经营项目。改革之后，设立企业的效率大大提高。如惠州市企业登记前置审批事项由原来的 80 项压缩到 36 项，审批时限由平均 26 个工作日压缩到 3.9 个，提速 85%。有些简单的企业登记几个小时就能办妥。[①] 数据表明，试点改革之后，新登记注册企业数大幅增加，其中多数为中小微企业。据统计，2013 年 3 ~4 月两个月，深圳和珠海两地新登记各类主体分别为 46 854 户、4 437 户，同比分别增长 51.08%、32.25%。其中，新登记各类企业户数分别为 21 386 户、1 299 户，同比分别增长 32.45%、36.45%。[②]

2. 简化企业设立变更审批程序，采取形式审查和变更报备制，提高效率。简化企业设立程序、登记内容和登记材料，采取形式审查，并推行网上登记，提高审批效率，缩短时间。如英国注册公司主管机构是贸工部，一般 10 ~14 个工作日就能完成，所需材料只需提供股东及董事的身份证/护照复印件，股东填写公司注册申请表即可，公司设立的专项行政审批均为后置。德国的营业登记事项较商业登记简单，主要包括姓名、地址、业务范围、经营者身份等。申请材料可以通过书面、传真或互联网提交。营业登记一般能够在 3 天内完成。

对设立企业采取形式审查，提高效率。国际上主要发达国家和地区在立法、实务以及司法审判中对企业注册登记普遍倾向于形式审查，而对实质审查不作要求。如，美国法律规定：登记机关对公司提交的申请及有关文件资料，只进行形式审查，即审查是否按公司法的规定提交了必需的文件资料；

① “办工商执照只需半天”，载《南方日报》2013 年 3 月 14 日。
② “广东改革工商登记激发创业”，载《人民日报》2013 年 5 月 15 日。

至于这些文件资料是否真实、内容是否合法等实质审查，不是登记机关的事情，而是当事人自己或其委托的代理律师的事情。法国公司法规定，法院书记官（即注册官员）的责任是审核登记要件是否齐备，申请中所载事项是否符合法律要求，是否与证明材料和附件相一致。日本的商业登记法也不要求登记官对登记资料行使审查其合法性和真实性（即实质审查）的职能。按照香港公司法的规定，有关文件资料的登记不是其合法与真实的确证，而只是表明已按公司法律的要求办理了登记，注册机关的任务是为这种登记提供高效率的行政法律服务。

广东改革试点中，简化企业设立程序是一项重要内容。如《广州市商事登记制度改革方案》简化了企业的设立程序，全面推行网上登记，将工商注册与经营项目审批相分离，注册资本认缴登记制度，住所登记与经营场所备案制度，并建立商事登记统一信息平台。试点区域，工商登记注册可先领营业执照。

企业变更由审批制改为报备制，只需限期报备，无需再审批。可借鉴德国和香港等地的做法，企业只需要一个登记册或登记表，包含所有信息，而且是延续性的，不需要每次变更都更换和重新跑流程。企业变更只需对口一个政府机构登记和备案，其他部门无需再审批，实行“宽进严管”。

专栏 2.2　美国设立企业的基本程序

在美国申请注册公司手续各州不同，一般包括：准备公司章程，包括公司名称、公司经营期限、认可股数和类别；签署和认证公司章程；将公司章程连同所需费用提交拟注册州；收到州务卿颁发的公司执照等 6 道程序。

世界银行《2011 年美国营商报告》以在纽约州注册企业为例，简要说明了注册程序：

1. 预留公司名称（为可选项）、提交公司章程

企业在注册公司前，可向纽约州州务卿办公室公司处（Division of Corporations，Secretary of the State Department）申请预留公司名称（为可选项），提交预留公司名称申请（Application for Reservation of Name）。申请费20美元，预留公司名称为60天，其后可延期2次共60天，每次延期费用也为20美元。

企业成立者必须向纽约州州务卿办公室公司处递交公司章程，相关表格可在州务卿官方网站下载，也可在当地法律材料商店购买。申请处理时间约两周，需缴纳费用275美元，其中200美元为申请费用（filing fee），75美元为加急服务费（expedited service fee）。如额外缴纳150美元可在两小时内完成审批，75美元可在当天完成，25美元则在24小时内完成。企业成立获批后，将由州务卿发放资格证书（Certificate of Qualification）

值得注意的是，由于拟注册企业所在行业不同，往往还需要申请符合美国联邦、地方州政府规定的许可（permit），如环境保护、建筑施工、农产品加工检验检疫等。

2. 申请雇主识别码

为便于税收征缴和识别雇主，企业账户的拥有者需申请雇主识别码，此申请免费。申请人可登陆美国国内收入局（Internal Revenue Service，IRS）获取SS-4表格，也可电话申请并从IRS网站下载表格填写。

根据反馈方式不同，处理SS-4表格所需时间也不一样。互联网在线或电话申请可获得即时办理；传真需要4个工作日，而邮寄则需4周时间办理。

3. 注册州销售税

凡销售“有形个人财产（货物）及其他特定产品和特定服务”的公司，必须在纽约州开业经营之前至少20天，登陆纽约州税务和财政厅网站（New York State Department of Taxation and Finance）选择在线注册销售税，或递交DTF-17表格。此手续免费。

4. 向州劳动厅进行雇主登记

企业设立者必须向纽约州劳动厅（New York State Department of Labor）提交 NYS-100 表格，劳动厅将审核该公司是否符合纽约州失业保险法规定。如合规，州劳动厅将按季度向该公司发送预扣所得税、申报工资等材料。

公司雇主可登录纽约州劳动厅网站在线注册，或填写并邮寄 NYS-100 表格。在进行劳动厅雇主登记之前，该公司必须完成第二个步骤，即在美联邦税务局获取联邦雇主识别码。此项登记免费。

5. 购买职工工伤保险

作为雇主，公司设立者必须在法定私人保险公司等为职工购买工伤保险。该公司的联邦雇主识别码（EIN）是劳工赔偿委员会沟通的主要依据。在为雇员办理工伤保险时，该公司必须将联邦雇主识别码递交给承保单位。此项手续免费。

6. 公告并提交公告证明书和书面陈述

新建的有限责任公司（LLC）必须在成立后 120 天内发布两次公告宣布公司成立事宜。为此，新公司应向纽约州州务卿办公室公司处提交两份公告书面陈述和一份公告证明书。有限责任公司发布公告证明书费用为 50 美元，公告费用各县（市、郡）不同，一般在 350 ~ 1 500 美元之间不等。

资料来源：中华人民共和国商务部网站

3. 改革营业执照制度，统一现行的营业执照式样，简化内容，推行电子营业执照制度。改革营业执照制度，建立商事主体资格与经营资格相分离的登记制度。营业执照仅是商事主体的主体资格凭证，具有证明主体资格的存在和公示商事主体登记信息以对抗第三人的效力，不再具备经营资格的证明功能。商事主体设立、变更、注销登记，均采取准则主义，且商事主体设立、变更、注销登记的要件均与经营资格脱钩。法律规定的要件作为商事主体设立、变更、注销登记的准则，只要材料齐全、符合法定形式，商事主体即可办理设立、变更、注销登记。商事登记主体的营业执照原则上只记载与商事主体资格相关的必要法律事项，不再记载商事主体的经营范围。商事主体在章程、合伙协议等文件中记载经营范围，并由商事登记机关公示其章程。一些发达国家将企业的设立过程分为两部分，采用法人登记证和营业执照分别发放的做法，易于明确企业不同的法律责任，有利于监管，如企业发生违法事实，当不构成法人资格丧失条件，仅构成对其经营资格的影响，则可通过对其经营资格进行处罚达到执法目的，如吊销营业执照，而不影响其法人资格的存续，则有利于经济关系的稳定。

统一现行的营业执照式样，简化内容，推行电子营业执照制度。广东省商事登记改革实践证明了可行性。2013 年 2 月，国家工商总局批复原则同意《广东省商事登记营业执照改革方案》，新版营业执照种类大幅精简。改革后，深圳、珠海等地除了农民专业合作社营业执照、企业集团登记证、外国（地区）企业常驻代表机构登记证暂不作调整以外，其余 15 种营业执照精简为四类，分别为《企业法人营业执照》、《非法人企业营业执照》、《分支机构营业执照》和《个体工商户营业执照》。二是不再记载经营范围。根据深圳和珠海的特区立法，商事主体的经营范围由章程、协议、申请书等确定，不再作为登记事项而改为备案事项。社会公众可通过政府信息公示平台查询企业经营范围。三是不再记载注册资本、实收资本。根据两地特区立法，有限责任公司实行注册资本认缴登记制度，营业执照不再记载注册资本、实收资本。四是设置“重要提示”栏。该栏的内容，除了重点提示商事登记经营范围和注册资本制度的改革，还注明了商事主体经营范围、出资情况、营业期限和许可审批项目、年报及监管等信息的查询方法。据悉，两市企业登记机关对有关登记申请文书表格、办理须知和办理时限等也作了相应的配套改革。《深圳市商事登记制度改革实施方案》，建立电子营业执照制度、探索营业执照、组织机构代码证、税务登记证“一表登记，三证合一”的登记制度。

广州、东莞作为全程电子化网上登记年检改革试点，实现申请人足不出户就可以完成登记、注册、年检的业务。推行全程电子化网上登记、为企业颁发电子化营业执照。新企业登记注册，最快可在1小时内拿到工商牌照。电子营业执照的推出，具备电子身份证明、信息查询及网络监管等功能，进一步为企业松绑。

4. 缩短商标审批周期，加强对商标和商号的保护，提高违法成本。缩短现行商标审批周期，尤其是商标实质审查时间，提高商标确权效率。商标申请之后，所有已正式注册和申请受理的商标信息，应实时联网更新。改革商标审查制度和程序，如法国、美国、日本等一些国家商标行政机关均不进行商标异议复审，司法二审也仅限于审理法律问题，不作实体审查。德国仅实行行政一审，司法一审，两审终结，其程序简便而经济。此外，加强对商标权和商号权保护，完善立法，加重对违法行为处罚。如美国对商标权的保护是写入宪法的。对假冒注册商标行为，法律严加处罚。对假冒他人注册商标行为，美国法律规定，在明知侵权的情况下将某一仿冒商标用于其货物或服务的，对个人处25万美元以下罚金或者5年以下监禁，或两者并处；对累犯处100万美元以下罚金或者15年以下监禁，或两者并处。对单位处100万美元罚金；对累犯处500万元以下罚金。假冒注册商标的商品的处理，美国规定可以销毁这些带有仿冒商标的物品。

5. 改革企业登记年检制度，建立年报备案制度。国际上对企业的年度检查，主要采取年度报告形式。如德国对商业登记的企业实行年度报告制度。企业应当在财务年度结束后的12个月内，按照法定要求在联邦公报上公布财务年度报告，并将公布内容连同记录资料提交给原登记的初级法院。英国对所有公司实行年度报告制度。各类公司应当根据成立日期确定自身的财务结算日期，并将其作为向登记机关提交年度报告和年度财务报告的日期记载于公司登记簿。美国要求公司在成立满一年的最后三个月必须提交年检报告书，否则，给予罚款，严重情形下吊销营业执照。此外，通过企业注册局与税务局的计算机系统实行联网，发给营业执照同时就附有税号，一旦有违规和欠税行为，将被输入计算机，列入重点监管对象名单，有关部门将追究其相应责任。

广东省试点改革提出了改革现行企业登记年度检验制度，建立商事主体年报备案制度；以提交年报取代年检，企业每年向工商部门提交年度报告，包括企业登记事项变化情况、注册资本的实缴情况等。改革后，深圳和珠海的企业每年将不用接受工商执照年检，只需提交企业年度报告，由企业自主向社会公示经营状况，这为将来全国企业登记制度改革积累了经验。

专栏2.3　广东商事登记制度改革

2012年3月10日，国家工商总局印发了《关于支持广东加快转型升级建设幸福广东的意见》（以下简称《意见》），提出了充分发挥工商行政管理职能支持广东省改革发展的一系列政策措施。《意见》共五个部分32条，其中企业注册登记方面的条款有19条，占总条款的一半以上。

一是支持广东在特定区域开展商事登记制度改革试点和注册资本登记改革探索。《意见》第9条，支持开展统一商事登记制度改革试点。支持深圳和珠海横琴新区开展统一商事登记制度改革试点，在保障各类商事主体登记的地位平等、规则公平、标准统一等方面积极探索、积累经验。第10条，支持开展公司注册资本改革试点。支持广东省选择条件成熟的一个地市，按照公司注册资本的功能和法律原则，开展注册资本登记改革探索，强化企业和社会信用意识。

二是大力提升行政效能。《意见》第 1 条授予广东省工商行政管理局不含行政区划外商投资企业名称登记受理权，第 2 条放宽了企业登记场所条件，第 3 条放宽了企业名称登记条件，第 4 条放宽了企业集团登记条件。对市场主体准入大“松绑”。

三是从登记体制机制、登记方式方法、特定主体登记条件等方面支持广东进行改革。包括支持广东探索建立适应区域经济发展需求、登记权限相对集中的登记管理新体制；支持开展电子化网上登记、年检改革，实现全流程网上操作；支持文化单位转企改制沿用原名称，依法登记经有关部门确认的非货币财产出资等。

目前，改革试点工作在深圳、珠海、广州、汕头、惠州、东莞等市展开。以《深圳市商事登记制度改革实施方案》为例，该方案中商事登记制度改革主要涉及登记、注册资本管理、审批与监管职责等，具体表现在以下 8 个方面：(1) 改革现行以“营业执照”为中心的商事登记制度，建立商事主体资格与经营资格相分离，审批与监管、监管与自律相统一的登记制度；(2) 实行住所与经营场所各自独立的登记管理方式；(3) 改革现行有限责任公司注册资本实缴工商户登记制度，实行注册资本认缴登记制度；(4) 改革现行个体工商登记制度，逐步实现对以自然人名义从事经营者豁免商事主体登记；(5) 改革现行企业退出机制，建立商事主体除名制度；(6) 改革现行企业登记年度检验制度，建立商事主体年报备案制度；(7) 改革现行商事登记公示制度，构建统一的商事主体登记许可及信用公示平台；(8) 全面推行网上登记，建立电子营业执照制度、探索营业执照、组织机构代码证、税务登记证“一表登记，三证合一”的登记制度。

第三章　检查评比

为了改善企业管理，减少对企业的干扰，国家相继出台了一些政策措施，加大了清理检查评比活动的力度，减轻了企业这方面的负担。目前，整体趋势逐步向好，但仍存在较多问题，有较大的改革空间，在进一步转变政府职能中应继续予以高度重视。

一、“三多”现象依旧

我国企业依然面临检查多、会议多、评比多的“三多”现象。调查显示，近三年，我国企业平均每年要接待21次各类型的检查评比活动，其中，小型企业的接待次数为25次，西部地区企业接待各类检查评比活动的次数为27次，生产型服务业企业的接待次数则高达32次。接待这些评比活动的支出已占到企业管理费用的6%。企业每年平均要参加25次各类型的会议，其中，中西部企业每年的参会次数要高于全国平均水平，国有大型企业每年的参会次数则超过30次，而其中约半数会议在企业看来没有召开的必要。每位企业负责人1年平均要花30个工作日与政府打交道，其中，西部地区企业负责人实际花费的天数要远远超过30天，国有大型企业的负责人与政府打交道的时间也要超过30个工作日。近三年，我国企业平均每家获得28个奖牌、冠名、认证和牌匾，其中来自政府部门和其他机构的各占一半。

1. 重复检查多，企业接待成本高。检查作为经济运行管理不可或缺的重要手段，被政府职能部门广泛运用，有力地监督和规范了企业行为，促进了市场的健康发展。但是在实际工作中，个别部门的重复检查现象较严重，影响了企业的生产经营，企业花费大量成本进行重复作业，浪费了企业的资源，增加了企业的负担。同时，重复检查也浪费了国家的行政资源。

调研中，企业反映税务系统的重复检查现象较多。税收作为国家收入的重要来源，本身就是政府管理部门重点关注的工作，应该加强检查监管。但是在实际工作中，部分地方税务部门对企业纳税情况的重复检查较多。如江苏某房地产企业，在同一个城市的不同区之间经营时，遇到了当地税务部门的重复检查问题。不同区的税务局会对公司的跨区域项目的纳税情况以及项目信息进行反复检查，检查过程长，而且需要企业随时准备搬运大量财务单据。为了节省搬运时间，公司不得已在财务部门附近专门开辟一间办公室，安排专门人员应对税务部门的重复检查。由于检查的次数过多，税务人员和企业的相关人员都变成了熟人。再如辽宁某高科技制造企业，每年要分别接待来自国税部门和地税部门对公司纳税情况的双重检查，而且每次检查的时间都不短，企业的接待支出大幅上升，经营成本随之提高。

除税务部门外，工商、消防、安监等部门的重复检查问题也较突出。如为杜绝企业抽逃注册资金现象的发生，工商部门在企业年检时要检查企业账目，该检查往往只针对工商部门有怀疑的企业。但个别地方的工商部门，在工作中要求当地全部企业在年检时提供账目，这样的要求提高了不存在抽逃资金行为企业的年检成本。

除了单一部门的重复检查，多部门的分散式检查，也是调研企业反映较多的一类重复检查。如北京某商业集团的全部店面每年接待的工商、税务、消防等各类检查达 210 多次，平均每家店面一年要接待 30 多次检查，全集团每年要接待的各类检查人员达 660 人次，而企业为此安排的接待人员则高达 900 多人次，再加上企业为了迎接检查而需要支出的一些费用，企业的负担大幅增加。

专栏3.1　福建工商部门减轻企业年检负担

2013年初，福建工商部门开展切实为企业年检减负的工作。对全省各类企业暂停征收工商企业年度检验费，个体工商户验照不收取任何费用；除三年内有虚报注册资本、虚假出资、抽逃出资等违法行为，企业年检时可不提交审计报告；对信用程度良好且符合规定条件的企业，实行年检免除审查程序①。

导致个别部门重复检查多的原因是多方面的。部门的考核压力促使下级部门通过对企业的反复检查找出企业存在的问题，完成上级部门布置的工作任务彰显政绩。部分政府部门的工作存在惰性，对于市场监管缺乏主动性，将工作内容简单化，采取“抓大放小，重点关注”的策略，工作重点放在了较易监管的企业，造成这些企业要反复接受检查。部分市场监管部门之间信息交流不畅，信息不能共享，检查结果互不认可。只有通过重复检查，各监管部门才能掌握自己需要的信息。一些行业多头管理现象较重，监管部门间缺乏统筹协调，各自为政，类似的检查不能合并。部分检查人员工作能力有限，不能做到一次检查全面了解，只能通过事后返工多次检查，才能达成检查目标。

2. 一些突击检查对企业正常经营的影响较大。突击检查是一种在特定时间段内，针对经济活动中的特定问题而采取的检查行动。突击检查的检查力度高、密度大、对象多、范围广，管理部门可以在短时间内迅速改善市场环境。

突击检查有其正面的积极意义，但在调研中，企业对突击检查反映较多

① 《福建日报》2013年1月10日01版。

的问题是，突击检查成为一些部门迫使企业配合的主要手段，企业如有不从，可能会受到重罚。如部分地区的税务部门存在不同程度的税收预征和超征的问题。对于不配合缴纳预征或超征税款的企业，税务部门往往以突击检查的名义进驻企业。企业为了尽快结束检查，只得缴纳超征或预征的税款，而税务部门也会在企业缴纳税款后结束检查。如陕西省某采矿企业，由于没有满足当地税务部门的超征要求，随后便被当地税务部门以突击检查的名义进驻，时间长达半年之久。最终企业只好缴纳了超征的税款来结束检查。

企业认为政府部门偏爱突击检查有多个原因。如部分监管部门对于市场活动缺乏有效的长效监管，对市场上出现的小问题视而不见，拖拉不管。等到问题扩大被曝光后，在压力下不得不采取疾风骤雨般的突击检查方式整顿市场。整顿过后，市场秩序暂时得到改善，但是深层次的原因没有得到解决，同样的问题很快就会死灰复燃，监管部门只好再次依靠运动式的突击检查解决问题。这样的恶性循环既不利于市场经济的发展，也不利于市场秩序的维护。同时也有职责错配、问责不到位的原因。过多的行政审批造成了一些监管部门的行政管理错位和越位，将主要精力放在了行政审批上，而忽视了对市场的日常监管，只好依靠运动式的突击检查来履行自身的监管职责。

3. 对国有企业的检查有待规范。国有企业除了税务、工商等市场监管部门的常规性检查之外，还要接待一些特有的检查，包括来自国资管理、审计部门、纪检检察部门的检查、审计等。

由于国有企业的高级管理人员均带有国家干部的身份，所以在工作调动和离退休时，要接受领导干部经济责任审计。这类审计的主要目的就是预防领导干部侵吞国有资产，保护国家财产的安全。但调研中个别企业提出，一些经济责任审计的时间长，耽误了企业领导更替，直接影响了企业的生产经营。如安徽省某国有企业原董事长，在退休时接受了领导干部经济责任审计，审计时间长达半年。导致原董事长无法及时办理退休手续，新董事长也无法按时交接工作，企业的管理层无法在短时间内完成交替，影响了企业的生产经营。企业希望可以规范这类检查，减少对企业生产经营的影响。

4. 检查的规范性有待提高。检查过程中的不规范现象，也是企业反映较多的问题。在实际工作中，部分应该好好把关的检查活动却是走过场，被检查的企业将更多精力放在陪检查人员的应酬上，而身负重任的检查人员没有认真检查企业。企业出于花钱买平安或者借着这样的不规范检查逃避监管的心态，默许了这样的检查方式。如部分地区的环保检查中，检查人员往往“走马观花”式地到企业看一遍，并没有进行仔细深入的检查。对于检查中发现的问题，检查人员出于“应付差事，一罚了之”的心理，对违规企业往往只是开具一张违法通知单，企业则按单缴纳罚款。但是对于企业后续的整改状况，问题是否得到解决，环保检查人员却不再关注。这样虎头蛇尾式的检查，降低了检查效果，使检查行为失去了应有的意义，只是浪费了企业的资金。

检查行为随意性大。个别部门的检查缺乏计划性，甚至存在利用检查之便谋私的现象，在检查过程中随意增加检查内容和延长检查时间，使检查偏离方向，降低了检查的效果，给企业增加负担。如部分地区的质监部门在对企业产品质量检查的过程中，按照部门意愿随意修改检查计划，任意扩充检查项目，有些检查项目甚至已经超越该部门的检查权限。

5. 企业的会议压力大。除一些重要会议外，还有很多会议，包括工作会、纪念会、表彰会、博览会、研讨会等，不仅时间长而且有的明确要求企业的主要负责人亲自出席，占用了企业负责人的时间，分散了他们的精力。一些会议往往流于形式，会议内容多空洞乏味。由于开会多，也占用了政府工作人员的办公时间，使之没有精力对企业提供服务。

6. 评比活动的管理有待加强。企业间的评比活动是促进企业良性竞争、推动市场健康发展的重要手段，对推动经济健康发展有重要意义。目前，我国多数行业基本上都有由行业协会或主管部门组织的评比活动，这类活动主要比较企业的品牌影响力、客户服务与满意度、企业创新等方面。这类评比活动影响力大，规格水平高，参评企业基本上都是各行业的重点企业，企业通过参与这些评比活动确实能够提升自身的市场影响力以及经营管理能力，对企业未来的长远发展有很大帮助。这类评比活动，组织较规范、评比过程较透明、一般为免费或费用很低。因此，企业对于这种类型的评比活动多持积极态度。

但是一些商业性评比却让企业倍感压力。这类商业性评比活动缺乏统一组织，评比程序不透明，且收取高额费用，企业参加这类活动，完全就是花钱买匾。如入选“2002～2003 年度北京典型住宅”的多家房地产项目，必须缴纳 12 万元“入选费”[①]。再如“中华脊梁”评选活动的参选人，每人需缴纳 9 800 元费用[②]。这种花钱买匾式的商业评比活动，使得评比失去了原有的正面意义，甚至成了敛财工具，加重了企业负担。有些评比活动经常拉下政府部门或行业组织，使得评比活动带有一些半官方的色彩，企业认为这类组织者来头不小，难以拒绝。

二、完善制度建设，减轻企业检查评比负担

1. 提高检查效率，减少重复检查。完善免检制度，对于达标企业，除一些必要的强制性检查外，一律不再增加新的检查。防止个别部门受业绩压力，对企业不断进行检查。同时，对不能达标的企业要加强检查管理。加强政府部门之间的沟通，合理规划检查计划，合并类似检查，以联合检查的形式代替各自为政的分散检查。为企业建立投诉渠道，针对遭受的重复检查，鼓励企业进行投诉，并将投诉处理结果尽快通知企业。提高检查人员的业务能力，提高单次检查效率，做到一次检查，全面了解，深入掌握，避免由于检查不到位而产生的重复检查。

2. 加强日常监管，建立长效监管机制。减少管理部门的行政审批数量，将有限的精力放到日常监管中，加强对市场的长效监督工作。加强问责和引

① 《北京现代商报》2002 年 11 月 17 日。
② 《新京报》2011 年 7 月 17 日。

咎辞职制度的建设，对由于部分行业主管部门疏于日常管理，导致问题丛生、只能依靠突击检查治理的现象，要强化问责，对问题严重的要使其引咎辞职。

3. 更大地发挥行业协会等市场中介组织的作用。行业协会等市场中介组织在规范和监督成千上万的市场主体方面，具有得天独厚的优势和较高的效率，但由于目前市场中介机构独立地位没有真正确立、财产组织制度不合理、行业协会法律不完善、机构不健全、人员素质偏低等因素的存在，我国市场中介机构的应有功能难以发挥，在市场管理中仍是政府孤军奋战。因此，要加快政府职能转移，切实发挥各类中介组织的积极作用。

4. 加强对突击检查的监督管理。对一些十分必要的突击检查，要提高检查的质量和威慑力，以震慑市场上的不法行为。对于突击检查中个别部门私自延长检查时间和扩大检查范围，为自己部门牟取私利，明显带有倾向性的行为，要为企业提供投诉渠道，不能让企业吃哑巴亏。

5. 加强对检查人员的监督，完善对监督人员的考核机制。引入检查日志模式，由检查人员和企业共同填写，从制度上，对检查人员“走马观花”式的检查方式加以限制。要杜绝“重处罚，轻跟踪”的工作方式，每一项处罚都要由做出该决定的检查人员进行后期跟进，监督企业的整改实施情况。对没有积极进行后期跟进的检查人员，要有相应的处罚。

6. 改变政府作风，减少文山会海。加强会议审核，压缩会议经费，对于一些没有实质性内容的会议，尽量少开或不开。减少政府部门的会议时间，更多地为企业服务。

7. 规范商业性评比活动。对于未经政府部门认可，就借用或冒用政府名义举办的评比活动，要会同公安等部门加大查处打击力度，提高组织者的违法成本。加强评比活动的财物审计工作，引入第三方审计评估机构，对活动全程进行财务审计，使评比活动的财物状况对参与者透明。

专栏3.2　广东：459项省级考评项目砍剩82项[1]

南都讯　广东清理规范省级考核检查评比表彰，459项省级项目撤并成82项，这意味着逾八成项目被清理掉了。除了在数量上大幅减少省级考评项目，广东还将通过创建数据库，统筹制订年度考核检查时间安排表，达到分期分批有序组织，切实减轻基层负担和接待压力的目标。省政协委员郭清宏在今年省政协大会发言上抨击的“检查团往往是‘上午来，下午走，中午一餐酒’，验收组成了‘宴收组’”，基层疲于应对考核的现象或能得到改变。

省级考评项目大幅压减

“跟大家说一组数字，经过清理，我省原有省级考核检查和评比表彰项目共459项，这里包括以省委、省政府的名义和省直各个部门大大小小所有的项目，就是不管大小都要报。”昨日，广东省政府新闻发布会上，省政府秘书长、省政府新闻发言人李锋介绍，在这次清理工作中，对原有的279项省级考核检查项目，撤销74项，合并76项，只保留33项（其中，10项为单独保留，23项为合并保留）。对原有的180项省级评比表彰项目，撤销82项，合并37项，只保留49项（其中，38项为单独保留，11项为合并保留）。有119项考核检查项目和23项评比表彰项目改为常规工作管理和督查督办，不作为省级考核检查、评比表彰项目。

“不论是以省委、省政府的名义组织的，还是以省直各个部门的名义组织的，不论是对地市级以上党政领导或者班子考核的，还是对本系统内下属单位的考核检查，其数量都进行了大幅度的压减。”李锋说，原则上每个省直单位保留的考核检查项目不超过2个，评比表彰项目原则上不能超过3个，目的就是要坚决扭转现在项目过多过滥的局面。

---

① 《南方都市报》2013年4月8日A06版。

南都记者注意到，在保留的省级考核检查活动中，有的项目包含了若干子项目，将原来分门别类的评比统一到一个评比中去。李锋在介绍时说："对综合类项目已体现的项目以及重复项目和过时项目一律撤销。对相同、类似的项目或其部分指标尽量予以合并。"

统一指标名称，确保数据可共享

除了大幅度减少考评项目的数量以外，广东省政府还将对所有保留项目的指标体系进行优化整合，"实现指标之间的科学设置、布局合理和重点突出。对内容相同或类似的各级指标要统一名称，明确各个指标内涵和数据采集的部门和方式，确保同一指标涉及的数据信息以后可以互通共享"。

"争取实现这么一个模式，就是年初实施的项目，牵头单位必须按照标准和要求，及时录入相关数据信息，之后依次实施的项目，牵头单位必须先从数据库中提取你要的指标数据，然后再对空缺指标数据进行考察。如果后面有其他项目要从数据库里面调数据，数据库里面有的你就不用再考了，没有的你就再去考核，回来再把这个数据库录入好。"李锋说。

科学设置考评时间，减轻基层负担

李锋介绍，除了建立一个技术支撑平台，也就是项目指标的数据库，使各类标准化以后的指标和数据能够及时录入数据库、及时更新，实现数据资源的共享外，在考评的方式方法上还要做出改进，包括统筹制订一个年度考核检查的时间安排表，科学设置时间周期，以此来降低考核检查的频率，确保各个项目分期分批有序组织，切实减轻基层的负担和接待的压力等。牵头单位还要组织参与单位统筹时间集中开展，避免各个单位分头组织、分头行动，造成基层负担。

目录之外的都是禁止的

“目录之外的都是禁止的。”对于此前类似清理工作中出现的反弹等问题，李锋强调，此次清理和规范工作一定要令行禁止。与此同时，对于新项目的报批和退出工作，李锋也表示，“将一律从严控制”。李锋表示，目前的清理规范工作只是初步的，我省将按照中央的要求，不断优化整合考核检查、评比表彰项目的指标体系，建立科学合理的长效机制，进一步优化政府职能、提高行政效率。

数据

保留的省级考核检查活动：共33项

例如，将“每万人拥有公交车标台数及有通客运班车条件行政村客运通达数”和“行政效能投诉量下降率”及“群众合法权益保障水平”等9个考核检查项目统一合并到“广东省市厅级党政领导班子和领导干部落实科学发展观指标体系考核评价”一项中。

原来省级关于实施《珠江三角洲地区改革发展规划纲要（2008~2020年)》的考核评比共四项，现在仅保留“实施《珠江三角洲地区改革发展规划纲要（2008~2020年)》评估考核”一项，其他均被并入其中。

而“食品安全指数”、“广东省公共文化体育设施建设考核”等三个指标也被合并到“建设幸福广东指标体系考核评价”指标里了。

保留的省级评比表彰活动：共49项

例如，将由省教育厅组织的“山村优秀教师奖”合并到“广东省农村优秀教师奖”的评比中。

将由省委宣传部组织的“广东省优秀社会科学家评选”合并到“广东省哲学社会科学优秀成果奖”的评比中。

将由省科技厅组织的“广东省科学技术突出贡献奖”合并到“广东省科学技术奖”中。

撤销的考核检查活动：共74项

其中，由省教育厅（省委教育工委）牵头的活动被撤掉了9项，包括“书香校园创建活动”、“全省教育审计工作检查”等。

而由省劳教局牵头的活动也有16项被撤掉，包括“大队标准化达标”、“全省劳教、戒毒场所五好食堂评比”等。

撤销的评比表彰活动：共82项

其中，由省统计局牵头的活动有13项被撤销，包括“全省农村统计工作评比”、“全省核算工作评比”等。

由省水利厅牵头、包括“水利优秀政研文章及优秀政研会评选”在内的6个活动也被撤掉了。

有119项考核检查项目和23项评比表彰项目改为常规工作管理和督查督办，不作为省级考核检查、评比表彰项目。

附件

一、某公司2012年接待各类检查情况

2012年，某公司6家门店共计应对市、区公安、消防、安监、商务部门以及街道办事处综治、安办等机构涉及安全生产方面的检查次数210次，检查人员633人次，公司参与人员902人次。

门店	检查次数	检查人次合计	公司参与人次合计
1	25	130	150
2	18	41	96
3	50	164	210
4	59	115	97
5	13	33	49
6	45	150	300
合计	210	633	902

二、某公司近三年所获奖励、荣誉统计表

序号	获奖项目	奖励、荣誉、资质名称	评选（认定）单位	时间
1	企业	中国中小板上市公司价值50强	财经媒体	2010 年
2	企业	自主创新示范区“十百千工程”首批企业	自主创新示范区领导小组办公室	2010 年
3	企业	2006～2009 年度市残疾人就业保障金审核征缴工作诚信单位	市政府残疾人工作委员会	2010 年
4	企业	第四届中国中小板上市公司十佳管理团队	财经媒体	2010 年
5	企业	2009 年度上市公司回报百强金牛奖	财经媒体	2010 年
6	产品	市自主创新产品	市科学技术委员会、发展和改革委员会等	2010 年
7	企业	生物医药产业跨越发展工程规模企业	市科学技术委员会、投资促进局等	2010 年
8	企业	国家火炬计划重点高新技术企业	科技部火炬高技术产业开发中心	2010 年
9	企业	区和谐劳动关系单位称号	区人力资源和社会保障局、总工会等	2011 年
10	企业	纳税信用 A 级企业	市国税局、地税局	2011 年

（续表）

序号	获奖项目	奖励、荣誉、资质名称	评选（认定）单位	时间
11	药品	入选“十病十药”项目	市中医管理局	2011 年
12	企业	上市公司市值管理绩效百佳榜	上市公司市值管理研究中心	2011 年
13	企业	市著名商标	市工商行政管理局	2011 年
14	企业	国家级企业技术中心	发改委、科技部、财政部、海关总署、税务总局	2011 年
15	企业	最佳中小型上市公司	媒体	2011 年
16	企业	“双爱双评”活动先进企业	工会工委	2012 年
17	企业工会	2011 年度先进基层工会	工会工委	2012 年
18	企业	中国上市公司市值管理绩效百佳榜	上市公司市值管理研究中心	2012 年
19	企业	中国上市公司资本品牌溢价百强	上市公司市值管理研究中心	2012 年
20	企业	市 XX 工程技术研究中心	市工程技术研究中心	2012 年
21	企业	2011 年度金牛最高效率公司	财经媒体	2012 年
22	企业	十佳创新公司	财经媒体	2012 年
23	企业	区依法统计工作先进单位	区统计局等	2012 年

第四章　税收社保制度

税收体制与社保制度是政府推动经济社会转型和应对困难形势的重要手段，直接影响企业的经营能力，在经济增速放缓时备受企业关注。社会负担重已成为当前困扰企业的主要难题之一，减轻负担、优化结构、规范征管应成为当前税收体制和社保制度改革的重要目标。

一、主要问题

1. 企业税收负担较重，在经济下行时压力更大。我国宏观税负水平已上升到较高水平。国家税收收入占 GDP 的比重由 1994 年的 10.64% 上升至 2012 年的 19.37%；广义宏观税负水平①近 36%，已相当于发达经济体水平（36.36%，2011 年），远高于亚洲发展中国家平均水平（21.25%，2011 年）②。

企业作为主要的课税主体，税负水平偏高且近年压力加大，企业盈利水平连年下滑的同时税收占比却持续上涨。从上市公司情况来看，2010～2012 年 2 470 家 A 股上市公司支付的各项税费占营业收入比重分别为 8.22%、

① 包括公共财政预算收入、政府性基金预算收入、国有资本经营预算收入、社会保险基金收入及预算外收入，2010～2012 年占 GDP 比重为 35.85%、35.96%、35.58%。

② 数据来自国际货币基金组织。

8.43%、9.06%，已接近并超过净利润率水平（2010～2012 年分别为 9.96%、9.15%、8.48%），2012 年税费是企业净利润的 5 倍以上的上市公司就有 125 家。在亚洲发展中国家中，中国税负水平约是其他国家的两倍①。2012 年税负最重的行业分别是房地产（17.28%）、金融保险（14.78%）、采掘（14.21%）、食品饮料（12.66%）、电气水（8.33%）、医药及生物制品（8.25%）；除传媒、社会服务等个别行业，近三年绝大多数行业的税负水平上升。

根据调研的 1 539 家企业样本②，目前税收负担占企业营业总收入的比重平均为 9.73%，民企（9.89%）重于外企（9.50%）和国企（9.44%），非上市公司（11.26%）重于上市公司（9.63%），收入规模 1 亿元以下的小企业税负最重（12.77%）。有 27.3% 的受访企业表示企业税负过重，59.0% 的受访企业表示企业税负偏重，仅 13.7% 的企业表示税负水平不重、较好或宽松；除农业、信息技术服务、居民服务、综合等个别行业，多数行业均有八成以上企业表示税负过重或偏重。93.1% 的受访企业认为“降低总体税负”是当前深化税收管理体制改革的三大主要任务之一，51.3% 的企业认为其应是第一要务，各所有制、各规模的企业，无论上市与否，都将其视为最迫切的任务。

2. 行政事业性收费繁杂，加重企业经营成本。除 19 个法定税种外，企业还面临名目繁多的行政性收费。截止到 2012 年，国家列明的政府性基金项目就达 30 个。在问卷调研企业中，行政事业性收费占企业营业总收入的比重平均为 1.03%，国企（1.18%）重于外企（1.11%）和民企（0.96%），非上市公司（2.33%）重于上市公司（0.97%），其中创业板上市公司负担最轻（0.61%），但收入规模 1 亿元以下的小企业负担最重（1.25%）；分行业看，负担较重的行业包括地产（1.91%）、文体娱乐（1.76%）、交运仓储

① 2011 年注册在当地的上市公司申报已付税款占营业收入的比重，中国为 4.8%、新加坡 2.0%、越南 2.1%、泰国 2.7%、香港地区 2.7%、菲律宾 3.0%、马来西亚 3.1%。

② 具体统计数据参见附件。

(1.74%)，负担较轻的行业有科研技术服务（0.01%）、租赁商服（0.03%）等；分地区看，西部（1.17%）重于中部（1.11%）、东部（0.98%）和东北（0.93%），在有代表性省份[①]中，全国负担最重的是广西（1.64%），最轻的是北京（0.55%）。

近五成（45.3%）受访企业表示行政事业性收费名目及金额过多或偏多，国企有49.4%的企业认为过多或偏多，高于民企（43.6%）和外企(32.8%)，非上市公司不满程度（62.2%）甚于上市公司（43.6%），中小板、创业板情况较好（38.3%、30.8%），两头企业——收入规模1亿元以下或100亿元以上的企业不满最强烈（59.1%、57.9%）。企业表示，不清楚所缴纳费用的实际用途。

除残疾人就业保障金、价格调节基金、工会经费等国家列明的基金项目外，一些地方还征收如河道工程修建维护费、代除雪费等。土地、矿产等领域的收费项目更是繁多，涉及土地登记费、土地管理费、土地测量费、规划服务费、市政配套费、环境保护费、房地产交易手续费、维简费、安全费用、矿产资源补偿费等数十种，某些地方缴费额已达销售收入的8%。

3. 流转税比重偏高，存在对企业的超能力征税。我国税制仍有以流转税为主体的特征，2011年增值税、营业税、消费税占税收总额的54.08%，而发达国家多不超过30%；在问卷调查企业中，增值税占企业税收总额比重平均为30.58%，所得税占企业税收总额的比重平均为24.28%。流转税以货物和劳务流转额为计税基础，未考虑企业是否盈利，与企业实际纳税能力不一致，导致在企业经营环境不佳、效益较差的时期，税负对企业利润的侵蚀更为严重，税收“自动稳定器”功能发挥不显著。问卷调查企业中，50.0%认为“增加财产税等直接税种，相应减少流转税等间接税种”是当前深化税收管理体制改革的三大主要任务之一，20.9%认为其应是第一要务。

---

① 调研问卷中答复此问题的企业数超过10家。

所得税项目下也存在一定超能力征税。2008 年新企业所得税法实施后，纳税主体由独立核算单位变更为法人单位，母子公司（法人主体）合并纳税受到限制，总分公司（非法人主体）汇总纳税受各地方税务部门阻碍也没有完全实现，集团各公司之间利润与亏损无法相互抵补，即使集团总体无利润，因旗下各公司盈亏水平不同，也需缴纳企业所得税，增加集团总体税负。

4. 多税并存、部分政策尚未完善，存在对企业的重复征税。当前，增值税与营业税并存，在混合销售中无可避免出现重复征税；增值税制度中多税率档次并存，导致农业、生物科技、现代服务等低税率行业的产品流向高税率行业时，相当于补交税款、适用高税率。2012 年起先后在上海等 12 个省市对交通运输业和部分现代服务业等行业进行营业税改征增值税试点，多数工商企业因进项税额增加有一定获益，但受试点区域、行业的范围限制，效果仍不甚显著，问卷调查企业中，61.7% 认为“扩大‘营改增’试点”是当前深化税收管理体制改革的三大主要任务之一，19.9% 认为其应是第一要务，居民服务、文体娱乐、电气水、批发零售等对其呼唤更为强烈。而“营改增”执行中运输、物流、建筑等行业中也存在一些进项税额少的企业，受税率上升影响税负反而增加，北京三新、首汽等相关税负上涨了近 2 倍。

所得税也有重复征税问题，例如，企业缴纳所得税后，股权转让时企业净资产中的税后留成收益还要按 25% 再次缴纳所得税；如果将税后留成利润转增公司注册资本，自然人股东还要交 20% 的个人所得税，累计税负达 50% ~45% 。

5. 对特定行业和企业实行税收优惠的政策急需改进。众多优惠政策采取了先征后返/退、即征即退的方式，例如，外贸企业出口货物先征税后按规定的退税率审批退税，生产企业自营出口或委托代理出口采用免抵退法；一般纳税人销售其自行开发生产的软件产品对其增值税实际税负超过 3% 的部分实行即征即退。但相关流程的办理手续仍较繁琐，企业反映退税实际到账一般要半年至一年，企业资金长期被占用，且返还的不确定性干扰了企业当期利润的确认。如果退税效率能提升一倍，中小出口型企业的年度流动资金可增加50%。问卷调查企业中，11.9%认为“改革出口退税制度”是当前深化税收管理体制改革的三大主要任务之一。

部分税收优惠适用限制过死，例如，给予进口免税的重大技术装备和产品目录太窄，型号稍有偏差即难以享受优惠，鼓励创新效果不佳；对研发费用加计扣除只适用于规定项目的规定费用，优惠力度不足。一些企业认为研发费用加计扣除、固定资产加速折旧政策是激励创新最有效、最公平的政策，如果支持创新的普惠性减税由目前的100多亿元上升到500亿元，其效果将胜过财政每年上千亿元的科技经费补贴，而且机制会更好，但地方做法各异，总体上落实得不好。部分方向优惠政策滞后，例如，西部大开发总体优惠政策已经出台，但与之配套的西部地区鼓励产业优惠目录迟迟未发，税收优惠政策难以落地。企业普遍反映希望扩大优惠项目、优惠领域。

6. 征管机构繁冗，征管行为存在不规范之处。企业作为纳税、缴费主体，面对的是政府多部门、多机构、多级别的监管，需要同时与税务与社会保障部门、国税与地税机构、各层级政府打交道，提交资料、缴纳税费、沟通政策、接受检查等方面手续繁琐，大大增加了企业的守法成本；如果企业跨地区经营，则守法困难程度成倍上升。客观上，存在各机构对相关法规政策的解释不同、政策互相矛盾的情况，如，某市地税局自2001年停止资金往来发票的使用，导致企业在其他省市地税局无法进行投标保证金的退还。主观上，各地各机构争抢税源、争抢权力的情况时有发生，如，北京、西安各区之间出现企业迁移时，政府不予办理税务关系迁移手续；又如，各地强制在当地设立法人机构、项目公司等，干扰了企业的正常经营决策。

当前经济处于调整期、转型期，受经济增速趋缓①、需求乏力、价格水平回落等影响，税收收入增速回落②。个别征管机关迫于财政收入压力，进一步向企业汲取收入，税收预征、超征使守法企业面临更大的生存压力。金钼股份、中国西电等反映多个经营所在地存在税收预征，甚至以税收检查作为威胁手段，加剧企业经营困难。问卷调查企业中，61.8%认为“依法公平征税，减少预征、超征等”是当前深化税收管理体制改革的三大主要任务之一，7.5%认为其应是第一要务。

7. 企业社保负担加重，人力成本持续上涨。我国企业薪酬支出（含“五险一金”）、职工税前薪资、职工税后实际收入三者的比例关系基本是1.4∶1∶0.8，即职工如果税后实际收入8 000元，企业需为该职工支付约14 000元，其中6 000元是用来缴纳社保和个税。我国社保缴费比例③约40%，在全球125个国家排名第12④，仅低于罗马尼亚、捷克、波兰等国家，较美国（16.1%）、日本（25.24%）、韩国（15.13%）等高出很多，企业社保费用支出放大了职工工资上涨的财务影响，成为用工成本增加的主要因素。如果考虑职工教育经费、福利费用，企业的支出压力更大。问卷调查企业中，44.4%认为“企业承担的社会保障费用过高”是劳动用工方面的三个主要问题之一，11.6%认为其是最严重的问题。

在物价、房价等生活成本快速上涨的情况下，职工要求收入随之上调，而社保缴费放大了这种变化。2010～2012年A股上市公司支付给职工以及为职工支付的现金占营业收入的比重分别为6.88%、6.91%、7.29%。特别是在以金融保险、传播与文化、信息技术等脑力劳动密集，以及交运仓储、农业、电子、纺织服装等体力劳动密集的行业中，人力成本占收入比

---

① 2013年一季度国内生产总值增速7.7%，较2012年全年增速7.8%进一步下滑。

② 2013年1～3月全国税收总收入完成27 399亿元，同比增长6.0%，比2012年同期增速回落了4.3个百分点。

③ 社保五险（基本养老、基本医疗、失业、工伤、生育）的单位、个人缴费总额占职工工资总额的比重。

④ 全国工商联研究报告。

重超过或接近 10%①。人力成本高企对这两类行业的影响最大：导致部分高新企业在创新发展初期便丧失了成本竞争优势，影响经济转型；令一些加工业受到出口环境和劳动力成本的双重压迫，出现集中破产，有损社会稳定。

8. 社保制度碎片化、返还性差，降低参保意愿。当前社保制度分类较杂，例如，基础医疗保险即有城镇职工基本医疗保险、城镇居民基本医疗保险、新农合三个大类；统筹层次低，账户尚分散在各地分别管理。跨种类、跨地区流动性差，职工工作一旦变动，绝大部分社保不能随之迁移，限制了城镇化进程和人口流动，不利于个人长期发展，影响了员工缴费的热情。分别有 37.7%、13.8%、10.7% 的调查企业认为“实现打工者住房、子女教育、养老、医疗等在就业居住地属地化管理，与户籍脱钩”、“消除农民进城就业限制，城乡劳动者平等就业”、“城乡都建立社会保障制度”是劳动用工保障改革下一步重点突破最主要的方向。

社保项目中多数不具有直接返还性质，只有养老、公积金的个人账户部分缴费和收益存在一一对应关系，而即使这些也不能自由支付，符合条件领取的手续也较为复杂，职工认同感不高。

二、建议

1. 实行结构性减税。压缩政府规模、逐步降低政府对市场的干预，让市场力量及企业自身发挥更大的作用，是改革政府职能、增强企业活力的题中之义。中国税收的严苛性具有一定历史背景，自 1994 年以来的税法制定过程中，为给征管留出空间，各税种的法定税率均定位于世界较高水平，而随着征管水平的上升，偷、漏、逃、骗税的行为减少，税收越发接近

---

① 2012 年，金融保险（14.44%）、传播与文化（13.32%）、信息技术（12.02%）、交运仓储（12.40%）、农业（8.91%）、电子（10.00%）、纺织服装（10.20%）。

“应征尽征”，税收增速持续快于经济增速，税收环境不具全球竞争力。我国增值税、消费税、企业所得税的税率及抵扣、免征范围等都存在调整放松的空间，建议加快研究降低税率、简化税种，降低企业税费负担。在当前经济增速趋缓的背景下，政府税收压力加大、企业盈利水平下降，增税动机与减税需求并存，尤为需要财政政策平衡好维持行政运转及维护税源可持续性之间的关系。“有增有减，重在减税”的结构性减税政策，有助于企业涵养生息、转型发展，从而也壮大了税收源泉；一味盯住短期收支数据，竭泽而渔式的汲取税收只能压垮企业、打击经济活力，更是伤害了税收的基础。未来几年是我国转向减税道路的最佳时机。通过结构性减税刺激经济增长，对缩小收入差距、扩大内需、调整产业结构、促进经济转型都有积极作用，能有效传递政府产业结构调整和经济转型的政策思路和政策导向。

2. 规范行政性收费。建议国家组织一次行政性收费的清理，简政清费，加大“费改税”改革力度。2011 年，国家已正式取消预算外收入，应避免相关科目流向预算监管之外，以更隐蔽的形式转嫁给企业。宜从政府内部开始，厉行节俭，强化预算约束，遏制政府收支，特别是隐性、灰色部分的无序扩大。对于确需存在的收费项目，建议增强透明度，加强对非税收入、政府性基金等的年度信息披露，使企业了解设费根据、用途和使用情况。针对税费繁杂的情况，对于相似科目、附加税费，可设计缴费单一比例，收取费用后再由政府内部进行划分。

3. 优化税制结构。根据国际经验，主体税种的选择受制于经济发展水平，也应根据经济发展阶段进行积极调整（见专栏 4.1）。针对我国所得税比例过低、流转税比例过高的情况，可通过大幅降低流转税税率、简化流转税税种等方式来压缩流转税规模；也可通过提高居民所得税、开征房产税等财产税的方式，扩大直接税税基，健全税制结构，实现所得税等直接税比重的上升，缓解“无所得、有税收”的超能力征税问题。针对跨区经营集团因各公司之间利润与亏损无法相互抵补带来的所得税超能力征税问题，建议在有条件企业实施集团合并纳税，严肃落实总分公司汇总纳税，降低跨地区经营企业税负。

专栏 4.1 结合经济发展水平，提高所得税等直接税比重

全球税制大致有四种模式：

（一）商品劳务税为主体的模式。在税收体系中，商品劳务税占最大比重，作为主体税种并起着主导作用的税制结构类型。因商品劳务税可以转嫁税负，又称为以间接税为主体的模式。大多数发展中国家（如中国）、少数发达国家（如冰岛）实行这种税制结构模式。商品劳务税在目前主要是增值税、消费税两个税种。

（二）所得税为主体的模式。又称以直接税为主体的模式，指所得税在税制体系中居于主体税地位，占最大比重和起主导作用这样一种税制结构类型。绝大多数发达国家实行该税制结构模式。少数发展中国家和地区（如印尼）也实行这种模式。主体税种包括：个人所得税、企业所得税、社会保障税等。

（三）商品劳务税和所得税双主体的模式。双主体税制结构模式是指在整个税收中，商品劳务税和所得税占有相近比重，在财政收入和调节经济方面共同起着主导作用的税制结构类型。从发展的角度看，可能是一种过渡性税制结构类型。

（四）“避税港”模式。以轻税、低税及税种简单为特征的税制结构。人们在“避税港”拥有资产或取得收入不必负担税收或只负担很轻税收。

从全球经验看，各国税制选择与经济发展水平密切相关，发达国家多选择所得税为主体税种，而发展中国家更为依赖流转税：

主体税种的选择	发达国家——所得税	发展中国家——流转税
经济发展水平（决定因素）	• 所得税源多 • 商品化、货币化、公司化、城市化	• 商品税源相对较多
税收政策目标的侧重点	• 发展到一定程度，分配问题突出，侧重公平	• 保障收入及时、稳定 • 关注资源配置效率
税收的调节方式	• 侧重总量调节，缓解经济周期波动	• 问题在于结构失衡，重点在对产业结构的调节
税收征管的水平	• 信息要求、累进税率复杂，对电子手段等要求高	• 税收征管手段落后
纳税人的文化素质、法制意识和纳税意识	• 有申报能力和意识 • 有监督税收使用的动力和能力	• 文化水平低，不利于申报 • 痛苦程度轻

受发展阶段限制，中国历史上没有以所得税、财产税等直接税为主体的条件，但随着经济进步、征管电子化水平跃进、纳税人素质和纳税意识不断提高，特别是三十余年改革开放历程中，关注焦点更多地由“让一部分人先富起来”（效率）转为“先富带后富”（公平），所得税——尤其是个人所得税——理应在中国当下发挥更大的作用。但当前中国的税制结构是滞后于发展阶段的，即便与同等发展阶段的中等收入国家相比，也过于依赖增值税、营业税等流转税税种，所得税类税收严重缺失：

税收比例（%）

国家类别	所得税		流转税		财产税
	所得税	社会保险税	商品劳务税	关税	
低收入国家	33.4	0.9	36.7	23.8	5.3
中下等收入	35.9	3.6	41.1	14.9	4.4
中上等收入	25.5	24.0	31.5	10.5	8.5
发达国家	42.9	28.1	21.9	1.3	5.1
中国	13.8	14.1	53.3	1.5	3.1

注：1. 根据2012年7月发布的标准，人均国民收入：低收入组 <1 025 美元，中下等收入组 1 026 ~ 4 035美元，中上等收入组 4 036 ~ 12 475 美元，高收入组 >12 475 美元。

2. 对于中国数据，将以土地出让收入为主的政府性基金收入归入流转税，将社会保障收费视同社会保险税。

资料来源：世界银行

中国当前增值税等主要税种又多由中央与地方分享，地方缺乏主体税种带来的是土地出让收入等非税收入猛增，以及地方间争夺税源的恶性竞争，地方政府激励扭曲。

同时，也应注意到，中国个人所得税等税种占比过低也与初次分配中居民所得比例过低直接相关，因此，改变主体税种，不仅是税制设计问题，更在于社会分配办法的变革。扩大初次分配中居民、劳动者所得的比例，让群众更多地享有发展成果，有助于扩大消费内需，从根源上转变经济结构，缓解过度投资—产能过剩的恶性循环，同时，也将为所得税提供更广泛的税基。

4. 减少重复征税。“营改增”改革对优化产业结构、鼓励创新、减轻税负作用明显，应加快向全国推广。同时，应借鉴试点经验，对税负增加的企业配套一定优惠政策，加强纳税辅导，以规避企业税负上升的风险（见专栏4.2）。简化税率档次，也有利于减少税种内各主体间的重复征税问题，促进抵扣环节顺畅，促进专业化协作和服务业的发展。针对股权转让、留成利润转增公司注册资本环节的所得税重复征税问题，建议细化企业资本运作等环节的税收政策及规定，减少税收扭曲。

专栏4.2 加快推进营改增，减轻税负、减少扭曲

增值税是指以货物生产流通的各个环节或提供劳务的增值额为计税依据而征收的一种税。其优势包括：促进专业化协作生产；保证税收稳定增长；促进对外经济交往；相互勾稽，防止偷漏税等。

营业税是一种传统商品劳务税，实行普遍征收，计税依据一般为营业额。其优势包括：操作性强，征收简便，税额不受成本、费用高低影响等。

增值税、营业税两税并存惩罚货物与劳务的流转，违背税收中性。“营改增”实际上是继增值税改革逐步完善后，进入收尾阶段的重要改革。

增值税扩围的微观影响至少有三个：一是因可抵扣税额增加，原征收增值税行业税负普遍下降；二是原征收营业税的行业税负增减取决于税率及增加值率；三是原营业税行业的小规模纳税人收益最大，减税幅度达40%。

而宏观上，增值税扩围则有助于解决重复征税问题、推动经济结构调整、助推经济增长。

目前，国务院已确立“营改增”三步路线图，增值税将逐步覆盖到生产和服务的全部环节：

第一步：部分行业+部分地区。自2012年1月1日，上海作为首个试点城市，以“1+6”模式推进“营改增”：“1”即交通运输业（包括陆路、水路、航空和管道）；“6”即现代服务业的6个行业（研发和技术服务、信息技术服务、文化创意服务、物流辅助服务、有形动产租赁服务、鉴证咨询服务）。配套措施包括财政对税负增加较多的企业给予临时性扶持政策等。2012年7月31日开始，将“1+6”模式的行业试点扩至北京、天津、江苏、安徽、浙江（含宁波）、福建（含厦门）、湖北、广东（含深圳）8省市。

第二步：部分行业+全国范围。自2013年8月1日，分行业在全国推开“营改增”，变“雁阵排列”为“一字推开”。争取2013年底或2014年初将铁路运输和邮电通信两个行业的“营改增”在全国推开。让8省市搞过试点的国税地税部门，“对口支援”即将开展试点的22个省份。

第三步：所有行业+全国范围。至2015年，即“十二五”期间将取消营业税。同时，重构中央和地方财税关系（不仅限于调整增值税分成比例），考虑适度简并税率档次。

在按照路线图推进改革的过程中，宜关注两个企业负担加重的风险点：

一是法定税负增加。从试点阶段情况看，新增6%、11%两档税率使多数企业实现减负或税负无变化，但仍存在税负增加的情况。部分企业会由于生产周期、成本结构等原因，进项税额较少，加之试点范围有限，从非试点地区无法取得增值税专用发票，因此出现税负增加，尤其是一些交通运输企业税负增加明显。

二是守法成本增加。"营改增"后，企业在增值税专用发票管理、纳税申报等方面的工作量会增加，甚至存在增值税专用发票使用不当带来的行政及刑事风险。

5. 改进税收优惠政策。针对出口退税和重大技术装备进口免税政策的办理效率低下、到账时间长的问题，除提高办事机关效率之外，建议更多地采用直接免税方式来落实税收优惠，从而减少享受优惠的时滞、降低额外成本。对国民经济发展有利的技术引进、研发等活动，宜进一步加大扶持力度，放宽优惠范围，减少目录式、项目式限制，促进优惠政策有效落地，及时发挥激励作用。

6. 整肃征管行为。为减少政府机构对企业的不合理、重复干扰，建议设立政府信息分享机制，搭建"一站式"服务平台，简化企业纳税、缴费程序，降低企业守法成本。通过完善税收分享制度、多元化地方政绩考核机制等方式，降低政府干预企业行为的动机。越是经济下行时期，相关部门越是要顶住税收增长减速的压力，避免与民争利、与企争利，严肃政府行为，依法公平征税，杜绝预征、超征等，避免税收征管机关通过税收检查等方式威胁企业，从而给予企业更大的生存空间。

7. 增加政府社保支出，降低企业社保支出比例。建议结合中国发展阶段，控制人力成本上升节奏，限制社保缴费比例进一步增加。减少企业社保支出并不意味着降低职工社会保障水平，政府应承担更多的支出责任。在社保缺口和财政收支压力均较大的情况下，政府可通过提高国有资本分红、划拨国有企业股权给社保基金等方式以增强政府承担社保责任的能力。在经营困难时期，通过“五缓四减三补贴”等措施，建议允许困难企业暂缓缴纳或减征社会保险费，以减轻企业负担，保护企业可持续发展能力，稳定就业。

8. 加强社保统筹及透明性。针对社保制度碎片化问题，建议由中央政府提供一个全国性的、最低程度的社会保障，实现“最基本公共服务”的全国统筹，提高制度衔接性，实现跨地区可携带，保障员工权益。针对社保返还性差的问题，建议进一步明确个人账户归属及运行情况，形成合理收益预期，简化社会保险等提取手续，促进社保积累、收益显性化，提高参保积极性。

附件一（1） 问卷调查数据分析——税收与收费负担

	税收负担占营业收入比重		增值税占企业税收比重		所得税占企业税收比重		行政事业性收费占营业收入比重	
	计数	平均%	计数	平均%	计数	平均%	计数	平均%
总计	1 026	9.73	934	30.58	947	24.28	634	1.03
企业类型								
国企	359	9.44	312	31.80	316	22.37	213	1.18
外企	48	9.50	44	29.17	42	28.10	24	1.11
民企	613	9.89	572	30.16	583	25.02	393	0.96
是否上市								
非上市	62	11.26	46	29.00	47	18.90	30	2.33
上市	964	9.63	888	30.66	900	24.56	604	0.97
主板	482	10.00	436	29.61	434	21.65	283	1.07
中小板	306	8.16	286	32.48	295	27.47	207	1.00
创业板	167	10.62	159	29.77	164	27.11	110	0.61
海外	14	15.09	12	34.00	11	22.33	2	1.14
地区								
东北	85	9.74	74	33.10	70	17.65	56	0.93
东部	607	9.09	564	29.74	577	25.17	350	0.98
中部	144	11.26	129	30.80	133	23.56	98	1.11
西部	188	10.55	165	32.41	166	24.46	129	1.17
企业规模								
1 亿元以下	61	12.77	54	28.19	53	16.84	43	1.25
1 亿～5 亿元	260	10.68	239	28.84	239	27.38	177	1.04

（续表）

5亿~10亿元	175	9.45	164	34.49	168	24.88	114	0.91
10亿~50亿元	303	8.94	274	28.39	278	24.65	170	1.02
50亿~100亿元	65	7.90	60	37.33	61	24.59	35	0.92
100亿元及以上	88	9.33	79	30.30	80	18.96	48	1.15
行业								
农、林、牧、渔业	26	3.86	22	21.82	20	32.17	18	1.21
采矿业	32	15.89	30	41.35	31	17.76	23	0.91
制造业	613	9.11	567	35.94	567	21.14	387	0.88
电、热、燃气及水生产和供应业	43	9.00	38	32.46	35	32.92	25	0.90
建筑业	21	6.22	19	11.55	21	22.79	8	0.98
批发和零售业	47	7.54	47	27.57	46	24.96	26	1.59
交通运输、仓储和邮政业	39	8.99	33	10.00	38	40.75	22	1.74
住宿和餐饮业	5	8.41	5	5.39	5	15.69	4	0.06
信息传输、软件和信息技术服务业	65	9.95	62	23.93	62	23.06	38	1.41
金融业	18	13.75	10	3.40	18	45.15	7	0.62
房地产业	43	17.83	32	11.81	37	28.87	30	1.91
租赁和商务服务业	3	13.14	3	30.57	3	35.32	1	0.03
科学研究和技术服务业	6	9.46	6	16.53	6	48.04	3	0.01
水利、环境和公共设施管理业	7	9.40	6	7.28	7	42.23	6	0.56
居民服务、修理和其他服务业								
卫生和社会工作	4	14.75	4	24.00	4	12.08	3	1.27
文化、体育和娱乐业	14	12.04	13	21.53	12	32.67	6	1.76
综合	12	15.34	10	20.00	10	17.76	6	0.68
其他	20	8.67	19	23.12	19	32.83	16	1.23

附件一（2） 问卷调查数据分析——税负感觉

	感觉企业税负重不重						
	过重	偏重	不重	较好	宽松	总计	过重和偏重
总计	27.3%	59.0%	7.1%	6.3%	0.3%	100.0%	86.3%
企业类型							
国企	30.9%	56.4%	7.2%	5.1%	0.4%	100.0%	87.3%
外企	38.0%	46.5%	9.9%	5.6%	0.0%	100.0%	84.5%
民企	23.6%	62.1%	6.8%	7.2%	0.3%	100.0%	85.7%
是否上市							
非上市	41.7%	50.8%	5.8%	0.8%	0.8%	100.0%	92.5%
上市	25.9%	59.8%	7.2%	6.8%	0.2%	100.0%	85.7%
主板	30.8%	56.4%	7.1%	5.4%	0.3%	100.0%	87.2%
中小板	19.8%	65.1%	7.1%	7.7%	0.3%	100.0%	84.9%
创业板	20.1%	61.3%	8.0%	10.6%	0.0%	100.0%	81.4%
海外	28.0%	64.0%	8.0%	0.0%	0.0%	100.0%	92.0%
地区							
东北	32.0%	53.9%	6.3%	7.8%	0.0%	100.0%	85.9%
东部	25.6%	60.4%	7.1%	6.7%	0.1%	100.0%	86.1%
中部	28.7%	57.5%	6.6%	6.1%	1.1%	100.0%	86.2%
西部	28.8%	58.0%	8.2%	4.5%	0.4%	100.0%	86.8%
企业规模							
1亿元以下	26.6%	61.7%	3.2%	8.5%	0.0%	100.0%	88.3%
1亿~5亿元	24.7%	58.8%	9.5%	6.7%	0.3%	100.0%	83.5%
5亿~10亿元	24.8%	62.2%	6.8%	5.9%	0.5%	100.0%	86.9%

10 亿~50 亿元	27.4%	58.1%	7.1%	7.4%	0.0%	100.0%	85.5%
50 亿~100 亿元	25.0%	68.8%	5.0%	1.3%	0.0%	100.0%	93.8%
100 亿元及以上	36.1%	55.5%	4.2%	3.4%	0.8%	100.0%	91.6%
行业							
农、林、牧、渔业	16.3%	41.9%	23.3%	16.3%	2.3%	100.0%	58.1%
采矿业	45.9%	45.9%	2.7%	5.4%	0.0%	100.0%	91.9%
制造业	27.6%	60.4%	6.6%	5.3%	0.1%	100.0%	88.0%
电、热、燃气及水生产和供应业	31.0%	53.4%	6.9%	8.6%	0.0%	100.0%	84.5%
建筑业	21.4%	64.3%	0.0%	14.3%	0.0%	100.0%	85.7%
批发和零售业	44.4%	47.6%	4.8%	3.2%	0.0%	100.0%	92.1%
交通运输、仓储和邮政业	20.0%	64.0%	10.0%	6.0%	0.0%	100.0%	84.0%
住宿和餐饮业	16.7%	66.7%	16.7%	0.0%	0.0%	100.0%	83.3%
信息传输、软件和信息技术服务业	14.3%	65.5%	4.8%	15.5%	0.0%	100.0%	79.8%
金融业	24.1%	72.4%	3.4%	0.0%	0.0%	100.0%	96.6%
房地产业	31.0%	65.5%	1.7%	1.7%	0.0%	100.0%	96.6%
租赁和商务服务业	50.0%	33.3%	16.7%	0.0%	0.0%	100.0%	83.3%
科学研究和技术服务业	37.5%	50.0%	12.5%	0.0%	0.0%	100.0%	87.5%
水利、环境和公共设施管理业	16.7%	66.7%	0.0%	16.7%	0.0%	100.0%	83.3%
居民服务、修理和其他服务业	0.0%	50.0%	50.0%	0.0%	0.0%	100.0%	50.0%
卫生和社会工作	0.0%	80.0%	20.0%	0.0%	0.0%	100.0%	80.0%
文化、体育和娱乐业	17.6%	64.7%	0.0%	11.8%	5.9%	100.0%	82.4%
综合	38.1%	38.1%	14.3%	4.8%	4.8%	100.0%	76.2%
其他	14.8%	55.6%	22.2%	7.4%	0.0%	100.0%	70.4%

附件一（3） 问卷调查数据分析——收费感觉

	认为行政事业性收费名目及金额多不多						
	过多	偏多	不多	还好	较好	总计	过多和偏多
总计	11.8%	33.4%	21.7%	28.2%	4.8%	100.0%	45.3%
企业类型							
国企	13.0%	36.4%	19.5%	26.4%	4.8%	100.0%	49.4%
外企	6.3%	26.6%	25.0%	34.4%	7.8%	100.0%	32.8%
民企	11.5%	32.1%	22.9%	28.9%	4.6%	100.0%	43.6%
是否上市							
非上市	17.1%	45.0%	10.8%	24.3%	2.7%	100.0%	62.2%
上市	11.3%	32.3%	22.8%	28.6%	5.0%	100.0%	43.6%
主板	14.2%	36.3%	19.8%	26.5%	3.2%	100.0%	50.4%
中小板	8.2%	30.1%	26.2%	28.7%	6.8%	100.0%	38.3%
创业板	7.7%	23.1%	27.5%	34.6%	7.1%	100.0%	30.8%
海外	8.7%	47.8%	13.0%	26.1%	4.3%	100.0%	56.5%
地区							
东北	18.1%	31.0%	17.2%	30.2%	3.4%	100.0%	49.1%
东部	9.7%	34.1%	21.2%	29.6%	5.4%	100.0%	43.8%
中部	14.3%	29.1%	24.6%	30.3%	1.7%	100.0%	43.4%
西部	13.7%	35.8%	24.1%	20.8%	5.7%	100.0%	49.5%
企业规模							
1 亿元以下	12.9%	46.2%	10.8%	28.0%	2.2%	100.0%	59.1%
1 亿~5 亿元	11.8%	24.7%	25.7%	32.8%	5.1%	100.0%	36.5%

5亿~10亿元	9.8%	31.2%	23.9%	28.3%	6.8%	100.0%	41.0%
10亿~50亿元	11.2%	34.8%	23.3%	26.3%	4.4%	100.0%	46.0%
50亿~100亿元	7.8%	36.4%	20.8%	29.9%	5.2%	100.0%	44.2%
100亿元及以上	16.8%	41.1%	15.0%	21.5%	5.6%	100.0%	57.9%
行业							
农、林、牧、渔业	10.5%	50.0%	21.1%	13.2%	5.3%	100.0%	60.5%
采矿业	22.2%	44.4%	19.4%	11.1%	2.8%	100.0%	66.7%
制造业	12.0%	33.7%	22.2%	26.8%	5.2%	100.0%	45.7%
电、热、燃气及水生产和供应业	14.3%	23.2%	17.9%	42.9%	1.8%	100.0%	37.5%
建筑业	13.6%	31.8%	9.1%	45.5%	0.0%	100.0%	45.5%
批发和零售业	17.9%	28.6%	21.4%	23.2%	8.9%	100.0%	46.4%
交通运输、仓储和邮政业	7.0%	37.2%	14.0%	39.5%	2.3%	100.0%	44.2%
住宿和餐饮业	20.0%	20.0%	40.0%	20.0%	0.0%	100.0%	40.0%
信息传输、软件和信息技术服务业	5.0%	26.3%	28.8%	36.3%	3.8%	100.0%	31.3%
金融业	12.0%	40.0%	16.0%	32.0%	0.0%	100.0%	52.0%
房地产业	17.4%	43.5%	17.4%	17.4%	4.3%	100.0%	60.9%
租赁和商务服务业	0.0%	50.0%	16.7%	33.3%	0.0%	100.0%	50.0%
科学研究和技术服务业	0.0%	28.6%	42.9%	14.3%	14.3%	100.0%	28.6%
水利、环境和公共设施管理业	0.0%	25.0%	33.3%	33.3%	8.3%	100.0%	25.0%
居民服务、修理和其他服务业	0.0%	0.0%	50.0%	50.0%	0.0%	100.0%	0.0%
卫生和社会工作	0.0%	50.0%	25.0%	25.0%	0.0%	100.0%	50.0%
文化、体育和娱乐业	12.5%	25.0%	25.0%	31.3%	6.3%	100.0%	37.5%
综合	11.1%	38.9%	11.1%	33.3%	5.6%	100.0%	50.0%
其他	0.0%	16.0%	28.0%	48.0%	8.0%	100.0%	16.0%

附件二（1） 六城市社保缴费示例（工资薪金 10 000 元，西安、沈阳、哈尔滨、武汉已超过缴费基数上限）

10 000 元	北京		南京		西安		沈阳		哈尔滨		武汉	
	规定	试算	规定	试算	规定	试算	规定	试算	规定	试算	规定	试算
单位支出	144.1%	14 410	140.3%	14 030	138.0%	12 877	139.8%	13 839	139.4%	12 514	139.2%	13 178
单位缴费	44.1%	4 410	40.3%	4 030	38.0%	2 877	39.8%	3 839	39.4%	2 514	39.2%	3 178
养老	20.0%	2 000	20.0%	2 000	20.0%	1 514	19.0%	1 833	22.0%	1 404	20.0%	1 621
医疗	10.0%	1 000	9.0%	900	7.0%	530	8.0%	772	7.5%	479	8.0%	648
失业	1.0%	100	2.0%	200	2.0%	151	2.0%	193	1.0%	64	2.0%	162
工伤	0.3%	30	0.5%	50	0.5%	38	2.0%	193	0.4%	26	0.5%	41
生育	0.8%	80	0.8%	80	0.5%	38	0.8%	77	0.5%	32	0.7%	57
公积金	12.0%	1 200	8.0%	800	8.0%	606	8.0%	772	8.0%	510	8.0%	648
工资薪金	100.0%	10 000	100.0%	10 000	100.0%	10 000	100.0%	10 000	100.0%	10 000	100.0%	10 000
个人缴费	22.2%	2 223	19.0%	1 900	19.0%	1 439	19.0%	1 833	19.0%	1 212	19.0%	1 540
养老	8.0%	800	8.0%	800	8.0%	606	8.0%	772	8.0%	510	8.0%	648
医疗	2.0%	203	2.0%	200	2.0%	151	2.0%	193	2.0%	128	2.0%	162
失业	0.2%	20	1.0%	100	1.0%	76	1.0%	96	1.0%	64	1.0%	81
公积金	12.0%	1 200	8.0%	800	8.0%	606	8.0%	772	8.0%	510	8.0%	648
应税所得额	0.0%	7 777	0.0%	8 100	0.0%	8 561	0.0%	8 167	0.0%	8 788	0.0%	8 460
个人所得税		323		365		457		378		503		437
税后所得	74.5%	7 454	77.4%	7 735	81.0%	8 104	77.9%	7 789	82.9%	8 285	80.2%	8 023

注：北京医保个人缴费附加 3 元大病统筹。

社保缴费基数	北京	南京	西安	沈阳	哈尔滨	武汉
上限	14 016	10 905	7 572	9 645	6 381	8 106
下限	1 869	2 181	1 514	1 929	1 276	1 621

注：上限为上年当地在岗职工月平均工资（又称社平工资）的 300%；下限为社平工资的 60%；公积金缴费基数下限有浮动。

附件二（2）　六城市社保缴费示例（工资薪金 5 000 元，六城市均处缴费基数范围内）

5 000 元	北京		南京		西安		沈阳		哈尔滨		武汉	
	规定	试算	规定	试算	规定	试算	规定	试算	规定	试算	规定	试算
单位支出	144.1%	7 205	140.3%	7 015	138.0%	6 900	139.8%	6 990	139.4%	6 970	139.2%	6 960
单位缴费	44.1%	2 205	40.3%	2 015	38.0%	1 900	39.8%	1 990	39.4%	1 970	39.2%	1 960
养老	20.0%	1 000	20.0%	1 000	20.0%	1 000	19.0%	950	22.0%	1 100	20.0%	1 000
医疗	10.0%	500	9.0%	450	7.0%	350	8.0%	400	7.5%	375	8.0%	400
失业	1.0%	50	2.0%	100	2.0%	100	2.0%	100	1.0%	50	2.0%	100
工伤	0.3%	15	0.5%	25	0.5%	25	2.0%	100	0.4%	20	0.5%	25
生育	0.8%	40	0.8%	40	0.5%	25	0.8%	40	0.5%	25	0.7%	35
公积金	12.0%	600	8.0%	400	8.0%	400	8.0%	400	8.0%	400	8.0%	400
工资薪金	100.0%	5 000	100.0%	5 000	100.0%	5 000	100.0%	5 000	100.0%	5 000	100.0%	5 000
个人缴费	22.2%	1 113	19.0%	950	19.0%	950	19.0%	950	19.0%	950	19.0%	950
养老	8.0%	400	8.0%	400	8.0%	400	8.0%	400	8.0%	400	8.0%	400
医疗	2.0%	103	2.0%	100	2.0%	100	2.0%	100	2.0%	100	2.0%	100
失业	0.2%	10	1.0%	50	1.0%	50	1.0%	50	1.0%	50	1.0%	50
公积金	12.0%	600	8.0%	400	8.0%	400	8.0%	400	8.0%	400	8.0%	400
应税所得额	77.8%	3 887	81.0%	4 050	81.0%	4 050	81.0%	4 050	81.0%	4 050	81.0%	4 050
个人所得税		12		17		17		17		17		17
税后所得	77.5%	3 875	80.7%	4 034	80.7%	4 034	80.7%	4 034	80.7%	4 034	80.7%	4 034

注：北京医保个人缴费附加 3 元大病统筹。

社保缴费基数	北京	南京	西安	沈阳	哈尔滨	武汉
上限	14 016	10 905	7 572	9 645	6 381	8 106
下限	1 869	2 181	1 514	1 929	1 276	1 621

注：上限为上年当地在岗职工月平均工资（又称社平工资）的 300%；下限为社平工资的 60%；公积金缴费基数下限有浮动。

附件三　某公司近三年职工社会保障支出统计表

项目	缴费比例	2009 年度（万元）	2010 年度（万元）	2011 年度（万元）
基本养老保险费	28%	93.65	134.59	166.39
医疗保险费	11%	33.39	49.17	67.34
失业保险费	3%	9.8	9.34	18
工伤保险费	0.5%	1.46	1.85	3
生育保险费	0.8%	2.21	3.17	4.69
住房公积金	16%	51.12	66.11	81.42
合计	*59.3%	191.62	264.23	340.83
职工人数（人）		170	202	227
人均保障费用		1.13	1.31	1.5

注：1. *其中企业缴费 39.3%，职工缴费 20%。

2. 该公司近年来承担的人均社会保障费用不断增加，随着公司规模的扩大，人员的扩充，企业的负担不断加重。若加上员工缴纳的个人所得税，则员工每取得 1 元的税后薪资，企业需要支付约 1.70～1.80 元。

第五章　投资与建设审批

改革开放以来，我国计划经济体制下高度集中的投资管理模式被打破，初步形成了投资主体多元化、投资方式多样化、项目建设市场化的新格局。2004 年颁布的《国务院关于投资体制改革的决定》，将改革项目审批制度作为首要改革措施，对不使用政府资金的投资项目审批制全面改为核准制与备案制。同时出台《政府核准的投资项目目录》进一步规定政府仅对农林水利、能源、交通运输、信息产业等十三个领域的重大项目和限制类项目从维护社会公共利益角度进行核准。十二届全国人大一次会议审议批准了《国务院机构改革和职能转变方案》，再次将减少和下放投资审批事项作为国务院职能转变的关键。

一、主要问题

1. 企业遇到投资与建设审批情况有明显的结构性特征。据专题调研结果显示，近三年每家企业平均每年向政府申报、审批项目为 17. 70 个，单个项目审批中最长的审批涉及审批部门数 3. 38 个、审批程序平均为 5. 33 道，1 539 家受调查企业审批时间最长项目的平均值为 106. 1 天，其中最长约为 1 500 天。

从数据分布看，项目审批申请呈现地区、行业、规模和所有制的差别。

总体而言，东部地区、生产型服务业、大型企业、民营企业是各领域项目申请的主要构成者。东部地区由于经济发达，企业开展的项目多，所以每年向政府申报的审批项目平均为 21.17 个，西部地区企业的平均申请数目仅为 11.21 个，中部地区居中，为 12.63 个。以行业划分，制造业、生产型服务业、生活型服务业申请项目数目差距不大，分别为 14.88 个、16.17 个、14.81 个。按规模划分，规模大抗风险能力强，在经济下行的环境中仍能保持较高活力。因此，大型企业的年均审批项目的申报数量（31.12 个）远高于中型企业（19.02 个）和小型企业（12.43 个）。按所有制划分，国有企业与民营企业的申报审批项目数额较多，分为 17.44 个和 18.56 个，均高于外资企业的 8.81 个。

就最长审批所涉及审批部门、审批程序和审批时间而言，大型企业、国有企业的问题比较突出。大型企业受监管部门关注度高，企业产业链长，因此审批涉及的部门数平均为 5.09 个，远高于其他类型的企业。与此相关，大型企业的审批程序（6.73 道）和审批时间（137.78 天）都是所有企业中最为突出的。国有企业的审批周期同样较长，其审批部门平均为 3.37 个，审批程序为 5.64 道，审批时间为 107.28 天。由于西部地区企业等待批复的时间相对较长，达 117.14 天。而多数制造业企业为传统行业，监管部门多，企业等待批复的时间也显著超过其他两个行业。此外，外资企业审批平均涉及部门数量（2.76 个）要显著低于内资企业（国有企业平均 3.37 个；民营企业平均 3.48 个），这说明外资企业在一定程度上仍然享受超国民待遇，政府对外资企业审批力度较内资企业小。

就改革意见而言，调研企业认为当前审批中“不必要的审批事项”占比为 13.46%。大型企业反对审批制度束缚的呼声最强烈，该项指标高达 17.68%；民营企业和制造业企业同样高度关注减少行政审批事项、释放企业活力，认为不必要的审批事项比例分别为 14.34% 和 14.22%。东部地区企业是三个地区中最关注该项指标的，为 13.82%。针对审批制的进一步深化改革，不同类别的企业一致认为要提高审批效率，落实限时办结制，为企业的经营节省时间。参与调查的所有企业中，56.34%的企业提到提高审批效率，落实限时办结制；48.89%的企业提到减少审批层级，明确各级部门审批权限；36.15%的企业提到增加关于审批标准和流程的透明度；34.81%的企业提到减少审批事项，放松管制。在各类型企业中，西部企业、制造类企业、民营企业和大型企业意见较为集中。

2. 投资项目审批仍然过多，程序过长。

（1）投资核准前置环节并未减少、准备材料复杂。企业立项核准之前需要准备至少四方面的材料：一是项目本身的申请报告、项目建议书、可行性研究报告等；二是城市规划行政主管部门出具的建设项目选址意见；三是国土资源行政主管部门出具的项目用地预审意见；四是环境保护行政主管部门出具的环境评价批复。如涉及其他相关行业管理，需要按规定办理相关审核意见。任何一方面材料不齐全，都无法进行立项审核。

以上四个环节各自需要数项不同内容的申请资料。首先，项目需由相应资质的组织机构编制项目建议书、可行性研究报告。2004年《决定》中指出企业投资建设实行核准制的项目，仅需向政府提交项目申请报告，不再经过批准项目建议书、可行性研究报告和开工报告。但能源行业、公共领域基础设施行业、汽车制造业等多个行业企业普遍反映投资项目中依然实际保留着对可行性研究报告审批的环节，审核周期在一个月左右。如污水处理项目的可行性研究报告报批周期为20个工作日，垃圾处理的项目建议书审批周期为1~2个月。

其次，规划部门意见、项目用地预审、环保测评平均各需要5项以上的申请材料。以汽车制造项目立项为例，规划条件审查资料共6种；环保测评资料4种；项目用地预审包含土地出让合同、地价缴款情况核实、地籍调查、出让国有土地使用权设定登记4类内容，共计25种审核资料。企业投资立项申请所需的实际环节并未减少，企业为此付出的准备周期也无法有效缩减。

（2）单项审批时间久、累积效应下总审批周期不断延长。以汽车制造业为例，企业投资立项需要提供土地预审意见、规划意见书、环评批复、节能审查意见、申报请示、招标核准方案、成交确认书、营业执照复印件共 8 项材料。其中节能审查审批周期 60 个工作日；土地出让合同、地价缴款情况核实、地籍调查、出让国有土地使用权设定登记共计 61 个工作日①；规划条件审查 20 个工作日；环境影响审查 30 个工作日。房地产的土地预审需要 32 天，一般类建设项目环境保护审批 60 个工作日。

以上各审批环节之间互为前置条件，任何一个环节卡壳都会导致投资立项审批的停滞。如节能审查需要企业提供规划意见书；规划意见书的批复需要国有土地使用权证；国有土地使用权证又需要土地预审中其他审批事项的完成。企业在准备投资立项申报的资料中又形成了“土地预审—规划意见—节能审查”的新审核链条，几项审批无法并行推进，大大延长了企业投资项目审批的周期。汽车企业为准备立项材料至少需要 140 余个工作日，加上发改部门 30 个工作日的审核周期，立项核准至少需要 6 个月的时间。外商投资企业设立审批还有额外 90 个工作日的审批周期。

其他行业也存在类似问题。房地产企业的立项审批时间平均约为 87 个工作日；垃圾处理、污水处理项目立项审批时间平均在 2 个月以上，交通运输仓储行业的项目投资审批需要半年以上。这与投资项目单项审核时间长、各部门审核的累加效应有直接关系。

3. 一些投资审核机制设置不符合竞争性市场发展需要。在竞争性市场的调节下，传统体制下高度集中的投资审批体制已不再必要。多数项目的投资审批制改为投资核准制，目标是为了最大限度发挥企业独立自主的投资决策权。然而对市场竞争性较强的行业而言，调研企业普遍反映核准所需的时间依然很长、成本很大，不利于企业及时有效应对市场变化。

企业提前进行项目申请，等待主管单位批准后才能上马的方式在一定程度上与市场独立竞争的原则相悖离。钢铁工业企业指出，在市场快速变化的

① 后续审批事项需要前项审批材料，因此审批时间需要累加而非并行推进。

前提下，长达数月的投资项目核准不利于企业开展并购重组，贻误商机，也不利于企业家精神的培养。医疗企业的项目许可证审批要 2 年左右，有医药企业反映同时在国内和欧盟申请新药投资项目，欧盟已经开始临床试验、国内还在排队、没有进入投资项目审核程序。新药审批进度极为缓慢，已经成为影响我国医药企业独立竞争、医药工业发展的障碍。由于投资审批制的存在，企业在市场竞争之余还要承担已经进行申请的投资项目中途搁置、准备投资的新项目来不及走核准程序难以上马的额外风险，不利于企业投资决策权的自主实施。

4. 建设项目审批环节多、周期长。企业投资立项通过以后，即进入建设项目审批流程。政府主要从维护经济安全、合理开发利用资源、保护生态环境、优化重大布局、保障公共利益等方面对建设项目进行核准，涉及的审批部门主要包括住建、规划、国土、消防、安监、环保等部门。当前建设项目审批的弊端集中体现为建设资质认证过多和审批程序复杂。

建设项目审批主要分为三大部分：开工前规划、施工资质审批、竣工验收。其中单个审批周期均在 1 个月以上，其中开工前规划前的审批周期最长。以建设用地规划许可、建设工程规划许可为例，每项规划许可审批时间平均花费 20 个工作日。

建设项目开工前审批主要分为规划许可（建设用地规划许可、建设工程规划许可、规划验收）；交通审批、消防审批等专项审批；建筑工程施工许可证几大类。房地产行业还要对房地产开发企业一级资质进行地方/国家两轮次的审批。其中规划许可单项需要时间为 20 个工作日，专项审批需要 20 ~ 30 个工作日；建筑工程施工许可证需要 7 ~ 15 个工作日不等。由于建筑用地规划和工程规划是施工许可的前置条件，施工前审批周期大于等于各项审批时间累积之和。

以汽车行业为例，企业在拿到开工许可前要到规划委完成对建设用地规划许可、建设工程规划许可、规划核验（验收）的审核，共需 37 个工作日；交通委对交通影响进行审查，共 20 个工作日；住建委发放建筑工程施工许可证，8 个工作日。累积审批周期为 45 个工作日。房地产行业的审核更为严格，首先省/市住建委对房地产开发企业一级资质核定进行初审，再报国家建设部进行审批，各需 20 个工作日；由规划局发放用地规划许可证需 20 个工作日；建设工程规划许可证，需 20 个工作日；消防审批 30 个工作日；最后由住建局发放建筑工程施工许可证，需 15 个工作日，累积审批周期至少 75 个工作日。调研企业普遍反映相关审批时间过长，如“项目建设工程施工许可或开工审批”事项应该取消。

即使项目开工之后，房地产企业为天然气、供电、供水报装分别需要等待 6 个月、9 个月和 2 个月，在竣工后住建委要完成房屋建筑工程竣工验收备案需 8 个工作日；消防局、文物保护局、地震局、园林绿化局、民防局（人防工程管理）就各自专业进行 12～30 个工作日不等的验收审批。环保局对建设项目环保设施验收，也需要 30 个工作日。有调研企业反映，竣工验收（对口部门组织，检测、出报告、出验收意见、出批复意见）比较慢、比较多。从项目竣工到正式开始生产运营，验收审批周期普遍大于 1 个月。验收不完成也将影响企业再融资审批的申报审核。

5. 建设项目中要求的资质认证过多。与土地建设有关的资质认证主要涉及国土资源管理部门和住建管理部门。国土资源管理部门的资质认证包括土地类资质 4 项、矿产类资质 3 项，以及地质灾害等其他类资质，包括地质勘察单位资质、地质灾害危险性评估资质、地质灾害治理工程勘查设计施工监理资质和测绘资质。住建部门具有对建筑企业资质、房地产企业资质、从业人员资格审核的权限。其中建筑企业资质共有 6 项，房地产企业资质核准 4 项，就业人员资格的 7 项审核。

除此以外，质监部门享有计量标准考评员、工业产品生产许可证、安检机构资格等 9 项资格许可审核权限；安监部门对生产经营单位主要负责人及安全生产管理人员资格认证、生产经营单位特种作业人员操作资格认证、安全培训机构资格认可等 8 个项目进行认证。企业反映数量和名目过多过滥，应对无关资质认证进行清理，或由社会组织进行资格认定，将部分资质审核交由行业协会处理。

6. 土地建设审批时间长、审批程序与工程施工相脱节。建设项目审批中最显著的问题在于土地建设审批手续时间相当之长。矿山开采等特殊行业最为明显，由于受土地利用总体规划、建设用地指标、耕地占补平衡等方面的严格限制，建设用地审批难度较大，往往要长达1～3年时间。普通制造企业在用地项目建设审批时也要对项目初步设计、施工图、建设工程施工、建设档案等多项进行审批；对工程单位、施工单位、房地产企业、从业人员都要进行相关资质认证。在《建设工程规划许可证》批复之前，企业不能对所拍得土地进行任何处理。

土地建设审批环节之间实际关联不多，与工程施工相脱节。一般企业从土地成交到项目开工建设的审批完成需要6～10个月的时间，钢结构厂房的建设周期可能只有2个月，在等待审批期间土地完全闲置、不能开建厂房。厂房建好后通过验收，再进行设备测试和生产，往往距项目开始已经超过一年的时间。建设地的就业，包括企业的效益、税收都受到延时效应的影响。企业建议将审批程序与工程施工相联系，在建设工程规划许可证办理之前支持企业先期开展基坑支护等前期工程准备。

7. 审批层级多，审批权限与标准模糊，缺乏协调机制。企业投资建设项目申报在纵向上需要接受同一机关不同级别的层层审批，大型项目要从地级机关逐级申报到国家级机关批准。房地产开发企业的一级资质核定也要经过从市住建委到国家建设部两层初审—审批的全流程。

以北京市四号线地铁项目为例，立项后建设项目审批需要在一年内跑十几个不同的部委，仅北京市内纵向就有三轮相关审批，由于投资方涉及外资企业，还要报国家商务部、发改委审批，共五轮审批下来仅建设项目获批就历时一年零六个月。同一机关在不同地域的审批时间也不统一，有跨区域企业在两地同时申请某一资质认证，一个地区的审批比另一地区整整多了一年时间，两地项目建设生产无法同步开展。

企业项目建设涉及国土、建设、发改、工商、环保、安监等多个行政部门，是系统工程。当多个行政部门对同一事务设置管理和审批程序时，各部门缺乏互相配合，存在潜在矛盾。如工商部门规定化工企业没有安检许可不能对外销售，需要试生产2~12个月；而安检部门要求企业安全运行一定周期之后才进行结果验收。此时企业的产品不能销售且没有地方贮存（尤其是生产气体的企业），很难兼顾不同规定。

二、改革建议

行政审批制度改革是当前改善政府与市场、政府与企业关系的重中之重，也是政府机构改革、职能转变的突破点。传统行政审批制度是以行政手段调配资源限制了社会经济资源的合理流动，事无巨细的对经济活动直接管理阻碍了市场主体间的独立判断和公平竞争。调查显示，近90%的企业认为政府监管对保障公平竞争环境的作用尚未充分发挥，63.3%的企业认为政府改革重点在于转变政府职能，减少行政干预，增强监管独立性。简化行政审批事项、优化审批流程、平衡审批与监管关系是政府机构改革、职能转变、创造良好市场环境的关键。

1. 清理和简化一批审核项目和程序，放宽市场准入。应进一步全面审核政府审批和核准项目清单，建议修订核准项目目录，在一般领域、不使用政府投资的投资建设项目扩大备案制的实行范围。对于少数依然实行核准制的项目，政府部门应公布审理程序、标准和从受理之日到给予答复的工作日数，接受社会监督。从制度建设上防止变相审批。

要简化审批申请需要提交的材料，取消核准制下能源行业、公共领域基础设施行业、汽车制造业等多个行业中对可研性报告审批的环节。在建设项目审批事项中，取消建设项目审批中“项目建设工程施工许可或开工审批”事项。简化或取消对能源工业中如关于同意承担运输的文件、供应燃料的承诺文件、关于社会稳定风险评估报告的意见等事项的审批。对仅使用废（中）水循环利用、海水淡化等技术的项目免除关于同意项目取水文件；项目建设同址扩建且烟囱不超高项目免除对民用航空设施无影响的证明文件。保障企业投资建设自主权，如进一步研究简化企业间并购重组，包括海外并购投资审批在内的新型投资建设项目审批机制。

2. 规范资质认证，充分发挥行业协会等社会组织的作用。资质和认证是很多行业市场准入的前置条件。开放的竞争性市场中，繁重的资质认证僵化并且干预企业正常投资建设行为。对资质认证进行科学分类和系统清理，取消无关紧要或效果甚微的部分。留下来的资质认证，实行“分类管理、标准统一、简化流程”的制度化管理，凡是由市场、社会组织共同承担的公共服务，可以由社会组织承担。最后应整合业务相同或相近的认证检测事项，提高审批效率。

对突出行业过多过滥的资质认证进行清理核查。如通讯、电子信息行业中建议取消电信设备进网许可证、防爆电气设备防爆合格证、电力专用通信设备进网许可证等产品入网测试；同时取消安防工程企业资质、计算机信息系统集成企业资质、企业技术中心等资质认证。

规范资质认证、改善政府与企业关系应充分发挥市场和社会组织的协同作用。以与项目土地建设相关的资质认证为例。建筑企业资质、房地产企业资质、从业人员资格等资格认证可以由住建部门交由各行业协会负责。没有建立行业协会的，应尽快建立行业协会并将相关工作移交行业协会。同样，土地类资质、矿产类资质和地质勘察单位资质、地质灾害危险性评估资质、地质灾害治理工程勘查设计施工监理资质、测绘资质等其他类资质认证工作也可以由国土管理部门交给各行业协会负责。没有建立行业协会的，也可以尽快建立行业协会并将相关工作移交行业协会。安监部门管理的生产经营单位主要负责人及安全生产管理人员资格认证、生产经营单位特种作业人员操作资格认证、安全培训机构资格认可、安全标志认证机构的确定、安全生产检测检验机构资质认定、安全评价和咨询机构资质认定、职业卫生安全许可、注册安全工程师资格认定（注册）中部分资质认证也可交由行业协会处理。

有些许可认证涉及不同部门，如备用锅炉安装，就需要城市规划、消防、质量技术监督局、环保局几家单位分别认证验收，每个部门都要求其他前置部门提供条件，否则不予办理。建议各部门协同处理，共享信息，提高认证审批效率。

3. 简化企业项目审批流程，减少审批层级，缩短行政审批周期。提高审批效率，落实限时办结制是调研企业最为关心的事项。建议政府机构系统清理建设审批项目，合理设计工作流程，压缩审批时间。如企业建设项目审批时，市规划部门办理《建设工程规划许可证》的同时，也可开展施工消防审批，并且可以开展基坑支护等前期工程准备。建议消防部门技术审批与行政许可适当分离。

减少审批层级，明确各级部门审批权限也是缩短行政审批周期的重要方式。这包括在横向和纵向两个方面简化审批程序，降低社会成本。涉及多部门交叉审批的项目要加强各部门的协同整合和信息共享，合并重叠审批事项，简化审批流程，增强从行政控制到为企业服务的意识。同时根据行业性质、投资金额、项目重要程度等因素进一步划分国家与地方层次的审批权限，尽量简化审批程序，压缩审批等待时间。

4. 完善市场监管，平衡行政审批与市场监管二者的关系。简政放权、行政审批制度改革是当前政府机构改革不可改变的大趋势。简化投资与建设项目审批，将资源配置还原到市场过程中是政府调整定位、职能转变的良好信号。但权力下放并不等于“一刀切”都不管，而是管理的科学，优化政府宏观调控的能力。

政府机构应分门别类，根据不同行业、不同企业的特点而进行区别化管理。在涉及食品安全、环境保护、公共安全等行业和产业，相当数量的投资建设审批程序应当予以保留，相应的资质认证也必不可少。改革的关键在于优化审批流程、提高审批效率。而对市场竞争性较强行业的调控则需要单独探讨。如钢铁、化工等行业的调整，控制兼并重组、限产限购等审批指标主要解决了集中度问题，并不能从根本上解决产能过剩、产品质量过低的问题。

政府的着眼点应放在创造良好的竞争环境的大方向上，在提高监控标准、产品质量门槛上多做文章，而放宽对企业投资建设具体操作手段的控制。

竞争市场的良好运行不能仅靠单个审批得以体现，当前“重事前审批、轻事中事后监管”的问题依然存在。以环境评价制度为例，一些项目能够通过项目前期的环评审批，但由于缺乏全过程监管，项目在建设过程和投入运营后又因环境问题引发新的社会矛盾。想要使审批结果产生良好效应，需要过程监督和事后惩处等配套措施和系统性保障。为保障市场监管到位，应逐步树立“宽进严管”的意识，不仅仅是投资和建设审批时对项目条件进行监测，在生产经营全过程中也要重视对生产工艺流程、产品标准、入库流通、使用的全过程监测，真正保证企业项目建设的质量。

附件　某公司项目建设所经历的审批流程

1. 项目预审、注册登记、购地规划

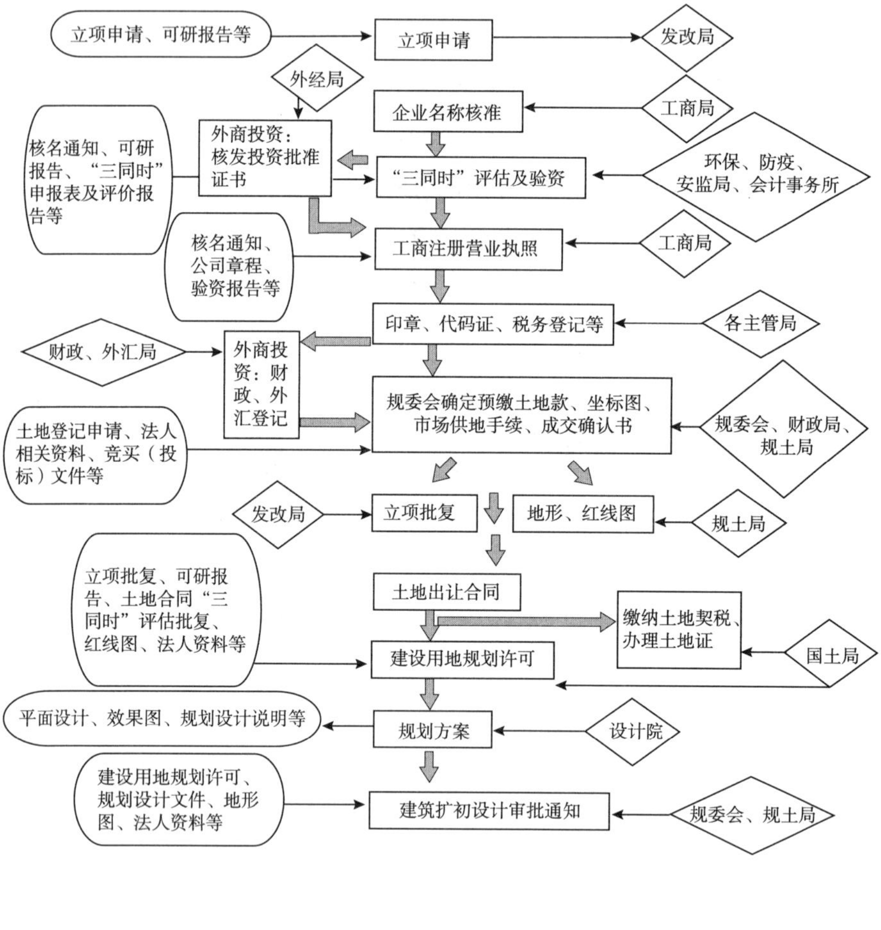

2. 项目建设审核

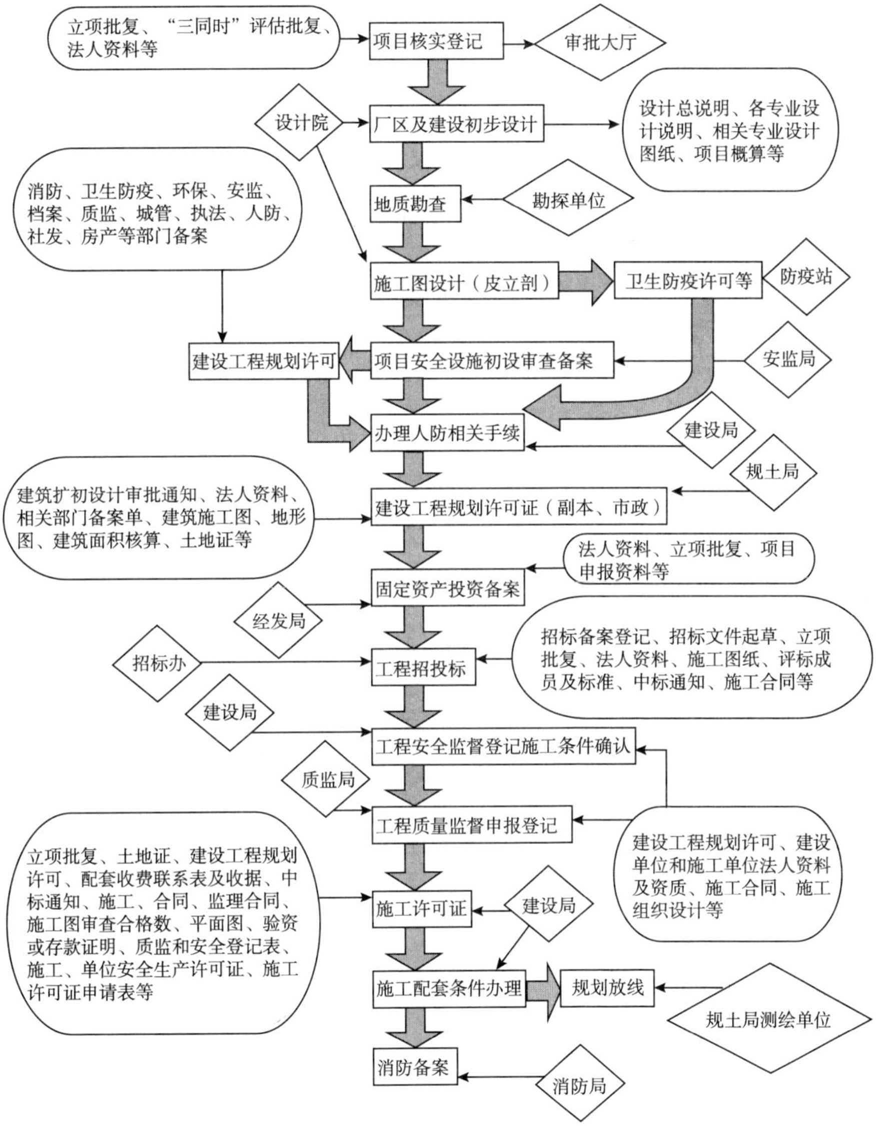
立项批复、“三同时”评估批复、法人资料等
项目核实登记
审批大厅
设计院
厂区及建设初步设计
设计总说明、各专业设计说明、相关专业设计图纸、项目概算等
消防、卫生防疫、环保、安监、档案、质监、城管、执法、人防、社发、房产等部门备案
地质勘查
勘探单位
施工图设计（皮立剖）
卫生防疫许可等
防疫站
建设工程规划许可
项目安全设施初设审查备案
安监局
办理人防相关手续
建设局
规土局
建筑扩初设计审批通知、法人资料、相关部门备案单、建筑施工图、地形图、建筑面积核算、土地证等
建设工程规划许可证（副本、市政）
法人资料、立项批复、项目申报资料等
固定资产投资备案
经发局
招标备案登记、招标文件起草、立项批复、法人资料、施工图纸、评标成员及标准、中标通知、施工合同等
招标办
工程招投标
建设局
工程安全监督登记施工条件确认
质监局
工程质量监督申报登记
建设工程规划许可、建设单位和施工单位法人资料及资质、施工合同、施工组织设计等
立项批复、土地证、建设工程规划许可、配套收费联系表及收据、中标通知、施工、合同、监理合同、施工图审查合格数、平面图、验资或存款证明、质监和安全登记表、施工、单位安全生产许可证、施工许可证申请表等
施工许可证
建设局
施工配套条件办理
规划放线
规土局测绘单位
消防备案
消防局

3. 项目建设及验收

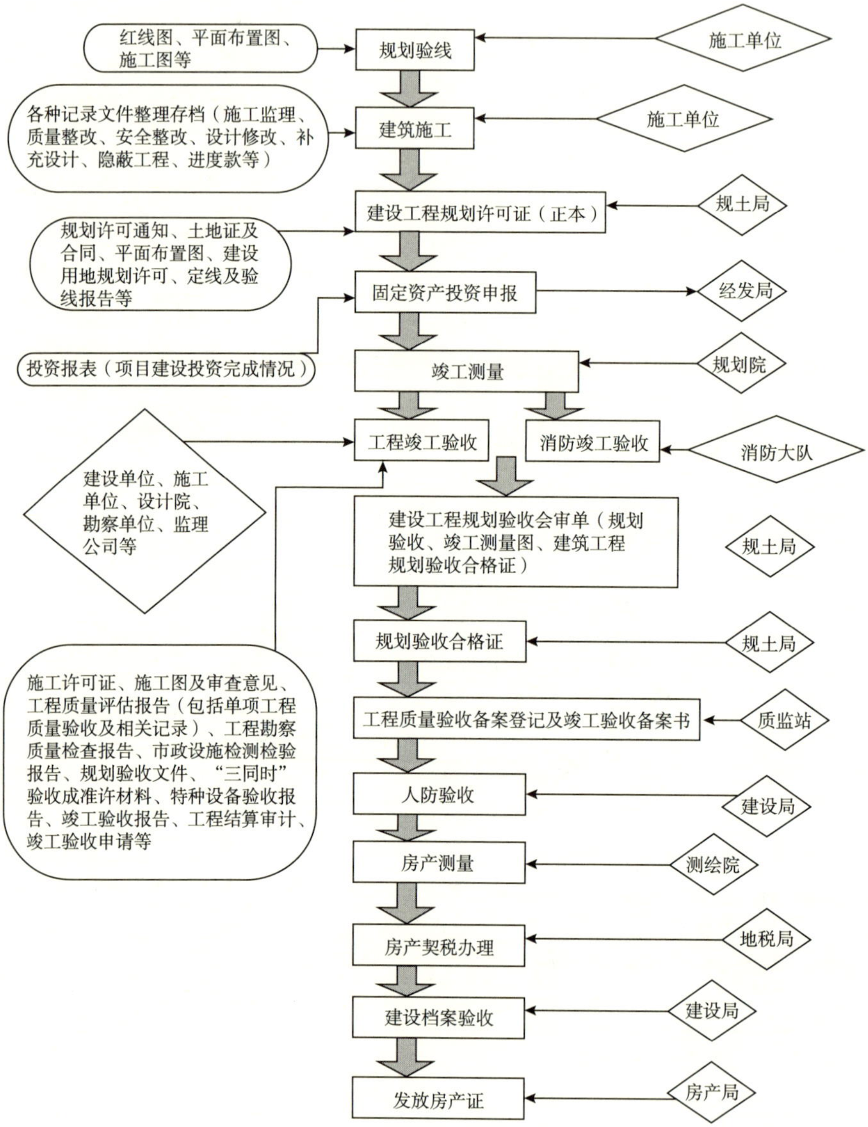
红线图、平面布置图、施工图等
规划验线
施工单位
各种记录文件整理存档（施工监理、质量整改、安全整改、设计修改、补充设计、隐蔽工程、进度款等）
建筑施工
施工单位
建设工程规划许可证（正本）
规土局
规划许可通知、土地证及合同、平面布置图、建设用地规划许可、定线及验线报告等
固定资产投资申报
经发局
投资报表（项目建设投资完成情况）
竣工测量
规划院
工程竣工验收
消防竣工验收
消防大队
建设单位、施工单位、设计院、勘察单位、监理公司等
建设工程规划验收会审单（规划验收、竣工测量图、建筑工程规划验收合格证）
规土局
规划验收合格证
规土局
施工许可证、施工图及审查意见、工程质量评估报告（包括单项工程质量验收及相关记录）、工程勘察质量检查报告、市政设施检测检验报告、规划验收文件、“三同时”验收成准许材料、特种设备验收报告、竣工验收报告、工程结算审计、竣工验收申请等
工程质量验收备案登记及竣工验收备案书
质监站
人防验收
建设局
房产测量
测绘院
房产契税办理
地税局
建设档案验收
建设局
发放房产证
房产局

4. 企业生成及运行

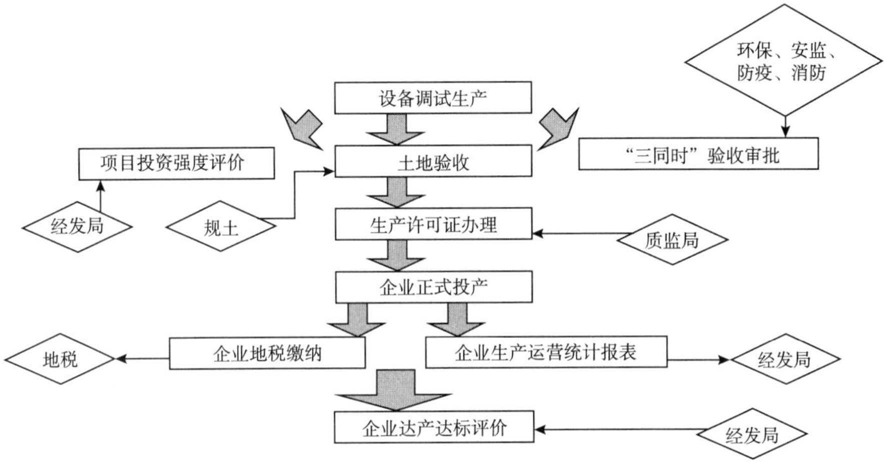

5. 流程统计

部门	项目预审、注册登记、购地规划	项目建设审核	项目建设及验收	企业生成运行	接触次数合计
规土局	5	2	3	1	11
建设局		4	2		6
设计院	1	2	1		4
消防		2	1	1	4
质监局		2	1	1	4
环保局	1	1		1	3
防疫站	1	1		1	3
安监局	1	1		1	3
规委会	2				2
房产局		1	1		2
地税			1	1	2
工商局	2				2
城管		1			1

（续表）

部门	项目预审、注册登记、购地规划	项目建设审核	项目建设及验收	企业生成运行	接触次数合计
执法		1			1
人防		1			1
社发		1			1
发改局	1				1
审批大厅		1			1
财政局	2（外 1）				2（外 1）
档案局		1			1
经发局		1			1
招标办		1			1
外经局	外 1				外 1
外汇局	外 1				外 1
规划院			1		1
测绘单位		1			1
建设单位			1		1
监理公司			1		1
勘探单位		1	2		3
施工单位			3		3
会计师事务所	1				1

注：外 1，为外商接触过 1 次。

统计，整个流程需要与 32 个单位接触，其中含部门 27 个（监理公司、勘探单位、施工单位和会计师事务所除外），一共需要经过 54 个环节。

第六章　市场准入与监管

市场准入是政府职能部门通过批准和注册，对企业进入市场进行的管理。市场监管是市场监管主体对市场活动主体及其行为进行的限制、约束等的直接干预活动，其目标是维护市场运行的安全稳定、保护市场主体的合法权益、促进市场开放和发展。

我国市场准入和监管的标准有多个层次，目前主要问题是经济性管制过多，安全、环保等社会性管制不到位。

一、现状和问题

1. 资质和认证过多，审核程序复杂，缺乏透明度。资质和认证是市场准入的前置条件。一些企业反映，其名目繁多、审核程序复杂、标准不规范、有效期限短，造成事实上准入管制过多，企业进入壁垒过高。

资质名目繁多。从全球情况看，在一些特殊行业，企业进入一般需满足一定的资质条件，但总体看，凭资质才能进入的行业越来越少，因为技术变化更快，新生企业越来越多，资质管理已经跟不上技术变化，过度注重资质会失去应用最新技术成果的机会，也会抑制技术创新。但国内“要进入需先取得资质”的情况还很普遍，企业为获得准入或某项政策支持，往往要先取得相关资质、评级和认证，如建筑、地铁、环保、通信、软件、集成电路、高新技术企业认证、保密资格认证等。随着对行业的划分和管理越来越细，近些年来又不断产生出很多新的资质等级和认证。

如要进入铁路、国防和电力等领域，需取得资质就非常多，机车生产企业生产机车须取得型号合格证和生产许可证，动车上路运行须经过铁路部门验收合格。信息通信领域，涉及的认证更多，涉及的部门也多，包括版权局、工信部、发改委、住建部、经信委等。要进入一些电信服务增值领域，企业要取得十几家单位约 30 多项资质和许可，包括工信部的 ISP 证登记和许可（经营性网站）、ISP 备案（非经营性网站）、ISP（互联网服务提供商）证、SP 证（移动网增值业务许可证），工商局的网上经营行为登记备案、网站名称注册、广告经营许可证，中国互联网中心的域名注册证，文化部的网络文化经营许可证，如果要提供药品信息，则需要药监局的互联网药品信息服务资格证，提供教育信息则需要教育部的互联网教育信息服务资格证，提供医疗卫生信息则需要卫生部的互联网医疗卫生信息服务资格证。

有很多资质规定明显不合理。如房地产行业，二三级资质的公司即使取得了资质，如果到不同区域发展，还需要重新申请资质。城轨地铁、通信和化工等领域，新进入者必须要有资质，而要取得资质又必须有业绩，这种规定对没有业绩的新进入者来讲，实质上是根本无法合法进入。一些资质认证还要定期审查或复审，过了期限要重新申请，而且很多期限设置较短，大大增加了企业申请和接待审查的工作量。围绕资质认证，在很多行业已经形成了利益链，通过资质制度来管理市场的做法虽然让企业诟病，但要打破这条利益链却非常困难。

审核程序复杂，时间较长。部分认证须多部门审核，效率低下，增加企业成本。如节能环保认证，同一产品、消耗品及其外包装上必须粘贴、打印多种标识，同一生产工厂要应对多项相关检查。钢铁行业锅炉容器材料特种设备许可证根据质检总局要求需要经过钢铁行业检测机构、锅炉压力容器检测机构和特种设备检测机构三家不同审核机构审核，程序复杂。

很多流程比较长，企业认为可大大缩短。如要申请通讯电子行业的

CRCC（铁路产品认证管理委员会暨中铁铁路产品认证中心）的认证，至少需要12个月的时间。其流程如下：企业下载申请文件→向CRCC业务部提交申请→CRCC合同评审→双方签订认证合同→合同生效后基础事业部安排审核组现场审核/产品型式检验→审核组提交现场审核报告/实验室提交型式检验报告→基础事业部审核报告→业务部组织专家评定→CRCC领导批准→业务部制作证书→企业签订证书和标志使用协议→企业领取证书→按时限接受监督。

认证标准不规范，有些明显落后。如锅炉行业检测，国家和地方标准不一致，一些地方不承认国家级检测报告，必须在本地重新检测。企业反映很多认证环节可以简化，如企业取得营业执照后，组织机构代码需要到质检部门另行申请获取，须重新递交申请材料。

我国现行的技术、质量、环保、安全、卫生、能耗等许多标准已经落后于我国发展阶段。标准落后保护了落后的生产力，使可以达到更高标准的企业也没有升级的积极性。以钢铁行业为例，2010年版《钢铁行业生产经营规范条件》规定“吨钢二氧化硫排放量不超过1.8千克”，同期日本新日铁吨钢二氧化硫排放数量仅为0.44千克。据《2012年中国工业发展报告》，2010年中国钢铁工业总产值约占全国工业总产值的8.7%，二氧化硫排放量占工业排放量的比重却超过10%。

2. 民营企业遇到更多准入限制。对于民营企业，国务院2005年出台了“非公36条”，即《国务院鼓励支持非公有制经济发展的若干意见》，放宽非公有制经济市场准入。2010年又出台了“新非公36条”，即《国务院关于鼓励和引导民间投资健康发展的若干意见》，鼓励和引导民间资本进入法律法规未明确禁止准入的行业和领域。截至目前，针对“新非公36条”的细则也纷纷出台。这彰显了国家对于民营企业放宽市场准入的决心。

然而在实践中，问题的解决不尽如人意。调查中发现，无论对于上市的或者非上市的民营企业而言，既得利益格局很难打破，“非公36条”难以落实；市场准入放开不够，或虽有准入政策，但“玻璃门”、“弹簧门”现象严重，调研中这两条均排在前面。

27.29%的企业认为民营经济发展受到国有经济的挤压；32.45%的企业认为既得利益格局很难打破，“非公36条”难以落实；22.64%的企业认为市场准入放开不够，或虽有准入政策，但“玻璃门”、“弹簧门”现象严重；7.02%的企业认为民营企业可以参与一些放开领域的投资，但难以实质性参与经营；6.23%的企业认为金融创新不足影响民营企业投资与经营活动；4.37%的企业认为在获得政府资源等方面遇到不公平待遇。

以进入能源行业为例，从国家能源局、电监会先后公布的鼓励民营企业进入能源、电力的实施细则条文来看，民营企业将获准进入资源开采上游，参与下游管网和储运设施建设，也可参与电厂和电网投资和建设。但现实中，由于上下游存在垄断和政策歧视，民营企业根本不具备议价能力，往往沦为附庸。例如，国家能源局鼓励民营企业参与能源资源勘探开发，鼓励民营企业走出去，参与境外投资建设能源开发与利用项目。根据国内的规定，油气进口需要专门资质。民营企业很难获得这个资质。

再以航空业为例，民营企业虽然已经获得航空业市场的市场准入，但与之相关的航油到航材的市场并没有放开，又限制飞行员的市场流动，这形成了航空业市场的实质进入壁垒。

与大企业相比，中小企业在市场准入上更容易遭遇隐形歧视。一些行业，主要以生产规模、资本实力、技术水平和从业资历等条件作为市场准入的标准，这无疑抬高了中小企业市场准入的门槛。以汽车行业为例，2004年颁布的《汽车产业发展政策》第47条规定：“新建汽车生产企业的投资项目，项目投资总额不得低于20亿元人民币，其中自有资金不得低于8亿元人民币，要建立产品研究开发机构，且投资不得低于5亿元人民币”和“新建下列投资项目的生产规模不得低于：重型载货车10 000辆；装载4缸发动机乘用车50 000辆；装载6缸发动机乘用车30 000辆”，如此高的市场准入门槛使得中小企业很难涉足这一行业。

3. 企业深受地方保护影响。为保护本地经济的发展，地方政府在对待外地企业的进入时，经常采取歧视性的政策，加大外地企业的准入壁垒或者阻止外地企业的进入，造成事实上的不公平竞争。虽然国家从法律、行政等多方面采取了一系列反地方保护的措施，并取得了一些成效，但地方保护却屡禁不止，阻碍了商品和要素在全国范围内的自由流动，削弱了市场机制在优化资源配置中的有效性，不利于发挥地区比较优势和形成专业化分工，也不利于获得规模效益。

地方保护的形式多种多样，甚至司法也成为地方保护的手段。调研中，有66.8%的企业遇到过“政府对当地产品的保护”，26.3%的企业“并购时遇到地方排斥”，46.5%的企业在“外地发生法律诉讼时遭受不公平待遇”，18.0%的企业“到外地投资受原属地政府的干涉和阻拦”，40.1%的企业“认为在获取外地政府财税支持、土地资源等方面受到不公平待遇”，27.5%的企业“遇到过当地政府动用行政权力和司法手段等对外来企业进行不正当干预”。

关于地方保护产生的主要原因，41.7%的企业提到“保护本地区企业利益”，58.0%的企业提到“保护地方税收和就业”，24.3%的企业提到“影响政府经济绩效”，6.9%的企业提到“非正常因素干扰”，1.6%的企业提到其他方面的原因。

4. 市场监管不到位和监管变审批。重准入轻监管仍较普遍。根据参与调查的企业对于政府市场监管能力在促进企业公平竞争方面所起作用的看法，21.2%的企业认为起了很好的作用；49.8%的企业认为作用有限；34.9%的企业认为缺位、越位、错位严重，该管的不管，不该管的管太多；0.9%的企业表示有其他方面的作用。

监管不力的根源是行政干预较多，监管独立性不够。同时法律法规和行业标准不够完善，执行效率不高，监管不透明、缺乏公平性，监管成本较高、效率低也是重要原因。

对于社会普遍关心的安全和环保问题，由于监管不力，导致事故频发。一些政府与部门为了自身利益，无视安全和环保的有关规定，以行政方式干预监管的执法，即使一些企业安全和环保严重不达标，监管部门的处罚也难以实行。我国在安全监管和环保监管上的法律法规和行业标准还不够完善，使得无法可依，且缺乏实际操作性，使安全与环保问题难以避免。

一些涉及安全与环保的监管程序和规则不透明，使得监管者与被监管者形成信息不对称，监管者很难做到公平公正。一些地方以保护企业为由，对违法企业信息不公开，处理不公开，消费者没有知情权，也就无从选择，企业也得不到应有的惩罚。食品行业就是典型的例子。另外，监管部门过多造成监管成本较高，效率低下。每个监管部门负责一个环节，“多龙治水”造成“集体难有作为”。以食品安全生产为例，2011 年 2 月全国人大常委会通过的刑法修正案（八）规定，对食品安全犯罪最高可处死刑，法律法规不可谓不严厉，但食品安全问题依然层出不穷。我国目前涉及食品安全监管的部门达 9 个，有利益的想插手，无利益的则相互推诿，分段监管缺乏合力。

一些部门既制定规则，又进行监管，集监管权与审批权于一身，很容易以行政代替监管，监管变审批。此外，监管需要投入大量的人力物力，而审批相对简便，这也是监管变审批的一个重要原因。

二、建议

1. 下决心清理和取消一批资质认证。一些行业因资质和认证目录繁多、审核程序复杂、标准不规范、有效期限短而形成的进入壁垒，事实上已经给企业造成不必要的负担，严重影响企业竞争力。因而，有必要取消无关行业生产安全、实践中效果甚微的资质和认证。

2. 简化审核程序，限时办结。资质评级和认证标准力求统一规范，中央和地方统一，国家层面和行业层面统一，区别无遵守义务的推荐标准和强制性标准。标准制定要与我国经济发展阶段相适应，提高现有标准在技术、质量、环保、安全、卫生、能耗等方面的要求。整合业务相同或相近的检验、检测、认证机构，涉及多部门的认证审核，有必要合并审核。如节能环保标识，可以通过整合现有标识形成统一标识，并允许不同地区间互相认证，使认证业务、工厂审查、产品检查等工作流程更加合理。

3. 弱化经济性准入管制，加强社会性准入管制。为了保护环境、保证劳动安全、保证产品质量等而设立的标准是完全必要的，它适用于任何行业。要最大程度地取消基于企业规模、效益考虑而实行的经济性准入。

对一些重点垄断行业和自然垄断行业，建议区分垄断性业务和竞争性业务，采取不同的市场准入管制原则。对竞争性业务放宽准入条件，允许更多新企业进入，充分发挥市场竞争机制的作用，提高市场效率。

在一些高能耗、高污染的产业中，要提高以安全、健康、环境为重点的社会性准入标准，以淘汰落后产能、保护环境，同时建立竞争有序的市场环境。

4. 增强准入管理的透明度，避免暗箱操作。实行严格的信息公开制度，对准入规则、程序等不涉及国家机密和安全的信息都应该向公众公开，并在网上公示，方便企业和用户查询。市场准入标准的制定应充分吸收企业、社会的参与，并接受公众的监督。

对一些可以公开而没有公开的信息，企业可以简便有效地通过行政复议或行政诉讼申请公开。

对一些重点垄断行业和自然垄断行业，要广泛地采取公开招标、拍卖等经实践证明行之有效的方式决定特许经营权的分配。

5. 加强全过程监管。具备条件的领域以事后监管取代事前的准入管制，真正实现从“重准入”向“重监管”的转变，尤其是全过程监管，即对整个产品链，从初级生产直至消费的各个环节和操作顺序的监管。

已经通过备案制度或自由进入市场的企业或个人，应严格按监管条件和标准进行管理，一旦发现不符合监管标准的企业或行为，应当予以严厉的处罚，直至将其彻底赶出市场，从而建立起公平进入、有序竞争的市场秩序。

专栏 6.1 中美药品市场准入管制的比较分析

美国的新药审批及管理都是由联邦食品药品监督管理局（以下简称FDA）负责。美国 FDA 是法定的药品规制机构，采取实行联邦大区派出制，是中央集权的垂直管理体制的药品监管模式的典型代表。

我国负责药品审批及管理的机构是国家食品药品监督管理局（SFDA），药品监督管理总体上实行的是“一体、两级”的体制。所谓“一体”，是指药品监管行政执法主体为国家、省、市、县各级药品监管机关和法律、法规授权的监督检验机构统一履行药政、药检和药品生产流通监督管理职能；所谓“两级”，是指国务院药品监管部门和省级政府药品监管部门主管、负责和领导全国及省以下地方药品监管工作，履行法定的监督管理职能，即国家级和省级二级体系和制度。同时我国药品监督管理带有多部门性质，即宏观经济部门、工商、卫生、物价等其他部门负责各自职责范围内与药品有关的监管工作，是辅助性的监管主体。

从管制机构设置的角度看，美国 FDA 采用集权式的监管方式，将技术监督与行政监督合二为一。FDA 有 9 000 多名雇员，是美国联邦政府雇员最多的政府部门之一，雇员中大多数是科学家、医学博士和其他专业人员。机构设置自成体系，协调统一，使 FDA 能够及时发现问题、及时采取措施，从而在全国范围内形成一个独立、强大、权威的药品监管网络。FDA有中央机构和地方机构，地方机构的职责只是保证申请材料的准确性，最终的批准权是在中央机构。在 FDA 的中央机构中，专业性的技术中心跟整个行政机构结成一体，形成一个技术监督与行政执法紧密结合的机构体系，保证了整个机构对紧急药品事件反应的速度和整个机构的统一性和灵活性。FDA 的人员纳入公务员管理体系，监督体系健全，审批人员承担法律责任；FDA 重视信息的披露，信息公开将有助于协调作为管理者的 FDA 与作为被管理者的医药科研、生产、经营单位之间的关系。

而我国国家食品药品监督管理局只有一百多人的编制，基本没有配备专家技术力量，面对急剧上升的申报数量以及申报资料中大量的琐碎问题，监管机构超负荷工作，审批的效率和质量很难真正实现。技术问题依赖下属技术性事业单位，监管部门不对申请材料的真实性负责，这导致了在新药申请过程中诸多造假现象的出现；现行办法没有明确有关技术部门的职责，导致了一些申请事项出现了多头管理的现象。再者，地方药监局负责进行形式审查，地方审批的标准不统一，对形式审查的实质理解各异，有的只局限于对资料项目数的简单审查，没能从具体内容上进行初步必要的把关，使得国家食品药品监督管理局直接面对较多低级浅显的问题，浪费了大量审批资源，影响了整个药品的审批速度。此外，技术审批附属于行政审批，没有发挥其应有的作用，审批权力过于集中也使得权力寻租出现的可能性增大，近来爆发的药监局官员腐败案就是最好的证明。

资料来源：魏聪、余菁菁，《中美药品市场准入管制的比较分析》，载《浙江学刊》2008 年第六期

第七章　企业融资环境

目前我国社会融资规模逐步放大，但调研中59%的上市企业和71%的微型企业认为无论是银行贷款还是债券和股权融资均存在审批多、耗时长、成本高、结构不合理的特征。如2012年仅工农中建四大行实现净利润7 164亿元，整个银行业利润占A股净利润比例超出50%，而美国市场该比例近年介于15%～20%，中国盈利前10企业中5名为银行，没有高科技企业，而美国盈利前10企业中3家为高科技企业，仅2家为银行，金融业持续攀升的利润正在快速抬升非金融企业的融资成本。从融资结构看，2012年我国企业债券融资仅占社会融资总规模的14%，非金融企业境内股票融资更是仅占不足2%，较2010年、2011年持续快速下降。总体看来，金融对经济结构调整和转型升级的支持作用、金融发挥市场配置资源的基础性作用、金融政策与财政政策和产业政策的协同作用仍有显著改善空间。

一、企业融资环境存在的主要问题

1. 银行贷款总体融资成本高昂，对实体经济的支持力度逐年递减。调查结果显示，40%的企业反映融资成本高。以银行贷款为例，主流贷款利率介于6%～9%（一年期银行贷款基准利率为6%，五年期为6.55%），门槛是担保抵押品，但实际操作中呈现两极分化现象：央企、政策扶持类项目可下浮 10% ~20%，约为 5% ~6%，而大部分从事实体经济的企业贷款执行上浮利率，同时大多股份制银行还以收取财务顾问费、手续费等形式上浮利率，真实利率已达 7% ~9%，融资成本高昂。2012 年经营稳健的工农中建四大行实现净利润 7 164 亿元，同比增长 14%，而经营方式更为市场化的股份制银行，如华夏、兴业、浦发、招商合计实现净利润 1 269 亿元，同比增长 29%。从对实体经济支持的角度看，我国现有贷款审批制度仍偏好投资性贷款而轻消费类贷款、并购贷款等更符合经济转型需求的贷款类型，着重抵押担保能力而轻信用类、轻资产型企业灵活的流动资金贷款需求，导致金融对产能扩张的支持力度大，而对产能整合的支持力度不足，对战略性新兴产业的扶持不够。

2. 小微企业存在较突出的信贷获取障碍。中小企业在增加就业机会、转变经济增长方式、促进社会经济均衡稳定发展等方面具有十分重要的作用，但受制于自身规模小、缺乏符合银行风险控制要求的抵押担保能力、银行的收益与风险不匹配等原因导致获取贷款的难度较大，只能转向利率较银行贷款高得多的其他融资渠道，企业财务负担重。以深圳为例，全市约有 20 多万家中小企业注册登记，占深圳市企业总数的 99% 以上。然而，其所获得的信贷比例却不足全市企业信贷总额的 30%，中小企业贷款难的现象比较普遍。同时，除财务顾问费和手续费外，中小企业普遍面临的额外收费还包括在申请银行贷款提供质押时，被指定中介进行抵押物的评估和担保产生的费用。中小企业大多贷款是 1 年期，如果需要延长资金使用期限就需要借新还旧，重新评估和担保，持续支付银行指定中介单位的评估费和担保费。此外，目前村镇银行（小贷公司）只贷不存，除了自有资本金都是从上游的大银行获取资金再贷出去，村镇银行贷款利率普遍在 16% 以上才能取得基本回报，这也无疑进一步推高了中小企业融资成本。地方城商行过多介入地方融资平台贷款业务，未充分发挥设立目的。调研中发现，地方城商行因股东结构、追求存贷款规模粗放式快速增长等原因，对地方市政建设类项目金融支持力度大，对调研中从事实体经营企业的金融支持经常出现贷款额度不够，导致实体经营企业满足条件的转向四大行或全国性股份制银行，另一方面，难以满足条件的转向民间融资，如高利贷等。

3. 债券审批主体和交易平台不一，信用评级市场不完善。目前债券市场已经形成了面向不同类型企业、适用不同发行要求的多层次债券市场，包括公司债、企业债、集合债券、可转债、城投债、中期票据、短融产品等，但不同产品审批主体不一，其中，公司债、企业债、城投债由发改委审批，短融、中期票据、集合债券由央行审批，可转债由证监会审批。上述债券的交易平台也不一，部分在交易所上市交易，部分在银行间债券市场交易，部分在交易所和银行间市场都可交易。总体上来看，债券产品目前涉及发改委、央行、证监会等不同部门审核，交易方式不一，企业难以高效掌握和运用相关产品。同时，值得注意的是，个别债券产品审核时间较长，难以达到产品设计目的，如目前中小企业集合债在发改委审核时可能需要 1 年。此外，由于近年来银行间债券市场的发展，起步于 20 世纪 80 年代的中国评级业开始进入快速发展期，从 2005 年银行间债券市场产生到 2007 年证监会推进公司债，中国评级业有了长足的进步。然而，与国外相比，我国的社会信用环境基础存在较大差距，根据调研结构，63% 的企业反映失信及违法成本低，导致社会信用环境恶化。此外，评级市场规模仍然很小，业务品种较为单一，评级机构权威性和独立性不足，信用评级缺乏统一规范，也没有建立持续跟踪评价制度，行业水平离发达国家还有一定差距。

4. 股权融资发展缓慢。2012 年非金融企业境内股票融资仅占社会融资总规模的 1.6%，较 2010 年、2011 年持续快速下降。我国股票发行实行审批制（证监会），除了因并购重组增发股票不以融资为主要目的，进而审批效率较高外（一般数月时间），融资审批目前普遍耗时需 1 年以上，最长的要 3 年左右，审批通过到取得批文最长的也有 1 年半时间（如陕煤集团），行政程序复杂是最大原因。目前证监会《上市公司证券发行管理办法》明确规定，发行股票募集资金用途必须符合国家产业政策、环境保护、土地管理等行政法规，基于这一规定，企业融资项目需要提供多级发改委、环保局、国土局、国资委（国企项目）的日常核查文件（各类批复、批文、无违法违规行为证明文件等)，然后根据《关于对申请上市的企业和申请再融资的上市企业进行环境保护核查的通知》等国家部委规定，融资项目还需通过环保部、国土部等部委的融资项目专项核查，上述部委在专项核查的核定结果以函件形式报送证监会前，还需要通过网站公示的流程，最后才是证监会的审核和封卷。总体看，基于不同部委多重规定的实际结果是企业融资项目既需要得到一套完整的日常核查文件，又需要通过发改委、环境部、国土部的融资项目专项核查并得到核定结果函件，实际上是对融资项目是否符合国家产业政策、环境保护、土地管理等行政法规采取的两遍核查、两套核查，直接导致企业准备材料耗时耗力、证监会自身或可以较快审批融资，但审批前嵌入的环保等专项核查时间不受控制，如云海金属 2009 年再融资时 12 家子公司都进行了专项环保核查，核查开始到通过核查历时 1 年时间；此外，证监会在股市低迷期对融资审批节奏和总量采取窗口指导，窗口指导信息不透明，企业难以建立合理预期去应对审批节奏和总量指导的变化。

5. 再融资受限较多。目前创业板再融资主要是通过并购重组的方式，并未受到政策限制，而以募资为目的的再融资何时开闸没有时间表。涉房企业再融资之门尽管没有明文暂停但在操作层面已被实质性关闭，既包括主业涉房类企业即正统地产商，也包括副业涉房类企业。部分副业涉房类企业通过有效剥离地产相关业务，目前已不存在再融资的政策瓶颈，但对于特定的两大行业——商业企业、旅游文化企业，由于业务模式上与商业地产可能天然有所关联从而难以有效剥离，目前受涉房企业融资暂停的负面影响在日益加剧。如经过大量商业企业近年对转型的有效探索，基本证明商业企业在城市非核心地区发展生活娱乐一体化的商超项目是必需的、有效的对策，但这一对策难免涉及少量商业地产，目前相关企业已陷于转型就要涉及少量商业地产，而涉及商业地产则无法再融资的困局中。旅游文化产业近年被国家定义为战略支柱型行业，是国家鼓励的产业方向，但在实践操作中，由于旅游文化项目从开发到被旅客普遍认知接受的项目开发周期较长，同时成功的旅游开发项目可以有效提升项目所在地的物业价值，旅游文化项目配套少量商业地产同样是该行业通行的经营策略，目前相关企业面临涉房类商业企业同样的困局。尽管按照相关法规，上市公司融资、再融资时募集资金用途只需要符合国家产业政策规定即可，但在实践操作中，明确用途和资金需求额的资本开支项目在证监会审核融资额需求时更容易被核实，而流动资金的补充只能居于辅助地位，这一审批实践已经导致企业在融资时倾向于启动重资产项目或在申报时夸大资本开支数额、获得融资后再不断变更资金用途，就整体而言，在我国大量行业产能已经过剩的背景下，在实践中存在驱使上市公司重资产化的不良倾向。

二、建议

1. 加快债券融资、直接股权融资市场建设，优化融资结构。根据“十二五”规划，到2015年企业直接融资比例应占到15%，发展多层次的资本市场是提高企业直接融资比例的基础。建议债券融资方面进一步加大创新力度，丰富债券融资市场主体结构和产品结构，研究高收益债券、可转换债券、资产支持票据等多种新型债务融资工具；放宽对于债券市场的准入门槛及对发行利率和资金用途的限制，逐步允许上市公司根据自身发展需要，自由选择所发行债券的种类和利率。股权融资方面，重点发展“新三板”、区域性权益类市场和产权交易市场等场外市场，支持私募债等创新业务在区域性权益市场的发展，建立健全场外市场和场内市场的转板制度，使两个市场有机联动。同时继续支持由基金、QFII、保险资金、社保基金、企业年金及各类理财产品构成的多元化机构投资者队伍发展壮大，以提高上市公司直接融资水平。

2. 简化再融资的预先嵌入审核程序，加快放开创业板再融资。上市公司融资项目要取得多级发改委、环保局、国土局、国资委（国企项目）的日常核查文件（各类批复、批文、无违法违规行为证明文件等），以充分证明融资项目符合国家产业、环保、土地管理等核心政策，目前证监会在审核前被嵌入专项审核程序和日常核查文件存在较大审核重复，建议仅保留发改委、环境部、国土部最关注的有限领域所涉及项目的专项核查程序嵌入，而取消大部分行业融资项目审批的专项核查程序嵌入，改全面专项核查为项目抽查。进一步完善发行、定价、并购重组等方面的各项制度，适当放宽创业板对创新型、成长型企业的财务准入标准。以美国为例，其股票发行采用注册制，以审核公开说明书内容为前提和核心，将所有申请发行者的申请置于同等条件下，发行人只要保证自己的信息充分、完整、真实即可获准发行，对于发行规模、发行人的盈利预测等均不作硬性规定，审核程序少、效率高。建议进一步放宽上市企业募集资金用于补充流动资金、未明确用途资金的比例，放宽企业超募资金转为补充流动资金的界限，适度放宽非重大募集投资项目根据市场变化而变更资金用途的范围，引导上市公司资产结构合理配置，防止重资产化的不良倾向。

加快放开创业板再融资，非重大再融资项目应实施事前备案 + 事后审批制。明确再融资规则，降低再融资门槛。结合创业板企业再融资需求突出的“额度小、频率高、变化快”特点，建议将创业板再融资与融资制度创新结合在一起，建立更适应中小企业经营需要的灵活的融资制度。在进一步完善信息披露的条件下，对非重大再融资项目建议采取事前备案 + 事后审批制度，以取代目前证监会事前审批制度，取消或下放审批权限，从而根本上实现直接融资占社会融资规模比重的显著提高，进一步加大支持科技创新和经济结构调整的力度。

渐次、有序地放开部分副业涉房类企业的再融资审批。对于副业涉房类企业，尤其是商业模式难以与商业地产完全切割的商业企业、旅游地产企业的再融资审批，建议渐次、可设定先决条件地放开，如限定用于旅游开发和配套商业地产的投资比例、地产副业的营收/利润贡献比例等。以伦敦证券交易所另类投资市场（AIM，欧洲的第一家二板市场）为例，其上市公司可随时根据业务发展需要进行不受限制的再融资，且在大多数情况下增发新股无需事先征得股东同意。

3. 盘活资金存量，用好增量资金，强化银行对贷款结构的管控。充分发挥再贴现、再贷款和差额存款准备金率的动态调整机制等货币政策工具的导向作用；引导银行从偏重传统行业的投资性贷款转向先进制造业、战略性新兴产业、现代信息技术产业、消费类贷款等，压缩“两高一剩”（高耗能、高污染、产能过剩）行业的融资额度，对属于淘汰落后产能的企业，要通过保全资产和不良贷款转让、贷款损失核销（同时简化核销程序，放宽核销标准）等方式支持压产退市，适度调整过于着重抵押担保的审核制度，开展并购贷款、内保外贷、信贷资产证券化等创新贷款方式，提高资金使用效率。同时，银行应将理财产品与实体经济进行无缝对接，使银行理财成为实业债权融资、直接融资的重要工具。此外，政府还应加大力度控制金融机构放贷时额外收取的财务顾问费、手续费等变相收费，有效降低实际融资成本。

4. 鼓励民间资本投资入股金融机构和参与金融机构重组改造。允许发展成熟、经营稳健的村镇银行在最低股比要求内，调整主发起行与其他股东持股比例。尝试由民间资本发起设立自担风险的民营银行、金融租赁公司和消费金融公司等金融机构。探索优化银行业分类监管机制，对不同类型银行业金融机构在经营地域和业务范围上实行差异化管理，建立相应的考核和评估体系，为实体经济发展提供广覆盖、差异化、高销量的金融服务。

5. 进一步促进债券市场互联互通，完善信用评级制度建设。目前不同发行主体特征的多层次债券市场已经基本建立，但不同的审批主体、审批流程、交易条款仍制约了企业对发债知识的高效掌握和运用，建议逐步实现不同债券产品的统一审批和统一平台交易（大平台交易），同时，对于目前审批流程较长的债券品种（如集合债券等），建议进一步简化审批程序，缩短审批时间。以美国为例，其债券二级市场监管划分较为单一，除国债不受监管外，其余债券交易都由美国证券交易委员会（SEC）负责，主要利用注册登记制度、信息披露制度以及公开透明交易制度对市场进行监管，证券交易商协会（NASD）等自律组织配合监督工作。此外，在信用评级方面，提高评级机构准入门槛，逐步健全信用评级机构的法律体系，建立一整套有中国特色的规范的信用评级规则，引入评级机构退出机制，通过信用评级行业自律组织加大对证券信用评级机构的扶持力度，积极推动组建中外合资、合作的资信评估公司逐步走出国门参与跨国评估业务，在实践中提高自身水平。

6. 多维度提高小微企业信贷可获得性，同时严控额外收费。将中小企业融资担保视为准公共品，适度放宽其抵押担保限制，设立专门的担保机构来支持中小企业融资，对中小金融机构继续实施较低的存款准备金率，提高银行对中小企业不良贷款容忍度，增加中小企业信贷来源。同时，应支持金融机构加强信贷产品创新，完善信贷配套服务，向小微企业集中的区域延伸服务网点，继续支持符合条件的银行发行小微企业专项金融债，所募集资金发放的小微企业贷款不纳入存贷比考核，逐步推进小微企业信贷资产证券化，试点推广小额信贷保证保险，稳步推进利率市场化改革，更大程度发挥市场在资金配置中的基础性作用，提高实体经济特别是小微企业的信贷可获得性，鼓励地方政府建立小微企业信贷风险补偿基金，支持小微企业信息整合，加快推进中小企业信用体系建设。

专栏 7.1　美国及日本的中小企业贷款经验

（1）美国的小企业融资担保制度

美国通过联邦政府的小企业贷款制度来实现对中小企业的金融支持，美国小企业管理局（以下简称 SBA）是联邦政府实现小企业贷款制度的代理机构，局长由总统直接任命，并需要得到参议院认可，直接向总统汇报工作，预算通过国会中小企业委员会每年拨款。美国政府对国内中小企业的政策性贷款数量很少，政府主要通过 SBA 制定宏观调控政策，引导民间资本向中小企业投资。SBA 成立于 1953 年，主要职能是为小企业提供融资服务和技术支持，提高小企业取得合同的可能。目前 SBA 已经与全美 7 000 多家商业银行建立了合作关系，为小企业提供担保。SBA 总部设在华盛顿，下设 90 多个区域性办公室，主要依靠这些地方分支机构在全国执行小企业贷款计划。

SBA提供的融资服务主要有：①建立美国中小企业信用担保机制，由SBA作为担保人，为中小企业向银行贷款时提供担保。如：SBA对75万美元以下的贷款提供总贷款额75%的担保，对10万美元以下的贷款提供总贷款额80%的担保；对少数民族和妇女所办的中小企业贷款25万美元以下的贷款提供总贷款额90%的贷款担保；对中小企业急需的少数“快速”贷款提供50%额度的担保。②鼓励创业投资和风险资本促进高新技术企业的发展。美国官方的中小企业投资公司和民间的风险投资公司是中小企业筹资的重要来源之一。目前美国中小企业投资公司达300多家，拥有资本35亿美元（其中政府融资支持为11亿美元），累计已向10多万个具有较高风险且难以从一般渠道获得投资支持的中小企业提供了130多亿美元的投资和长期贷款。民间的风险投资公司有600余家，它们为融资困难的中小企业提供贷款和无担保或担保不充分的贷款，以促进中小企业的科技开发和创新能力，同时也从中获取高额的回报。③鼓励中小企业到资本市场上进行直接融资，促使中小企业直接融资渠道的发展。为解决美国中小企业的直接融资问题，美国探索了“二板市场”，为科技型中小企业提供了直接融资的渠道。纳斯达克（NASDAQ）市场上，美国最具成长性的公司中有90%以上在该市场上市。④SBA向那些有较强技术创新能力、发展前景好的中小企业提供数量有限的直接贷款；对受自然灾害的中小企业提供自然灾害贷款；对中小企业的创新研究进行资助。

（2）日本的小企业融资担保制度

日本是最早建立现代融资担保体系的国家，也是融资担保制度最为完善的国家之一，被称为拥有世界上规模最大、体系最完善、对中小企业政策影响最深远的担保制度的国家。1937年，日本从德国引进信用保证制度，建立了东京信用保证协会。“二战”结束后，日本政府在恢复经济过程中，制定的产业政策倾向于基础产业，导致大企业和小企业分化，甚至出现对立，日本政府迅速认识到中小企业对经济恢复的巨大作用，做出一系列推动中小企业发展的举措，包括专门立法、设立专门机构、提供资金支持等：①立法包括1948年通过的《中小企业设置法》，1950年通过的《中小企业信用保险法》，1953年通过的《信用保证协会法》，1958年通过的《中小企业信用保险公库法》等；②专门机构包括依照《中小企业设置法》设立了中小企业厅，1949年政府出资设立国民金融公库，1951年正式成立日本信用保证协会，1953年设立中小企业金融公库，1955年整合全国52个信用保证协会成立信用保证联合会，协调各地信用保证协会与政府的关系，1958年设立中小企业信用保险公库，为信用保证协会提供再担保，1999年成立中小企业综合事业团体，将信用保险公库纳入其中。以上的政策性金融机构的资金主要来源于政府，原则上不吸收存款。其中，面向中小企业的政策性金融机构主要有5家：商工组合中央金库、中小企业金融公库、国民金融公库、环境卫生金融公库和冲绳振兴开发金融公库，其中，商工组合中央金库、中小企业金融公库和国民金融公库这三大机构的作用最为突出。国民金融公库是日本政府为了给20人以下的小规模企业和公民提供小额资金支持而设立的；中小企业金融公库主要提供长期固定利息贷款和政策性特别贷款，以重点支持小企业和个人从事新事业、建立新企业、改善经营、革新技术，贷款利息低、额度大，同时发挥安全网的功能，在经济恶化情况下，使有成长潜力的小企业不受经济环境影响；商工组合中央金库由政府与民间合资建立，具有半官半民性质。资金运用主要是向中小企业提供存贷款服务，同时还发行贴现金融债券、带息金融债券和利息一次付清的金融债券等。在日本，政策性金融机构在中小企业的融资方面所占的比重小于商业性金融机构，这个比例维持在大约10%，虽然这一比例不高，但这其中对中小企业设备资金的贷款比例却相对较高。因此，政策性金融机构的设置，有利于中小企业获得难以筹措到的设备资金和企业扩大生产所需要的长期流动资金，从而促进中小企业的发展。

第八章　并购重组环境

我国产能过剩行业数量日趋增多，企业对通过并购重组整合国内产能、向国外投资和转移生产能力、对接海外先进技术和市场的意愿很强烈。但并购重组仍存在很多障碍，国内的并购重组活动并不活跃。

一、主要问题

1. 民营资本通过并购进入垄断行业面临“玻璃门”。调研结果显示，虽然国家政策从未明令禁止民营资本通过并购重组方式进入垄断行业，但依然有23%的企业认为市场准入放开不够，或虽有准入政策，但“玻璃门”、“弹簧门”现象严重是当前民营企业发展遇到的突出问题。随着我国民营资本的发展壮大和垄断企业自身运营问题的凸显，民营资本通过并购重组进入垄断行业的呼声越来越高。尽管电力、铁路、电信、石油等多个垄断行业都已出台了鼓励民间资本进入的政策和指引，但大多缺乏操作层面的有效支持。事实上，即使是开放程度较好的行业，民营资本往往也只是提供资金，或参与服务和支持类环节，很难真正涉及核心环节的运营和管理。核心资源依然牢牢掌握在国有企业手中，排斥竞争、对民间资本的歧视依然存在。屡战屡败的“民资入铁”征程便是这一现象的典型体现。2005年，作为铁道部投融资体制改革的试点，衢常铁路允许民营资本加入，浙江民营企业光宇集团获得 34% 的股权。而仅一年后，浙江铁路集团入股，光宇集团的股权被稀释到 18.88%。由于资本比重偏小、话语权旁落，这家民企于 2007 年选择退出。随后，很多民营企业重复了光宇集团失败的轨迹，民间资本的投资信心受挫。2012 年，温州市域铁路 S1 线增资扩股一期募集首发，遭到民资的普遍冷遇。据调查，这些民营企业在铁路投资上失败的主要原因是在投资决策、施工建设、财务结算以及人事任免等方面皆需听从国有资本指令，这让已习惯在市场环境中搏杀的民营企业无所适从。并且国铁的管理风格与市场化运营、作风灵活的民营企业难以协同。同时，民资股份遭国资挤占的现象屡屡发生。为防范投资风险，民资仍然不敢贸然进入铁路领域。显然，如果相关政策风险得不到切实厘清，吸引民资进入的政策也难以获得实质性突破。

2. 跨区域并购难度大，区域内省级地方政府偏好省内非市场化并购，但重组效果差。根据调研结果，26% 的企业提到在企业并购时遭到地方排斥，同时企业反映在参与跨区域重组时，被并购方所在地政府大多要求本地企业保持控制权，导致跨区域并购很难成功；有的地方担心“国有资产流失”，政府对民企并购国企干预过多，甚至强制亏损的国企兼并盈利的民企；一些地方政府出面“归大堆”、“拉郎配”，“制造”大企业集团，对上市企业中的 ST 公司有“保壳摘帽”情结，但并购后的重组十分困难，效果多不尽如人意；还有一些地方政府部门担心兼并重组国有企业会因职工安置不当等引发遗留问题，从而采取“不作为”的策略；更重要的是，企业并购重组可能会使被兼并企业因利益上收，地方政府因而再也享受不到相关税收，所以除非迫不得已，地方政府不愿意引进外地企业对本地企业进行兼并重组。以钢铁行业为例，其产能过剩问题自 2008 年产能利用率跌入 85% 以下后就已经开始凸显，发改委也自 2009 年起暂停重大钢铁项目的审批，然而四万亿投资的刺激、地方政府各自为政的保护以及企业错误的市场判断最后却依然造成了目前更为困难的现状。

3. 产能严重过剩的行业严重不景气导致主体企业市场化并购能力缺失，缺乏专项资金支持。国内很多传统行业产能大量过剩，尤其是水泥、钢铁、电解铝等重点行业，并购重组是必然方向。但产能严重过剩行业的主体企业反映目前经营艰难，盈利能力差，估值较低，得不到主流投资资金认同。因此，即便相关并购得到地方政府、国资部门的认同（目前难度很大），但由于发起并购的主体企业自身市场化融资能力弱，并购实施难度极大。如钢铁行业并购时都需要发起并购的企业给予现金选择权，目前钢企中除了宝钢、鞍钢等特大企业外，其他企业单靠自身实力基本不可能给予市场现金选择权，因此发起并购的能力极为薄弱。

4. 国资并购审核过多，同时面临国有资产市价不能低于净资产的政策"红线"。在某些国资占主导的行业，即使企业间有协同意愿，但并购审核流程多、耗时长，并且在"国有资产不能贱卖"的紧箍咒下，市场化的并购重组也无法在此类行业中实现。以钢铁行业为例，行业内亏损最为严重的是国有大中型钢厂，如果要实现并购，就需要参照二级市场估值水平进行定价。然而目前钢铁行业的上市公司估值水平在1倍PB以下，以这样低的估值水平实行资产重组必然无法通过国资委的审核。同时，由于产能过剩、行业结构不合理的问题迟迟得不到解决，上市公司也无法获得市场的高估值，这便造成了产能过剩行业盈利能力持续下降与并购重组这一途径持续失效的恶性循环。

5. 并购活动中主体企业相关税费负担过高。发生并购活动的企业面临的财税负担过重，会显著增加企业的资金压力，挫伤企业并购活动的积极性，从而可能极大影响并购市场的活跃程度。首先，企业所得税是我国企业境内外并购中涉及的主要税种：（1）股权支付比例问题。根据2009年财政部、国税总局发布的《关于企业重组业务企业所得税处理若干问题的通知》（财税［2009］59号），企业重组股权支付比例达到85%以上才能符合重组免税条件。但目前大部分企业重组实例中，股权支付比例难以达到85%，无法满足免税条件。并且，对于并购企业来讲，股权支付不仅没有产生相应的现金流入，为了支付因并购而产生的税费，还要筹措大量资金以承担巨额的现金流出。以广东商业集团为例，其重组前资产负债率高达260%，通过债务重组削减历史不良债务27亿元，但也因此要缴6.1亿元所得税，加重了企业负担；再如粤电力本想通过定向增发实现整体上市，但考虑资本利得所得税要交20多亿元，而因此放弃整体上市计划。（2）重复纳税问题。由于收购方获取的股权计税基础是原计税基础，企业如果未来再次转让该股权时，不仅会产生该同一笔交易在收购方和被收购方两次纳税的情况，而且如果财务“特殊性税务处理”方式，其缴纳的所得税款要远远高于采取“一般性税务处理”方式缴纳的税款。（3）对国内外投资并购的税收抵免政策存在“落地难”的问题。企业并购完成后，现行税法的规定在企业境内外收入之间建立了一道“篱笆墙”，规定企业境内外盈亏不得互相弥补，同时对企业境外所得采用分国不分项的直接抵免，间接抵免制度缺失。（4）不同主体之间的税务处理不一致。目前59号文只用于法人实体，但不适用于自然人股东。根据《国家税务总局关于个人以股权参与上市公司定向增发征收个人所得税问题的批复》（国税发［2011］89号），自然人以其所持股权评估增值后参与定向增发股票，属于股权转让行为，其所得按照“财产转让所得”缴纳个人所得税。

其次，涉及并购的企业还要面临补交巨额土地使用费的问题。改革开放之前，我国城市土地分散利用均是通过划拨方式进行的，为了适应市场经济体制的发展和完善，国土资源部相关文件规定，企业改革中，国有企业改组为股份合作制所涉及的划拨土地使用权，应当采取出让或租赁方式处置。按此文件要求，国有企业要实现股权结构变动，需要将原先划拨土地改为出让或租赁土地，重新登记土地使用权证，必须按照目前的价格补交土地费用，这使企业要缴纳巨额费用，使部分企业对兼并重组望而却步。如粤电集团所属一些电厂本可注入集团的上市公司粤电力，但需要补交几十亿元的土地出让费，因此不愿注入资本；再如，广东省交通集团本可将下属一些优质路产注入集团上市公司粤交通，但因需要补办高速公路土地使用权证，按现价要补交几十亿元土地使用费，几乎等于募集资本总额，最后也只能放弃。

6. 上市公司并购审核过于严格，尤其以海外收购增发新股方式操作性不强。目前上市公司并购重组审核时间已较前期有所缩短，但在发行股份购买资产的对象数量、定价等因素上还不够市场化，此外，尤其值得注意的是，企业反映我国跨境并购审核程序过于复杂，审批环节太多：根据调研结果，57%的企业表示政府在“完善对外投资的政策和法规，实现对外投资的便利化”方面需要改进。目前全球处于后金融危机时期，海外资产价格相对较低，正是国内企业加大对海外优质产业、领先技术实施战略并购、实现战略追赶的良好时期。但海外并购一般需经地方相关部门、国家发改委、商务部、外汇管理局和证监会等审批。各环节多为串行审批，耗时长。目前如按照正常审批流程，海外收购交易全程（包括前期尽职调查、商业谈判及后续审批）大约需要8～10个月的时间，其中国内托人、找关系履行审批约需4～6个月的时间，近年来几乎没有一个项目的审批按照政府公布的时间完成，国外如澳大利亚财政部及外国投资审查委员会审批仅需1～2个月。层层审批导致企业海外并购流程加长，并购意向作为敏感信息一旦在审批过程中泄密，并购良机时常错过或成本被大幅抬高。最新的典型案例是中海油从筹划到实施累计历时7年终于并购加拿大油气公司尼克森，而并购的方式仍局限于现金并购股份，即通过银行融资60亿美元，并从公司理财产品和定期存款中取得555亿元人民币以支付对标的普通股和优先股总对价为151亿美元的收购，并购的时间成本和筹资压力都很突出。此外，相较于现金并购海外资产，上市公司通过增发股票实施海外并购有诸多优势。一方面资金筹措的压力大大减轻，另一方面若将被收购的海外资产股东转换为国内上市股份的股东可以达到并购方与被并购方的利益一致，从某种意义上来说，这相当于给海外股东和管理层锁上金手铐，避免并购前后的管理剧变。然而，由于以增发新股实施海外并购的适用范围过窄、流程过长。在实际操作层面，目前上市企业必须把海外并购对象向商务部报备并得以审批为战略投资者后才可以通过增发新股的方式实现海外并购，否则外国投资者无法在国内开设账户，并购无法实施。上市公司不得不采取退而求其次的变通方式，如通过现金转化为外币资金实施并购或设立特殊目的公司后委托境外财务公司管理、或通过外资投行代持、控股等，这些是国内企业并购海外资产的主要途径。

7. PE 在并购重组中扮演着越来越重要的角色，政府投资、参股 PE 弊端渐显。中国本土 PE 的投资者主要来自三部分：政府、企业和个人。据有关数据显示，本土 PE 募集的资金中，近 35% 的资金来自政府的直接投资和引导基金，这些政府投资、参股的 PE 在企业并购中一方面在项目选择上有优势，另一方面往往以高于实际价值的价格参与。这种以种子资金推动企业发展和科技创新的想法是好的，但事实上扰乱市场秩序和市场定价会造成较大冲击，操作中也存在较多寻租空间。

二、建议

1. 打破民营资本通过并购进入垄断行业的各种显性及隐性限制。切实向民营资本开放法律法规未禁入的行业和领域，加快垄断行业改革，鼓励民营资本通过并购重组等方式进入垄断行业的竞争性业务领域，支持民营资本进入基础设施、公共事业、金融服务和社会事业相关领域，严格执行“谁投资、谁决策、谁受益、谁承担风险”的投资运行机制，放宽在股权比例等方面的限制，并在审批手续、财税补贴等方面出台切实可行的对民营资本的鼓励政策；搭建中小企业服务平台，降低中小企业行业进入门槛；对以社会效益为主、投资回报率低的项目，以及教育、文化、卫生、旅游、体育等社会事业项目，可以通过财政贴息和建立合理的价格、税费机制等办法，按补偿投资成本、合理盈利的原则，确定收费标准，让民营资本确实有利可图。

专栏8.1 英国电信业改革

20世纪80年代初以前，英国的邮政和电信业务一直由其国企英国邮电总局垄断，政府同时担任监管和经营的双重角色。为了打破英国包括邮电总局在内的许多公共事业部门都面临的增速缓慢、效率低下、现金流不畅的情况，1984年，英国政府对英国电信实行改革，出售其51%的股权。此后，为了打破英国电信的垄断地位，防止其采取反竞争行为，英国政府决定引入新的竞争者进入电信行业。政府向莫克瑞公司颁发了第二张基础电信运营商牌照，让它们能够在综合业务上进行全面竞争，从而形成了双寡头垄断竞争的格局。在对基础电信运营改革的同时，英国政府还通过一系列电信改革，从逐步开放电信增值业务市场到随后全面彻底开放了整个电信市场。直至1993年英国政府完全出售了所持英国电信的剩余股份。随着英国电信产业私有化和市场准入逐步放开，运营商数量迅速增加，竞争非常激烈。如今，英国已经形成了由移动网、宽带网、固定电话网和互联网组成的综合通信网，并形成了多家基础电信运营商、移动通信运营商共同竞争的格局。

2. 理顺并购重组中各地利益分配关系，打破地区间的市场分割。并购重组是结构调整的重要支柱，政府的指导是必要的，但并购的主体终究是企业，政府应严格遵循市场化原则，以并购后的可协同程度及净利润增量代替产值作为指导并购重组的核心指标，防止只求规模大不求实力强的“拉郎配”现象。同时政府应认真清理、修订、废止各种不利于企业并购重组和妨碍公平竞争的各种政策、规定和做法，尤其要坚决取消各地区自行出台的限制外地企业对本地企业实施并购重组的规定。应积极探索跨地区企业兼并重组地区间利益共享机制，在不违背国家有关政策规定的前提下，地区间可根据企业资产规模和盈利能力，签订企业并购重组后的财税利益分成协议，妥善解决企业并购重组后增加值等统计数据的归属问题，实现企业并购重组成果共享。

3. 加大融资支持力度，可针对一些重点行业设立专项并购基金加以引导。政府应通过财政贴息、信贷奖励补助等方式鼓励商业银行积极开展对并购重组的企业提供综合授信及贷款融资支持，鼓励证券公司、资产管理公司、股权投资基金以及产业投资基金等参与企业并购重组，并向企业提供直接投资、委托贷款、过桥贷款等融资支持，同时吸引社会资金参与国有企业并购重组。加强财政资金投入，通过技改贴息、职工安置补助等方式，优先支持重点产业调整和新兴行业并购重组。此外，可对亟待通过并购抑制产能过剩的部分关键行业设定专项并购基金，配合并购方共同出资并占有股份，待重组成功后以成本价或约定的低利率转让给社会资本的方式退出。

4. 适度放宽部分产能严重过剩行业的国有资产处置“红线”。在涉及国有资产并购重组的交易中，政府应尽量减少前置审批数量，缩短审批流程，尤其在钢铁、水泥等严重产能过剩的行业尊重市场定价，适当放宽“处置价格不能低于净资产”的审批红线，建议以二级市场行业平均估值水平为重要参考，为行业内兼并重组创造有利条件。

5. 进一步完善企业并购重组涉及的税费政策。进一步降低企业并购重组涉及的资产评估增值、债务重组收益、土地房屋权属转移等税收优惠的门槛，尤其要以汽车、钢铁、船舶、电解铝、稀土、电子信息、医药等行业为重点；实施灵活的差别性优惠，减少对民营企业的歧视性政策；降低或取消股权支付85%的限定，股权支付部分均按特殊性税务重组处理递延纳税，仅对非股权支付部分在重组交易发生时纳税；同时，完善境外税收抵免政策，拆除境内外盈亏不得互补的“篱笆墙”，允许“扣除限额”在分国计算时在不同国家所得收入间“流动”，对境外投资取得的股息红利，制定间接抵免政策，消除重复征税，可以考虑允许企业利用海外已上缴的纳税金来冲抵国内所得税金额，即通过和其他国家签订范围更大、更深入的《避免双重征税协定》，避免和消除双重征税，在与一些国家签订的避税合同由于落实不到位等因素而造成分歧时，应形成争端解决机制，国家需要通过外交等手段与合同国建立起良好的沟通渠道。最后，也应完善相关土地费用政策。并购重组涉及的划拨土地符合划拨用地条件的，经所在地县级以上人民政府批准可继续以划拨方式使用；重点产业调整确定的企业并购重组项目涉及的原生产经营性划拨土地，经省级以上人民政府国土资源部门批准，可以国家作价出资（入股）方式处置。

专栏8.2　美国企业并购相关税收政策

在美国的《国内收入法典》中，支付对价的组成结构并不是判断兼并收购是否构成免税交易的唯一标准，另外以案例法的形式规定了其他三种平衡检验规则。一为“股东权益持续性”要求。收购公司使用的收购对价的至少50%必须是本公司或母公司的股份，从而使得目标公司股东在收购后继续对原营业享有重大的所有者权益；二为“公司经营持续性”要求。收购公司必须继续经营目标公司的业务，如果改变经营业务必须使用其大部分的重要资产。这种规定也是相对的，如果只是经营目标公司原业务中的一个重大营业部分或只是使用其重要资产经营其他业务也符合规定；三为营业目的要求。重组必须是出于营业的需要，而不是仅仅为了税收利益目的。只要同时满足这三个条件，一项并购重组就能获得免税待遇，这些限制一方面体现了对某些并购予以免税待遇的政策目的——鼓励投资者维护与企业的投资关系，另一方面，这些限制也在很大程度上体现了反避税原则，防止企业在缺乏合理经济目的的情况下仅仅为获得税收优惠而进行并购交易。

6. 进一步简化上市公司并购重组审批流程，加快推进分道制审核。监管机构应进一步减少、合并与并购重组相关的行政许可项目，加快推进分道制审核，根据上市公司的诚信状况、中介机构的资质和水平、产业政策以及交易类型等公开标准将并购重组自动分类、区别对待，有条件的简化审核程序，减少审批事项。同时，放宽发行股份购买资产的对象数量限制，扩大定价弹性，弱化行政约束，强化资本约束、市场约束和诚信约束，不依赖于一次性的准入门槛，进一步激发市场的潜力和活力。

7. 缩短海外并购审批流程，扩大增发新股实施方式的适用范围，加大金融支持力度，完善外汇管理政策。目前是国内企业并购海外优质资产实现战略追赶的关键时期，可以对市场化程度较高的交易允许采用事后备案制，对确需审批的交易，要缩短发改委、商务部、证监会的审核流程（某些情况包括国资委），可考虑建立和完善境外投资联席工作委员会制度，进行“一站式”审核。同时，应扩大增发新股实施海外并购的适用范围、扩大外国投资者在国内开立证券账户的适用范围，在国内上市企业“股权+现金”的并购项目中，营造更优的环境，支持国内企业把握并购海外优质资产的市场机遇。此外，应鼓励金融机构对企业境外投资提供资金支持，探索以境外股权、资产等为抵押提供项目融资；外汇管理方面，应取消境外放款购付汇核准，实行境外直接投资中债权投资与股权投资分类登记，为资金回流提供方便。

8. 政府在投资或参股 PE 时应坚持市场化原则。政府应把投资比例控制在一定水平内，不宜过高；同时严格遵守投资人（LP）与管理人（GP）的职责划分，监督基金的项目管理、投资决策管理、风险控制三方面的独立性，甚至设置防火墙，但不应干涉基金管理人的投资决策与项目管理。

专栏 8.3 以色列政府引导基金运营特点

以色列的政府引导基金的经营运作具有一定的借鉴意义。引导基金并不由政府或代表政府的团体掌控，而是交给有 FOF 投资管理经验的市场化管理团队，且政府许诺在一定时期会退出，让民资以成本价或确定的一个很低的收益率买回政府股份。除了市场化管理以外，以色列政府还严格要求政府引导基金必须投资于专门做早期投资的基金。资料显示，以色列的风投在上世纪 90 年代末到本世纪初对其国家 GDP 的贡献是最高的，一度超过 GDP 的 2%，政府引导基金功不可没。

第九章　企业创新环境

随着劳动力等要素成本的刚性上升，以及竞争日益激烈，越来越多的企业把创新当作提升竞争力和实现转型升级的重要战略。调研企业的年均研发经费占销售收入的比重达到4.22%，新产品销售收入占营业总收入的比重超过30%。但不愿创新的企业依然很多，企业创新还面临很多体制和政策障碍，企业希望政府能提供一个良好的创新环境。

一、企业创新环境存在的问题

1. 企业创新动力不足。创新是企业提升竞争地位的重要手段，但是调研中发现，大量企业不愿创新，这与我们提出的创新驱动的国家战略很不相符。调研企业普遍反映自身的创新意愿不强的主要原因是创新门槛高、周期长、风险大，不如扩张现有产能稳妥。如51.33%的企业认为存在"创新门槛高、周期长、风险大，不如产能扩张稳妥"；23.82%的企业认为"行业利润严重失衡，投资创新不如房地产、金融业的收益比较高"；27.99%的企业认为"知识产权、专利保护、人才等不到位"；2.18%的企业认为"政府过度激励影响创新自主性"；42.80%的企业认为"创新缺乏人才和技术来源"；10.10%的企业认为"融资难"影响创新。

2. 缺乏公平有效的市场竞争环境。由于政府掌握较多的资源配置权，并对微观经济领域有过多干预，生产要素市场尚不健全，实业与地产业、金融业等在投入产出方面存在巨大的差异，形成了一种“机会导向”的环境，使得很多企业把主要精力放在寻找政策机会和“搞关系”上，创新成了企业最后的选项。如2012年全国金融、房地产、制造业的净利润分别为10 849亿元、2 950亿元、761亿元，金融业的净利润是制造业的14倍，房地产业的净利润是制造业的近4倍。金融、房地产、制造业的平均净收益率分别为17.5%、14.2%、7.2%，其中制造业最低。在高利润诱惑下，一些高新技术企业也利用“创新技术”或“产业化项目”在很多地方圈地，从事变相的房地产开发，其在土地运作上的收益远远超过了高新技术开发带来的收益，而且钱来得更快、更容易，时间长了，这样的企业就逐渐失去了创新的激情与动力，在发展实业的道路上很难坚持长久。

环保、安全、质量等标准滞后，使创新者很容易被落后的生产力打倒。我国现行的技术、质量、环保、安全、卫生、能耗等许多标准已经落后于我国发展阶段，而且执行不严。标准落后保护了落后的生产力，使可以达到更高标准的企业也没有升级的积极性。如在钢铁行业，欧美国家各种建筑钢材标准强度不小于500兆帕，我国只有螺纹钢的标准是400兆帕，由此导致使用等量的钢材，我国的建筑寿命就短1/3以上，保证同等的寿命就得多用很多钢材。标准应当适度超前，成为一种倒逼产业升级和创新的力量，而不能相反。

市场准入和地方保护影响了企业创新。在垄断性行业、市政建设等公共性领域，民营企业、中小企业都遇到了准入瓶颈，一些民营企业被迫与国企合作或卖出股份以求得市场机会。地方保护问题依然较突出，一些地方政府倾向对本地产品进行保护，企业在外地发生法律诉讼和经济纠纷时会受到不公正待遇，在争取当地政府财税支持和土地资源等方面外地企业受歧视，并购当地企业有时会受到地方政府过多干预。

3. 缺乏对知识产权保护的法律和执法环境。侵犯知识产权的现象极为普遍，调研企业反映遭遇知识产权侵权行为的占46%，被侵权企业的一半反映侵权行为非常严重，具有保护知识产权强烈诉求的主体已经从外资企业为主转为国内的创新型和品牌型企业为主。东部地区创新型企业较多，因此该地区企业遇到的知识产权侵权现象的比例也最高。制造业企业竞争激烈，因此企业面临的知识产权侵权问题也最严重。大型企业由于知名度高，产品竞争力强，因而也更易受到知识产权侵权问题的困扰。外资企业更具竞争优势，面临更多的知识产权侵权行为。

导致知识产权问题严重的主要原因是法律制度不完善，违法成本非常低，执法效果不明显。39%的企业反映采用法律手段保护知识产权无效，55%的企业反映执法效果不明显。有企业提出，法律诉讼通常一审需要半年、二审需要1年以上，遇到地方保护还无人受理；还有年销售规模10亿元的企业就被迫建立20人的法律团队、雇用50家律师事务所来维护知识产权。为避免侵权，一些企业甚至放弃国内市场，专做国外市场；还有企业利用3年时间、大量人力来研制黑匣子寻求自保，不寄希望于法律保护。

4. 缺乏行业领先大企业，中小企业创新遇到瓶颈，大小企业间缺乏协同创新。我国缺乏行业领先大企业，大量中小企业的创新成果没有应用机会，出现创新“堰塞湖”。中国的大企业更多是国有企业，民营大企业较少。如2011年公布的中国企业500强（实际上是按营业收入排序的500大）名单中，国有企业就占了316席。国有企业虽是很多行业的排头兵，但创新动力不足，没有起到国家创新主力和本土中小企业技术成果的集成者作用。民营大企业在500强中排名多靠后，其虽应是推动国内创新的重要力量，但受限于规模和能力不足，在国家创新体系中发挥的作用还有限。在华的跨国公司虽然有技术与规模优势，但其主要的研发力量并不在中国，除少数企业将重大研发项目放在中国外，多数跨国公司在华的研发中心的主要任务是工艺改进和产品设计。爱尔兰等国过度依赖跨国公司虽实现了阶段性繁荣但最终创新乏力的教训说明，重大创新必须更主要地依靠本土公司。

很多中小企业从初创、研发、中试、产品上市的各个发展阶段都遇到了融资、人才等瓶颈，在产业化阶段更是困难重重。如在产业化阶段，中小企业的创新很多时候会遇到技术不完善、生产达不到规模效益、配套设施和服务体系跟不上、商业模式不成熟、市场认同度较低等问题，进而形成信任瓶颈、资金瓶颈、制度瓶颈和市场瓶颈，企业则会因为无法克服这些瓶颈而中途夭折。小企业由于自身能力不足，采用联合研发等方式被国际证明是有效的，但实践中国内很多由政府推动形成产业联盟、技术联合等并没有实质运作，其中一些变成了只供用来联合申报国家项目的平台。

专栏 9.1　不同规模企业的创新产出：以有效专利数量为例（2009 年）

	大型企业	份额（%）	中型企业	份额（%）	小型企业	份额（%）
总计	22 975	55.81	8 855	21.51	9 340	22.69
医药制造业	1 460	24.26	2 451	40.73	2 106	35.00
化学药品制造业	795	32.41	967	39.42	691	28.17
中成药制造业	646	29.16	1 031	46.55	538	24.29
生物及生化制品制造业	10	1.32	284	37.47	464	61.21
飞机及航天器制造业	368	59.16	197	31.67	57	9.16
飞机制造及修理业	367	69.11	113	21.28	51	9.60
航天器制造业	1	1.52	59	89.39	6	9.09

（续表）

	大型企业	份额（%）	中型企业	份额（%）	小型企业	份额（%）
电子设备及通讯设备制造业	17 120	69.70	4 178	17.01	3 264	13.29
通讯设备制造业	14 000	89.68	770	4.93	841	5.39
雷达及配件制造业	12	24.49	31	63.27	6	12.24
广播电视设备制造业	83	27.04	66	21.50	158	51.47
电子器械制造业	2 084	43.98	1 523	32.14	1 131	23.87
电子元件制造业	328	18.50	848	47.83	597	33.67
国产电视机及收音机制造业	553	41.02	612	45.40	183	13.58
其他电子设备制造业	60	8.15	328	44.57	348	47.28
计算机及办公设备制造业	3 525	70.28	667	13.30	824	16.43
计算机整机制造业	2 630	94.47	108	3.88	46	1.65
计算机附属设备制造业	437	27.96	444	28.41	682	43.63
办公设备制造业	1	1.25	41	51.25	38	47.50
医疗设备及测量仪器制造业	502	10.14	1 362	27.50	3 089	62.37
医疗设备和器具制造业	112	7.85	322	22.58	992	69.57
测量仪器制造业	390	11.06	1 040	29.49	2 097	59.46

资料来源：《中国高技术产业统计年鉴2010》，由世界银行与国务院发展研究中心创新研究联合小组整理

5. 企业创新链条受制于体制分割和创新服务体系的滞后，容易导致创新活动中断和产学研脱节。企业在创新的不同环节应得到不同金融和资本工具的支持，如在初创期，其外部资金来源主要是天使投资和风险投资，一些竞争前的技术研发往往还会得到政府资金的支持。在快要或者进入产业化阶段，外部资金则主要靠私募基金、银行支持，这个时候也可通过资本

市场进行融资。在成熟期，则更多的是利用银行、资本市场来融资，对一些关系国家战略的技术研发和产业化推进，也可由政府出资进行支持。但由于我国风险投资、私募基金等仍不发达，对创新的支持也远远满足不了创新实践需求，很多风险投资不愿“冒风险”，投早期项目的少，一些私募基金更喜欢“临门一脚”的项目，在企业快要上市时争相进入，上市后快速套现，缺乏对企业的稳定支持。尽管现在私募资金较多，但在创新技术处于关键研发以及进入产业化的重要阶段，很多创新企业往往苦于找不到资金支持而导致创新被迫中断。

创新服务业未能有效顺畅地与创新活动结合。创新服务业有助于打通创新链条，如技术交易市场、股权交易市场、猎头公司等，可使不同成熟度的创新成果在市场上变现，使买方可以在市场上方便地获得所需的创新资源。同时，依托市场化、专业化的金融服务、技术服务、人才服务的支撑与撮合，众多创业者和科技型中小企业围绕高校而生，它们吸纳高校科研活动的扩散效应，吸引高校流出的人才，并发挥创新企业的集聚效应，开展创新转化活动，可形成一条强有力的创新结合纽带。而我国创新服务业还存在很多问题，其发展仍受制于一些体制和政策障碍。全国各地建立了很多技术交易市场，但多数并不活跃，很多技术交易市场功能单一，交易主体不多，还没有更好地发挥出价格发现、促进技术转让的功能。服务于创新的股权交易市场还刚刚起步，过去各地建立的许多产权交易市场更多是服务于企业改制重组的，其服务创新的功能不强。全国性的股权交易市场的交易规模仍较小，其发展定位和交易规则还处于探索中，企业期盼的类似于美国的“场外市场”，在国内还没有真正运转起来，一些地方的先行试验进展仍缓慢。由于我国高校与科研机构改革仍滞后，通过人才流动而促进成果转化、围绕高校形成创新创业集聚区等类似硅谷的这种创新模式在中国走得仍较艰难，中国还很难出现硅谷这样的创新地。

专栏9.2　美国能源技术创新在不同阶段得到的不同支持

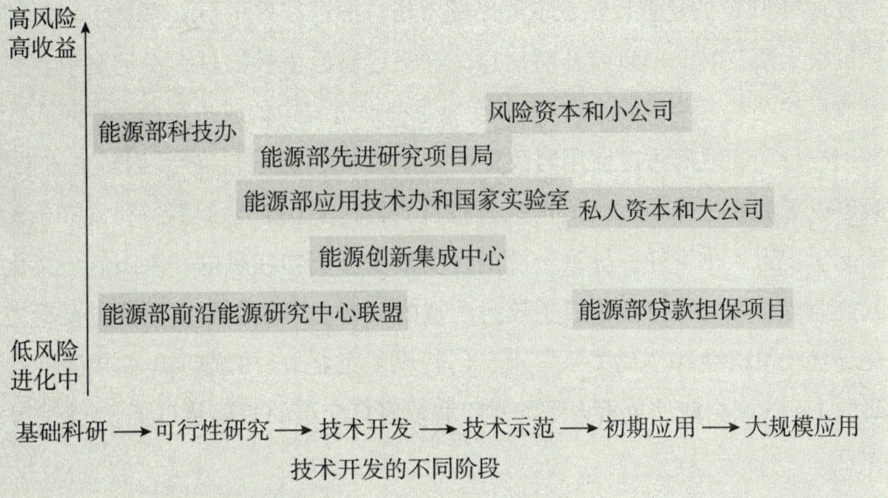

专栏9.3　硅谷：把大学与工业结合起来

硅谷发轫于斯坦福大学提出的“把大学与工业结合起来”的大胆设想及其在校园内外建立的创新园区。学校实施了许多鼓励创新创业的政策，把教师推向创新和科研一线。如允许教师和研究人员每周有一天到公司兼职，从事开发和经营活动；允许他们有1～2年时间脱离岗位，到硅谷创办科技公司或到公司兼职，学校保留其职位；教师在学校获得的科技成果，由发明者本人负责向公司转移的，学校与其签署许可合同，所获得的知识产权收益，学校只提取10%～15%；学校的应用性成果在1年之后仍未向企业转移的，发明者可自主向企业转移，学校一般不再收取收获的回报。

6. 财政补贴政策缺乏透明度和公平性，支持方式不公平。企业普遍反映财政补贴政策严重缺乏透明度，而且申请流程复杂，企业需要耗费较多人力和时间进行申请。接受调研的企业中有32%的企业反映补贴评审过程缺乏透明度，有38%的企业反映获取补贴的资格、标准和程序不清楚，有55%的企业反映无法及时获取政府补贴信息。这很容易滋生补贴过程中的腐败，一些企业反映补贴资金中的1/3～1/2变成了补贴过程中的成本花费、中间人代理费用或行贿。政府过度使用财政补贴的方式来支持项目，导致创新主体错位。政府成了创新主体，不断地审批、验收项目，不仅滋生了不当利益链条，还不能承担市场化责任，导致资源的过度浪费。例如在风电、太阳能、文化创意产业等领域的支持就造成了较为严重的浪费。而且引导企业把主要精力放在寻找政策机会和“搞关系”上，创新成了企业最后的选项，如接受问卷调研的1 440家企业的负责人平均每年和政府打交道的时间超过了30个完整工作日。

研发费用税前抵扣政策是支持创新非常公平的政策，但仍有23%的企业认为这项政策没有得到很好的落实，但东部地区明显好于中西部。东部地区有20.80%的企业认为研发费用税前抵扣政策没有得到有效落实，中部地区的比例是24.90%，而西部地区则达到30.53%。这项政策得不到有效落实的原因，有27.23%的企业表示不了解该项政策；43.56%的企业表示界定研发费用抵扣难操作；25.99%的企业表示税收部门倾向于多收税；4.21%的企业表示该政策意义不大，不值得向政府申请；17.08%的企业表示科技部门和税务部门协调不够。

7. 创新供给条件不足。调研中有超过60%的企业反映融资、人才、市场准入、标准缺乏等是制约创新的主要因素。我国现行的人才评价、奖励、引进制度，以及教育体制与创新要求相差甚远，人才的认定和选拔还保持着更多的行政评定、以文章和论文论英雄、遵循官本位和论资排辈的做法，极大地限制了人才优势的发挥，扼杀了创新主体的积极性。大学和科研机构有大量创新成果，却不能与企业技术创新有机结合，科技成果被大量闲置，科技资源严重浪费，而企业由于技术供给不足又不得不从国外引进技术。也有一些企业反映很多重大项目投资没有给本国技术和企业更多工程实践和市场应用的机会，本国企业遭受歧视和挫折。

二、政策建议

1. 政府改进支持创新的方式，重在完善创新环境。要创新政府资金使用方式，政府直接投入产业化的资金应尽量不用直接拨款方式，而应采用与金融结合的方式来支持创新活动，如成立基金通过市场化方式直接投入，或将财政用来支持金融资本或与金融资本合作，让金融资本去支持创新企业。

要进一步改进产业政策。尽量减少实施以制定规划、建立准入门槛、政府确定产业发展方向和技术路线、政府选择特定企业进行支持的产业政策。要充分发挥市场机制对产业发展方向和技术路线选择的基础性作用，政府主要通过信息发布、技术标准、市场规范等方式对产业发展进行引导。并将支持产业的重点放在破解长期制约产业发展的垄断行业市场准入难、部门分割导致产业融合难（如三网融合）、创新产品进入市场难（如首台首套）等体制性问题上。

2. 营造公平竞争和包容宽松的创新环境。制定包括减少政府干预、加强市场监管和执法、鼓励社会监督在内的“一揽子”规范市场秩序的措施，压缩违规者的生存空间。在电子信息、互联网、电子商务、医药和医疗器械、能源等创新活动最为活跃的领域，率先建立既能保障安全，又能促进创新的现代监管体系，宽容对待这些领域出现的新业态、新技术、新商业模式，为创新留出足够的空间和时间。强化国家标准的约束力，标准应当适度超前，使之成为一种倒逼产业升级的力量，政府应加强对强制性标准执行的监管。

落实各种所有制经济公平参与市场竞争的承诺，“打破垄断、引入竞争、重塑监管”，力求短期内在金融、基础设施和能源等领域民营资本的进入有实质性突破，建立市场信心。修改《反垄断法》，改革并强化执行机构的权能和独立性，使其有能力公正地执行法律赋予的使命。

3. 加强知识产权保护。从支持引进模仿为主的知识产权制度转向支持原创和再创新为主的知识产权制度，要下决心打击假冒伪劣、非法仿制、盗取知识产权、通过不正当手段获取竞争对手的技术人才和相关知识的行为，提高违法违规的成本和对其惩处的力度，充分保障创新者的权益。跨区域知识侵权有时有政府背景，尤其难处理，建议跨地区知识产权纠纷应由第三方法院裁决。

4. 构建新型的企业创新体系。企业应在国家创新体系中发挥核心作用。要培育和形成一批通过竞争成长起来的创新型行业领先大企业，发挥其重大技术研发、技术集成、推进产业化的优势。创造条件，使创新型民营大企业能够平等使用创新资源。改革国有资本参与和支持创新的方式，国家不谋求于只通过具体的国有企业来实现在某些产业取得创新突破的目标，而主要是通过运作国有资本的方式来支持创新，如国家可将一部分国有资本集中起来专门进行重大技术研发和对重要产业的投资，这部分资本可以是产业基金、风险投资、担保公司等多种形式。

发展风险投资、信息服务、技术交易、人才服务、并购融资等创新服务业，以支持中小企业创新活动。制定支持产业链创新、技术转让、企业并购的政策，促进大企业更多地集成、收购中小企业创新成果。

鼓励基于市场化的产业和技术联盟。联盟应基于利益纽带而设立，防止政府的“拉郎配”。除大小企业之间的联盟外，还应重视中小企业之间的联盟，其既可克服单个企业不能胜任重大技术研发的困难，又容易形成企业间公平的伙伴关系。要发挥政府在公共性技术研发等一些特定联盟中的组织作用，如可组织类以台湾工业研究院这种非营利性的从事技术研发与转让的法人机构以及1976年日本通产省与5家大型半导体企业组成的“超大规模集成电路组合”这种政府与民间伙伴关系的组合体，以进行共性技术研发、转移，实现技术赶超。

5. 重点培育和支持一批有战略地位的基础研究机构。设立若干新的环境宽松、经费充裕、吸引国内外一流学者、以基础研究突破为目标的研究机构。大力推进现有科研机构改革，切实解放科学家，加快改革研究经费的使用办法，改变过去导致科研院所只能重复购买研究设备而不能把更多的钱花在科研人员身上的做法，出台类似美国支持成果转化的知识产权管理和资产管理制度。

适应基础研究、应用研究、产业化相互渗透的趋势，支持集基础研究突破和实现产业化为一体的新兴创新模式。应在国家创新体系中及时考虑这类新兴机构，按照其成长规律为之设计适宜的体制和政策，可鼓励一些地方先行先试，根据本地具体情况明确这类机构的身份属性，明确政府支持这类机构的原则、边界和支持方式。

6. 改善创新要素供给条件。企业向创新驱动转型一个重要的基础，就是获得融资的支持，现在企业转型的不同阶段都遇到了融资瓶颈。应通过政府引导和金融改革，进一步发挥市场化的资本配置功能，使企业在创新中从初创、研发、中试到产业化和成熟期的技术改造，各个发展阶段都能得到相应的金融工具和资本市场的支持。还应大力发展创新服务业，包括技术交易市场、股权交易市场、猎头公司等，使不同成熟度的创新成果都可以在市场上变现，使买方可以在市场上方便地获得所需的创新资源。

第十章　国有企业改革

近年来随着改革的不断深入，国有资产监管的体制日益完善，国有经济布局和结构调整的路径日渐清晰，但国有企业改革仍处于攻坚破难阶段，由于改革涉及的利益关系越来越复杂，先前改革带来的净收益呈现边际递减趋势，进一步推动改革的难度更大。对过去5年国有企业改革进展情况的调查表明，9.89%的企业认为有重大突破，55.11%的企业认为有所进展，但22.5%企业认为基本停滞甚至有所倒退。对于影响国有经济改革的主要因素，32.64%的企业认为是缺乏改革共识，42.01%的企业认为是政府高层的决心，5.79%的企业认为是缺乏法律依据，12.26%的企业认为是国有企业内部的阻力，4.96%的企业认为是国有资产管理部门的阻力，2.34%的企业认为是干部与人事管理部门的阻力。

一、国企改革的主要问题

目前全国国有企业改制面超过90%，中央企业及其下属企业改制面由2002年的30.4%提高到72.1%。截至2011年6月底，中央企业控股境内外上市公司达359家，中央企业资产总额的54.07%、净资产的68.67%、营业收入的60.4%都在上市公司。分布在食品制造、纺织、木材加工等一般生产加工行业的国有企业资产比重下降至11.9%，分布在基础性行业和支柱产业的国有企业资产比重上升到50.6%，在军工、电信、民航、石油及天然气开采和电力供应领域，国有经济占90%以上。国企改革的任务仍然很重，同时制约企业改革发展的问题仍很突出。

1. 国有资本定位不清，政府干预仍然明显。国有资本功能准确定位是解决国企和市场关系的基础。对于下一步国有经济改革的重点，47.97%的企业认为是改革国有资产和国有资本管理体制。通过国资体制改革进一步明确国有资本定位。其中，大型企业的比例为14.62%，中型企业的比例为18.58%，小型企业的比例为46.14%。从国企改革的实践看，纯公共产品和私人物品的市场化改革比较成功，但企业反映，准公共物品的定位不是很准，各地做法不一，存在不同程度的问题。由于缺乏合理的定价机制和风险分担机制，有的经营准公共产品的国有企业单靠传统财政补贴已难以维系正常运营，向市场开放民营企业又难以进入，导致该类国有和民营资本的产业融合难度很大。

企业反映目前国有经济分布仍然过宽，相当数量的国有资本并不处于关系国家安全和国民经济命脉的重要行业和关键领域，集团业务庞杂、主业不突出、子企业层级链条过长、数量过多等问题大量存在。国有资本的定位不清导致企业发展缺乏方向，竞争性企业反映对于进入哪些行业、是否进行产业退出以及如何进行结构调整无所适从。

企业反映地方融资平台类公司定位模糊，既要承担政府公益项目，还要考核盈利指标。投资项目由政府指定，分管政府领导和国资委双重监管，管理体系不顺。加上建设任务重，融资能力逐步弱化，融资平台过多依赖土地打包，面临多重风险，企业缺乏可持续发展的有效经营模式。

2. 公司治理形似神不至，行政色彩较浓。有效的公司治理是微观领域最重要的制度基础。公司外部治理的行政干预依然过多。调查结果显示，对于下一步国有经济改革的重点，10.08%的企业认为是改善国有企业公司治理，其中，大型企业比例为33.08%，中型企业比例为32.91%，小型企业比例为9.48%。至今，除银行业外，建立现代企业制度的改革多停留在传统国有企业控股的二级以下企业层面。国资委直接管理的一级大型和特大型国有企业自身却基本没有体现；责权清晰的所有权委托代理、股权多元化、有限责任制度、科学的决策和管理体制等并没有成为顶层国有企业主要的制度形式。这些企业仍属于《企业法》调整的"国有独资企业"。其制度性弊端就是内部所有权缺位与外部行政干预并存。集团公司的行政性管理一直延续到改制企业，包括上市公司，这种外部治理在很大程度上影响公司的内部治理。

对于公司的内部治理，企业反映国企行政化色彩较前几年更重，国有企业的治理结构像模像样，但实质和内容与国外差距较大。虽然企业有股东会、董事会、经理层、监事会，但运作方式陈旧，行政色彩重。董事会作为企业的决策层，决策难以完全独立，有的监管机构在一定程度上超越行使了股东权利，影响和干扰企业投资决策和正常经营行为。投资决策的计划管理模式明显不适应市场化要求，国有企业的投资项目须提前编制年度计划，并报国资委备案，没有列入计划的投资项目需履行审批程序。企业反映竞争性行业的投资项目难以提前计划，投资部门几乎天天在市场找项目、谈项目，很多情况下是一个项目谈了几个月最后仍无收获，临时可能出现新的项目，但新项目没列入计划，需要履行审批程序。企业投资既要面向残酷的市场竞争，又要面对严格的行政审批，企业压力较大。由于经理层存在行政任命和市场招聘两种选拔方式、组织部和非组织部两种管理模式，导致高管的内部地位差异较大，增大内耗和管理成本。企业干部按照行政级别套用、管理的方式，降低了管理效率。监事会是对国有企业行使出资人的权利和责任进行有效监管的重要方式。企业反映过去的"老三会"和"新三会"至今没有很好地解决，监事会如何更好地运作还需要进一步探索。

3. 国有资本流动性不足，制约产业结构调整。上市公司和地方国资部门普遍反映，作为资本化程度和流动性最高的上市公司的股权变动审批链条最长、审批程序最复杂，即使是地市级国有控股上市公司的股东变动，在经本级国资监管机构同意后，要逐级上报省级国资监管机构，最终还须国务院国资监管机构审批，时间跨度至少半年以上，国有股权流转艰难。目前上市公司股权管理仍沿用2000年《关于股份有限公司国有股权管理工作有关问题的通知》（财管字〔2000〕200号），法律时效过长，难以适应资本市场快速发展的要求。产权进场交易制度的相关规定对于上市公司存在一定不适应性，按照目前的产权管理模式，上市公司下属企业的产权转让仍需进场交易，上市公司最高权力机关是股东大会，对于其下属企业的产权转让，其审批、转让应符合《公司法》和《公司章程》的规定，以独资企业的管理方式来监管上市公司已经制约上市公司的发展。

资产评估制度存在很大改革空间。资产评估是资产定价的依据，但企业反映资产定价应适应市场化的要求，跨境并购、投资中的资产评估明显不适应国外的市场和交易规则，同时，现行监管制度对小比例股权（如1%）转让要履行资产评估、批复、进场交易等一系列与大股权转让同等的程序，甚至经常出现转让收入不足以支付各种中介费等现象，想退而退不了的现象屡见不鲜。

4. 国企激励机制改革滞后。有效的激励机制是提高国有企业经营效率的重要手段。国有企业的激励制度是国有企业市场化的伴生产品，从奖金激励到产权激励，从当期激励到长期激励，从在职激励到退休激励，在激励形式和激励机制的演进上，国有企业正在以渐进的方式接近激励的本质。但激励过程中的负面案例影响了国有企业激励制度的建立和发展。企业普遍反映激励机制不到位，负激励现象严重。如国有企业绩效评价没有体现行业规律，过多注重经营指标的评价制度不合理，分类监管效果不明显，竞争性企业、公益性企业、垄断性企业的贡献程度和经营水平难以客观反映，不同行业的企业经营者普遍感觉分配不公，垄断企业认为创造利润多而分配不对等，竞争性行业认为经营压力大、付出精力多而与垄断企业分配相比存在不公等，评价制度的合理性在一定程度上影响了经营者的积极性。

国企领导的任期制以及和政府官员的互换机制，导致经营短期化严重，无法解决国企的传承问题。国企领导的行政化升迁激励模式导致高管行为政府化而非市场化，市场化经营动力不足。

上市公司股权激励政策落实不到位。证监会与国资委股权激励政策之间的标准不一导致国有控股上市公司股权激励几乎都处于暂停状态。从国际经验来看，美国 95% 以上的上市公司都实行了股权激励；欧洲多数发达国家推行股权激励的上市公司比例超过 80%；在亚洲，期权激励在中国香港、新加坡等地十分普遍。企业对实施股权激励的呼声普遍较高。集团高管薪酬与下属企业薪酬普遍存在倒挂现象，中高层积极性难以释放。二级以下企业作为利润中心按照市场化方式管理与集团行政方式管理在薪酬设计上存在较大冲突。

上市公司股权激励期权行权的个人所得税设计不合理，难以实现激励效果。根据《关于个人股票期权所得征收个人所得税问题的通知》（财税〔2005〕35 号），对于股权激励对象，股票期权授予日不征税，行权日以取得股票的实际购买价与购买日市场价的差额缴纳个人所得税。35 号文规定高管人员在行权 6 个月内需缴纳个人所得税，但在行权这个时点上获得股权激励的高管尚未出售其获得的股权，就必须提前交税，造成获得激励的高管支付个人所得税面临较大的资金压力。为此激励对象不得不通过减持来筹措资金，而受监管规定减持比例又受到限制，股权激励效果明显降低，上市公司实施股权激励的积极性呈递减趋势。

5. 国有经济布局和结构调整市场化程度不高，并购重组政府干预过多。 10.42% 的调查企业认为下一步国有经济改革的重点是国有经济布局动态调整。其中，大型企业的比例为 22.41%，中型企业的比例为 9.71%，小型企业的比例为 10.60%。并购重组是企业实施国有经济布局和结构调整的重要手段。企业反映并购重组困难重重，境内并购重组政府干预过多，境外并购缺乏合理的制度安排。

我国企业的并购发端于国有企业，以政府推动为主要特征。政府的并购干预是利用国有资产所有者代表人身份达到社会管理者的行政目的。以摆脱财政困难、实现产权制度改革、组建大型企业集团为目的的并购重组无不透露出政府作为社会管理者直接干预并购重组的动机。企业反映撮合式的重组行政干预太严重，政府往往利用出资人身份，直接划拨资产强力推进企业并购，政府事先决定后才找企业负责人谈话，企业领导有时对并购重组几乎没有任何决策权，只是执行政府指令的橡皮图章。我国几乎所有国有企业集团的组建都带有这种政府行为的痕迹。在跨地区并购中，企业反映目标企业所在地的政府干预是并购重组高失败率的主要原因。企业控制权争夺和税收分成是跨地区并购中政府干预和博弈的根源，出于控制权的考虑，即使是对亏损企业，地方政府也不愿外地企业并购当地企业，资源类重组，地方政府把持尤其严格。政府的行业干预导致并购价格过高是造成产能过剩的主要原因，企业反映并购重组中项目审批控制过严，导致项目批文资源稀缺，价值增加，并购价格过高驱使部分企业以更大动力和代价扩大生产规模，利润空间扩大的示范作用又进一步催生扩建动力。重组后，地方政府基于 GDP 和就业的考虑，往往又会给予并购企业一定的政策优惠，促使其扩大生产规模，导致产能进一步过剩，极大地削弱了兼并重组的效果。对于盈利状况稍好的汽车、医药等行业，地方政府在兼并重组过程中的作为更甚。

跨境并购是企业实现国有资本全球化布局和调整的有效手段。企业反映我国跨境并购审核程序过于复杂，审批环节太多。一般需经地方相关部门、国家发改委、商务部、外汇局和证监会等审批。而国资监管部门目前对境外收购、投资缺乏明确的、完整、可操作性管理制度，特别是各级地方国资部门标准不一，很多地方国企的境外收购大多仍实行境内的资产评估制度，但国外没有资产评估机构，往往需要聘请国内资产评估机构赴境外评估，不仅时间长，而且增加了高昂的财务费用，国内资产评估与境外的市场估值之间的矛盾导致企业并购难度加大，由此导致丧失很多并购良机，甚至支付高昂的分手费。对于上市公司更为明显，境外上市公司收购、股权转让一般仍需要得到国资监管部门的原则或口头同意，但由于境外很多证券市场实行不停牌制度，因此很容易产生内幕交易或股价异动的风险。

6. 历史遗留问题尚未解决，社会负担仍然很重。国有企业的历史遗留问题远未解决。国有企业办社会职能还没有完全分离，目前中央企业还有医院、学校和管理的社区等办社会职能机构 8 000 多个，对这些机构的费用补贴每年多达几百亿元。大量离退休人员包括破产企业职工难以移交社保，企业负担重。目前各企业甚至同一企业内不同子公司的社保标准都不一致，国有企业整个离退休职工数量多，社保难以接受。如北京某国企 6 万多离退休人员，每年承担费用 3 亿多元。非经营性资产难以社会化管理，导致整体改制受阻。国有企业房改后自管房管理问题没有从根本上得以解决，房改后房屋产权归职工，房屋管理责任仍由企业承担，消防、安全、维修等加大企业成本，困难企业压力更大。厂办大集体改革难度加大，解决国有企业厂办大集体问题需要付出很大改革成本。历史遗留问题长期没有妥善解决，社会矛盾不断积聚，职工上访多，维稳压力大。

二、政策建议

1. 以国有资产资本化为突破口，推进国有企业改革。进一步加快国有企业集团顶层改制，实现国有资产资本化。国有资产资本化意味着国家从拥有、管理和控制国有企业，转向拥有和运作国有资本，国有持股机构与投资的企业建立股东与公司的关系，政府不再直接管理和控制，有利于企业所有权与经营权分离。继续推进国有资本证券化，目前大量的国有资本逐步向上市公司集中，但从全国范围看，资本证券化比较低。作为国企改革前沿的上海，其资本证券化也仅为 38%，其他地区多在 10% ~20% 之间，未来应进一步通过并购重组、资产注入、借壳上市等多种方式提高资本证券化率。鼓励资本流动，通过资本运作，实现国有资本的“有进有退”，优化国有经济的布局和结构调整。

2. 转变国资监管职能，减少行政干预。国有资产监管职能应逐步由传统行政监管向市场化、资本化监管转变。进一步完善国有企业的功能定位，明晰产业选择。逐步将国有资本集中于公共事业领域和重大基础设施产业、涉及国家安全及重要基础性产业、国家战略性新兴产业、关系国计民生的行业。

改进分类监管体制，对公益性、竞争性、战略性企业实行差异化管理。对竞争性领域的国有企业，应提高国有企业的“亲市场性”，实现市场化监管。进一步完善准公共产品的定价机制和风险承担机制，创新监管模式，减少政府干预。准确定位地方融资平台，建立投融资风险防范和化解机制。对投融资平台债务预警指标进行动态评价，强化投资风险约束机制。不应对地方融资平台赋予过多公共职能。

3. 完善公司治理。逐步消除计划经济或原有行政色彩的监管烙印，建立与市场经济相适应的市场化监管规则。完善董事会建设，减少内部董事、提高外部董事的数量和比例，优化董事会成员结构，发挥外部董事的专家咨询作用，提高决策效率。淡化企业行政级别，逐步实现高管层全部市场化选任。大幅度减少国资部门的行政审批，严格以《公司法》为准则，赋予企业真正的市场主体地位。

4. 增强资本流动性。积极推进下放上市公司股权管理审批权限，特别是股权无偿划转、协议转让等行为，实行“谁出资，谁审批”的原则，由履行出资人职责的同级国资监管机构负责审批，完善上市公司的股权顺畅流转机制。加快修改完善混合所有制企业的产权管理办法。目前同一集团的不同级次子企业基本都已形成不同性质的投资主体多元化，呈现出不同级次的产权多样性，原有的以国有独资企业为主体的产权管制制度已不适应股权多元化的监管要求。修订完善产权转让和进场交易制度。对于控股企业和参股企业的产权管理应实行差别化监管政策，充分调动企业国有经济布局和结构调整的积极性和主动性，降低产权流转成本，提高资本配置的效率。进一步完善境外国有产权登记和管理办法。随着我国经济的高速发展和实施“走出去”战略，中央和各地政府出资支持企业境外投资、并购大量增加，许多大型企业已发展成跨国公司，建立有效的与国际市场接轨的境外监管制度迫在眉睫。

5. 完善激励制度。尽快完善国有企业的激励约束机制，实行多层次、多渠道的激励措施，建立与环境、市场形势的变化相适应的激励机制，充分体现时代性。落实国有控股上市公司的股权激励政策，推进股权激励的个人所得税改革，适当延后股权激励纳税义务产生时点，将目前行权的时间或限制性股票解禁的时点调整为股票实际出售时，即股票实际出售以后开始纳税。

6. 积极推进国有企业市场化并购重组，优化国有经济布局和结构调整。减少政府撮合式和“拉郎配”的重组方式，积极推进企业的市场化重组。合理解决现有存量国有资产的市场化和上市公司的关系，发挥国有控股上市公司的资本整合功能，解决国有企业同质化现象严重问题。规范上市公司的并购重组。上市公司之间重组以及上市公司收购非上市公司的行政审批手续繁琐，涉及政府分管领导、国资部门及相关国企行业主管部门多，往往容易导致涉嫌内幕交易、市场操纵的行为发生，并侵害中小投资者的合法权益。减少政府职能审批，规范重组行为和程序，是促进国有企业重组市场发展的重要支持方式。完善境外投资和收购制度，促进企业“走出去”，实现国有资本的全球化经济布局和配置资源。目前我国的产权制度和投资管理制度对企业“走出去”存在一定的阻碍作用，应进一步完善境外投资和收购的资产评估管理办法，规范市场化定价机制，建立与国际接轨的收购和投资管理模式。

7. 统筹解决国有企业历史遗留问题。集中力量解决分离国有企业办社会职能、厂办大集体企业改革、离退休人员社会管理等问题。多渠道筹措资金，加大国有资本经营预算用于解决国有企业历史遗留问题的力度。加大力度建立非经营性资产处置平台，将国有企业的非经营性资产集中处置，发挥规模效应。完善国有企业社会保障体系，切实解决企业内部多种不同身份的差异，逐步消除养老金双轨制。

第十一章　调查问卷分析

本次调查，从不同角度对企业在检查评比、税收社保、融资环境、并购重组、投资建设项目审批、创新环境、资质认证与市场准入等方面遇到的问题进行收集和分析。此外，还涉及企业对经济体制改革以及行业协会如何发挥作用的看法。

一、基本情况

本次调研共向上市公司发放2 500份问卷，有效回收了1 539份问卷。其中38.8%为国有及国有控股企业，5.5%为外资及外资控股企业，55.7%为民营及民营控股企业。

参与调查的企业中，农、林、牧、渔业占3.2%，采矿业占2.9%，制造业占57.6%，电力、热力、燃气及水生产和供应业占4.2%，建筑业占2.2%，批发和零售业占5.3%，交通运输、仓储和邮政业占4.0%，住宿和餐饮业占0.7%，信息传输、软件和信息技术服务业占6.1%，金融业占2.4%，房地产业占4.2%，租赁和商务服务业占0.5%，科学研究和技术服务业占0.9%，水利、环境和公共设施管理业占1.0%，居民服务、修理和其他服务业占0.2%，卫生和社会工作占0.3%，文化、体育和娱乐业占1.1%，综合及其他行业各占1.6%。

参与调查的企业中，西部地区 278 家，占 18.3%；中部地区 305 家，占 20.2%；东部地区 936 家，占 61.5%，与我国地区经济发展水平基本保持一致。

参与调查的企业 2012 年营业收入平均为 71 亿元，其中 34.4% 的企业营业收入在 5 亿元以下，49% 的企业营业收入为 5 亿～50 亿元，16.6% 的企业营业收入为 50 亿元以上。

二、检查评比

1. 企业年接待政府及相关机构检查和商业评比数。就调查总体而言，目前企业年接待政府及相关机构检查和商业评比数平均为 21.48 次。

从地区角度看，西部地区企业接待数为 27.26 次/年，中部地区企业为 25.74 次/年，东部地区企业为 18.71 次/年。

从行业角度看，生产型服务业企业接待数为 32.47 次/年，生活型服务业企业为 27.30 次/年，制造业企业为 15.92 次/年。

从规模角度看，小型企业接待数为 25.08 次/年，中型企业为 19.69 次/年，大型企业为 21.85 次/年。

从所有制角度看，民营企业接待数为 22.26 次/年，国有企业为 21.39 次/年，外资企业为 13.08 次/年。

2. 企业年接待政府及相关机构检查和商业评比费用占企业管理费用比重。就调查总体而言，目前企业年接待政府及相关机构检查和商业评比费用占企业管理费用比重平均为 4.24%。

按地区划分，东部地区企业年接待费用占比平均为 4.64%，西部地区企业为 4.32%，中部地区企业为 3.13%。

按行业划分，生产型服务业企业年接待费用占比平均为 6.61%，制造业企业为 4.25%，生活型服务业企业为 0.94%。

按规模划分，小型企业年接待费用占比平均为 5.15%，中型企业为 3.57%，大型企业为 3.40%。

按所有制划分，民营企业年接待费用占比平均为5.13%，国有企业为2.91%，外资企业为1.88%。

3. 企业高管年参加政府及相关部门会议数。就调查总体而言，企业高管年参加政府及相关部门会议数平均为24.67次。

按地区划分，东部地区企业高管参会数平均为23.30次/年，中部地区企业为26.29次/年，西部地区企业为28次/年。

按行业划分，制造业企业高管参会数平均为23.88次/年，生产型服务业企业为22.92次/年，生活型服务业企业为19.33次/年。

按规模划分，小型企业高管参会数平均为19.53次/年，中型企业为26.60次/年，大型企业为36.95次/年。

按所有制划分，国有企业高管参会数平均为34.06次/年，外资企业为20.33次/年，民营企业为20.01次/年。

4. 企业高管年参加政府及相关部门会议中有必要会议占比。就调查总体而言，企业高管参加政府及相关部门会议中有必要会议占比平均为54.81%。

按地区划分，东部地区企业高管认为有必要的会议占比为55.99%，西部地区企业为54.52%，中部地区企业为51.61%。

按行业划分，生产型服务业企业高管认为有必要的会议占比为63.94%，制造业企业为52.09%，生活型服务业企业为51.51%。

按规模划分，大型企业高管认为有必要的会议占比为60.19%，中型企业为55.12%，小型企业为51.03%。

按所有制划分，国有企业高管认为有必要的会议占比为56%，外资企业为50.49%，民营企业为54.38%。

5. 企业负责人每年和政府打交道的时间数。就调查总体而言，企业负责人每年和政府打交道的时间数平均为30.18天。

按地区划分，西部地区企业负责人和政府打交道的时间为33.84天/年，中部地区企业为31.39天/年，东部地区企业为28.85天/年。

按行业划分，生活型服务业企业负责人和政府打交道的时间为32.42天/

年，制造业企业为 28.69 天/年，生产型服务业企企业为 27.39 天/年。

按规模划分，大型企业负责人和政府打交道的时间为 32.66 天/年，小型企业为 29.69 天/年，中型企业为 29.37 天/年。

按所有制划分，国有企业负责人和政府打交道的时间为 35.66 天/年，民营企业为 28.45 天/年，外资企业为 18.77 天/年。

6. 近三年企业获得奖牌、冠名、认证和牌匾数。就调查总体而言，近三年企业获得奖牌、冠名、认证和牌匾数平均为 28.38 个。

按地区划分，东部地区企业近三年获得 29.34 个，中部地区企业 28.25 个，西部地区企业 25.74 个。

按行业划分，生产型服务业企业近三年获得 34.16 个，生活型服务业企业 32.06 个，制造业企业 27.43 个。

按规模划分，中型企业近三年获得 30.57 个，大型企业 29.65 个，小型企业 25.39 个。

按所有制划分，国有企业近三年获得 29.51 个，民营企业 28.49 个，外资企业 17.30 个。

7. 近三年企业获得奖牌、冠名、认证和牌匾来自政府部门数。就调查总体而言，近三年企业获得奖牌、冠名、认证和牌匾来自政府部门数平均为 16.62 个。

按地区划分，东部地区企业近三年获得 12.05 个，西部地区企业 11.62 个，中部地区企业 10.87 个。

按行业划分，制造业企业近三年获得 16.22 个，生产型服务业企业 20.80 个，生活型服务业企业 17.91 个。

按规模划分，大型企业近三年获得 17.63 个，中型企业 16.98 个，小型企业 16.27 个。

按所有制划分，民营企业近三年获得 17.34 个，国有企业 16.36 个，外资企业 11.01 个。

8. 近三年企业获得奖牌、冠名、认证和牌匾来自行业协会数。就调查总体而言，近三年企业获得奖牌、冠名、认证和牌匾来自行业协会数平均为 11.69 个。

按地区划分，东部地区企业近三年获得 12.05 个，西部地区企业 11.62 个，中部地区企业 10.87 个。

按行业划分，生活型服务业企业近三年获得 14.23 个，生产型服务业企业 13.66 个，制造业企业 10.59 个。

按规模划分，中型企业近三年获得 12.83 个，大型企业 12.57 个，小型企业 9.03 个。

按所有制划分，国有企业近三年获得 14.06 个，民营企业 10.58 个，外资企业 5.64 个。

9. 企业检查、评比、会议负担分析。东部地区经济发展程度较高，政府服务意识较高，评比活动较规范，因此该地区的企业每年要接待各类检查评比活动的次数要远低于西部地区。制造业企业的监管体系较复杂，监管部门多，因此在接待检查评比次数上要低于其他两个行业。小型企业比较偏爱参加一些评比活动，以提高自身的知名度，因此每年接待此类活动的次数要高于已经有较高知名度的大型企业。外资企业的接待次数要低于内资企业说明，我国目前的监管体系对外资企业较少关注。此外，外资企业的知名度较高，对参加商业评比活动的积极性并不高。

接待费用的分布与接待次数的分布有一定的相关性。如西部地区的企业由于每年接待各类活动次数多，因此每年接待费用占管理经费的比重也较高。在如生产性企业每年接待费用占比高的原因，与西部地区的企业类似。小型企业和民营企业的接待费用占比高于大型企业和国有企业，部分说明了这两类企业受到不规范检查以及劣质商业评比活动的影响较大。

企业高管人员参加政府会议的次数呈现明显的地区、行业、规模和所有制差别。西部地区的政府管理手段较为单一，因此该地区的企业参加政府会议的次数也最多。制造业企业多数为地方的重点企业，因此是政府会议的常客。大型企业是地方税收的重要来源，因此政府偏爱这类企业来参加会议。国有企业的国有身份，导致企业经常接到政府会议的邀请。

东部地区的地方政府对企业的需求把握较准，因此召开的会议多数可以满足企业的需求，所以该地区企业对政府会议的认同度较高。生产型服务业，作为新兴的重点行业，离不开政府政策的支持，因此也比较认同政府会议。大型企业与政府关系较紧密，因此对政府会议的认同度较高。外资企业多依照市场规律经营，因此对政府会议的认同度要低于内资企业。

西部地区市场经济程度低，因此企业主要负责人要花费更多精力去与政府公关，以获得企业发展所必需的资源。大型企业和国有企业多依靠政府扶植，因此企业负责人与政府公关时间也相应比较长。

东部地区的优秀企业多，因此该地区的企业更易获得各类奖励。服务业在近些年发展较快，涌现了较多的优秀企业，因此这两个行业的企业获得奖励的数量要高于制造业企业。大、中型企业的社会认可度高，因此获得奖励数量要多于小型企业。外资企业对参与此活动的管理制度较严格，因此获得奖励的数量要低于内资企业。

企业更愿意参与由政府部门组织的各类评比活动，因为政府部门组织的此类活动规格高、过程严谨规范、影响力大，对企业的长远发展有重要意义。

三、企业税收社保

1. 税收负担占企业营业收入比重（%）。就调查总体而言，目前税收负担占企业营业总收入比重平均为9.75%。按地区划分，中部地区企业税收占比为11.03%，西部地区企业为10.61%，东部地区企业为9.12%。按行业划分，生产型服务业企业税收占比为10.24%，制造业企业为9.25%，生活型服务业企业为8.56%。按规模划分，小型企业税收占比为11.09%，大型企业为9.10%，中型企业为9.04%。按所有制划分，民营企业税收占比为9.90%，外资企业为9.50%，国有企业为9.46%。

2. 增值税占企业税收总额比重。就调查总体而言，目前增值税占企业税收总额的平均比重为32.53%。按地区划分，西部地区企业增值税占比为35.42%，中部地区企业为34.29%，东部地区企业为31.33%。按行业划分，制造业企业增值税占比为36.82%，生活型服务业企业为25.85%，生产型服务业企业为21.46%。按规模划分，大型企业增值税占比为32.91%，中型企业为32.70%，小型企业为31.18%。按所有制划分，国有企业增值税占比为34.93%，外资企业为32.91%，民营企业为31.31%。

3. 所得税占企业税收总额比重。就调查总体而言，目前所得税占企业税收总额的平均比重为25.35%。按地区划分，西部地区企业所得税占比为26.03%，东部地区企业为25.83%，中部地区企业为22.79%。按行业划分，生产型服务业企业所得税占比为34.30%，生活型服务业企业为27.91%，制造业企业为22.08%。按规模划分，小型企业所得税占比为26.88%，中型企业为25.46%，大型企业为20.44%。按所有制划分，外资企业所得税占比为28.79%，民营企业为25.64%，国有企业为24.20%。

4. 企业税收负担情况。对于企业税负程度，就调查总体而言，27.25%的受访企业表示税负过重，59.05%的受访企业表示税负偏重，7.11%的受访企业表示税负不重，6.30%的受访企业表示税负较好，0.29%的受访企业表示税负宽松。

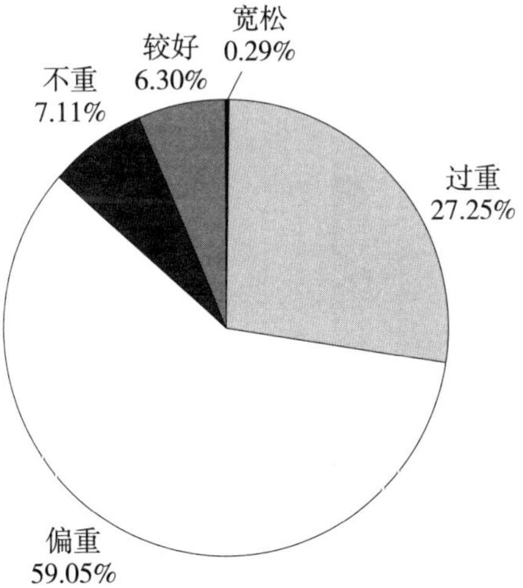

图11.1　企业税负情况（总体）

从企业所在地区看，调研企业也都认为目前的税收水平偏重。其中东部地区企业认为税收偏重的比例最高为60.61%。

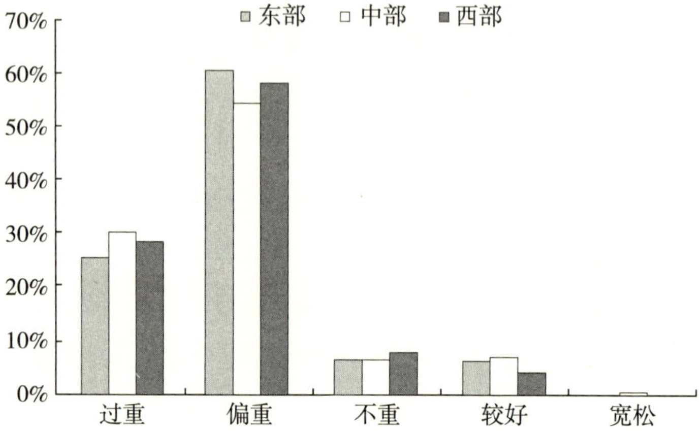

图11.2 企业税负情况（地区）

按行业看，多数企业均认为目前企业税负偏重，其中64.37%的生产型服务业企业认为目前的税负偏重，其他两个行业的多数企业也都认为目前的税负偏重。

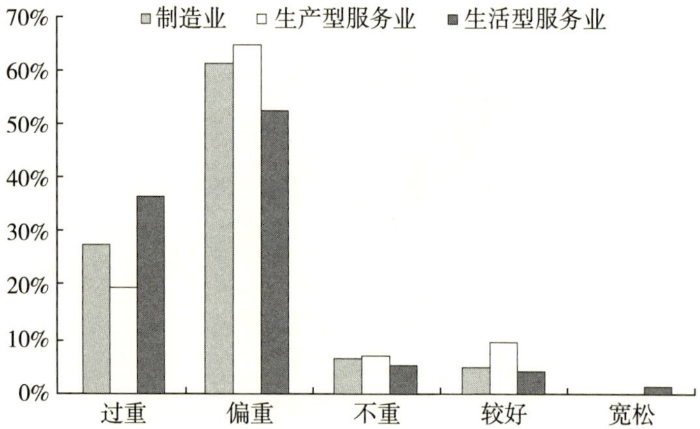

图11.3 企业税负情况（行业）

按规模看，中型企业认为税负偏重的比例最高，为60.43%。小型企业和大型企业中，认为税负偏重的比例也超过半数。

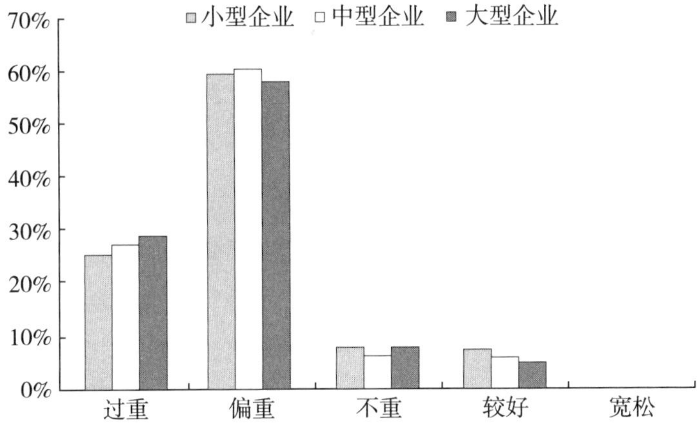

图11.4　企业税负情况（规模）

参与调研的企业中，超过半数的内资企业认为目前税负偏重，而外资企业中有近40%的企业反映税负过重。

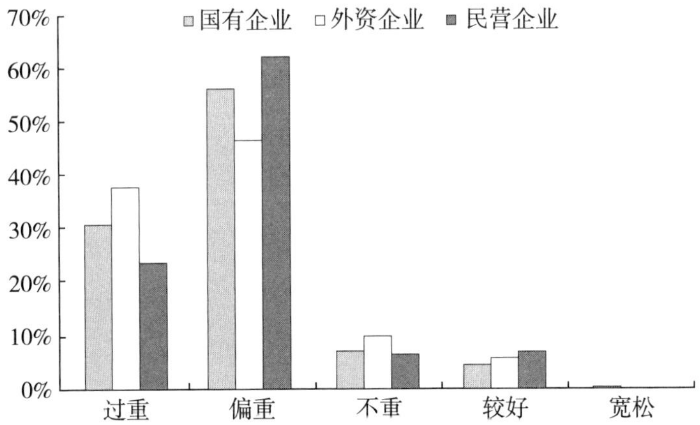

图11.5　企业税负情况（所有制）

5. 行政事业性收费占企业营业收入的比重。就调查总体而言，目前行政事业性收费占企业营业收入的平均比重为1.03%。

按地区划分，西部地区企业行政事业性收费占比为 1.17%，中部地区企业为 1.09%，东部地区企业为 0.96%。按行业划分，生活型服务业企业行政事业性收费占比为 1.45%，生产型服务业企业为 1.36%，制造业企业为 0.89%。按规模划分，小型企业行政事业性收费占比为 1.08%，中型企业为 1.01%，大型企业为 0.87%。按所有制划分，国有企业行政事业性收费占比为 1.18%，外资企业为 1.11%，民营企业为 0.96%。

6. 行政事业性收费名目及金额情况。就调查总体而言，11.84% 的受访企业表示行政事业性收费名目及金额过多，33.41% 的受访企业表示行政事业性收费名目及金额偏多，21.74% 的受访企业表示行政事业性收费名目及金额不多，28.22% 的受访企业表示行政事业性收费名目及金额还好，4.79% 的受访企业表示行政事业性收费名目及金额较好。

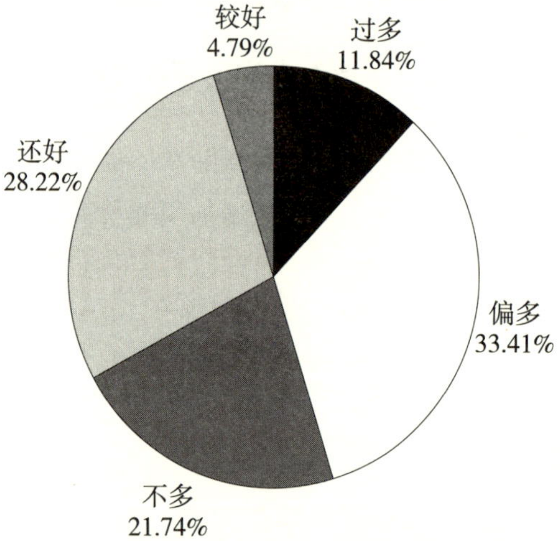

图 11.6　行政事业性收费名目及金额情况（总体）

按地区划分

东部地区：9.82% 的受访企业表示行政事业性收费名目及金额过多，34.03% 的受访企业表示行政事业性收费名目及金额偏多，21.07% 的受访企业表示行政事业性收费名目及金额不多，29.58% 的受访企业表示行政事业性收费名目及金额还好，5.50% 的受访企业表示行政事业性收费名目及金额较好。

中部地区：16.13% 的受访企业表示行政事业性收费名目及金额过多，29.44% 的受访企业表示行政事业性收费名目及金额偏多，22.18% 的受访企业表示行政事业性收费名目及金额不多，30.65% 的受访企业表示行政事业性收费名目及金额还好，1.61% 的受访企业表示行政事业性收费名目及金额较好。

西部地区：13.62% 的受访企业表示行政事业性收费名目及金额过多，35.68% 的受访企业表示行政事业性收费名目及金额偏多，23.94% 的受访企业表示行政事业性收费名目及金额不多，21.13% 的受访企业表示行政事业性收费名目及金额还好，5.63% 的受访企业表示行政事业性收费名目及金额较好。

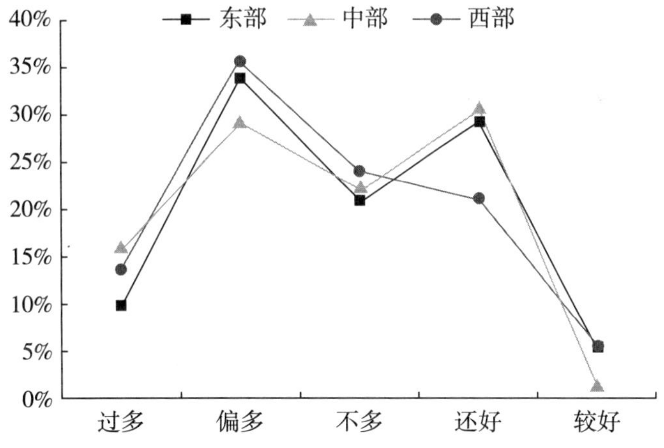

图 11.7　行政事业性收费名目及金额情况（地区）

按行业划分

制造业：12.08% 的受访企业表示行政事业性收费名目及金额过多，34.79% 的受访企业表示行政事业性收费名目及金额偏多，22.71% 的受访企业表示行政事业性收费名目及金额不多，25.33% 的受访企业表示行政事业性收费名目及金额还好，5.09%的受访企业表示行政事业性收费名目及金额较好。

生产型服务业：6.33%的受访企业表示行政事业性收费名目及金额过多，31.01%的受访企业表示行政事业性收费名目及金额偏多，23.42%的受访企业表示行政事业性收费名目及金额不多，36.08%的受访企业表示行政事业性收费名目及金额还好，3.16%的受访企业表示行政事业性收费名目及金额较好。

生活型服务业：16.46%的受访企业表示行政事业性收费名目及金额过多，26.58%的受访企业表示行政事业性收费名目及金额偏多，24.05%的受访企业表示行政事业性收费名目及金额不多，25.32%的受访企业表示行政事业性收费名目及金额还好，7.59%的受访企业表示行政事业性收费名目及金额较好。

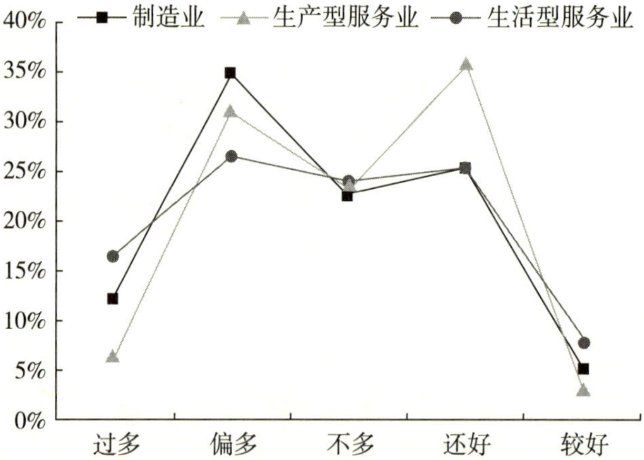

图11.8 行政事业性收费名目及金额情况（行业）

按规模划分

小型企业：12.14%的受访企业表示行政事业性收费名目及金额过多，29.97%的受访企业表示行政事业性收费名目及金额偏多，22.22%的受访企业表示行政事业性收费名目及金额不多，31.27%的受访企业表示行政事业性收费名目及金额还好，4.39%的受访企业表示行政事业性收费名目及金额较好。

中型企业：10.36%的受访企业表示行政事业性收费名目及金额过多，35.11%的受访企业表示行政事业性收费名目及金额偏多，22.65%的受访企业表示行政事业性收费名目及金额不多，26.21%的受访企业表示行政事业性收费名目及金额还好，5.66%的受访企业表示行政事业性收费名目及金额较好。

大型企业：14.68%的受访企业表示行政事业性收费名目及金额过多，33.94%的受访企业表示行政事业性收费名目及金额偏多，18.35%的受访企业表示行政事业性收费名目及金额不多，29.36%的受访企业表示行政事业性收费名目及金额还好，3.67%的受访企业表示行政事业性收费名目及金额较好。

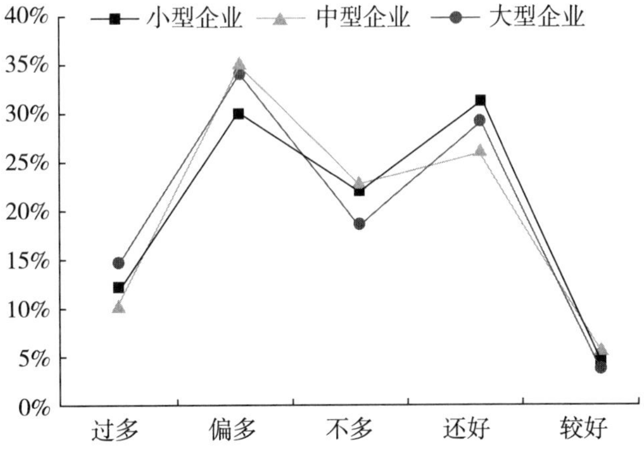

图 11.9 行政事业性收费名目及金额情况（规模）

按所有制划分

国有企业：12.99%的受访企业表示行政事业性收费名目及金额过多，36.36%的受访企业表示行政事业性收费名目及金额偏多，19.48%的受访企业表示行政事业性收费名目及金额不多，26.41%的受访企业表示行政事业性收费名目及金额还好，4. 76% 的受访企业表示行政事业性收费名目及金额较好。

外资企业：6. 25% 的受访企业表示行政事业性收费名目及金额过多，26. 56% 的受访企业表示行政事业性收费名目及金额偏多，25. 00% 的受访企业表示行政事业性收费名目及金额不多，34. 38% 的受访企业表示行政事业性收费名目及金额还好，7. 81% 的受访企业表示行政事业性收费名目及金额较好。

民营企业：11. 46% 的受访企业表示行政事业性收费名目及金额过多，32. 09% 的受访企业表示行政事业性收费名目及金额偏多，22. 92% 的受访企业表示行政事业性收费名目及金额不多，28. 94% 的受访企业表示行政事业性收费名目及金额还好，4. 58% 的受访企业表示行政事业性收费名目及金额较好。

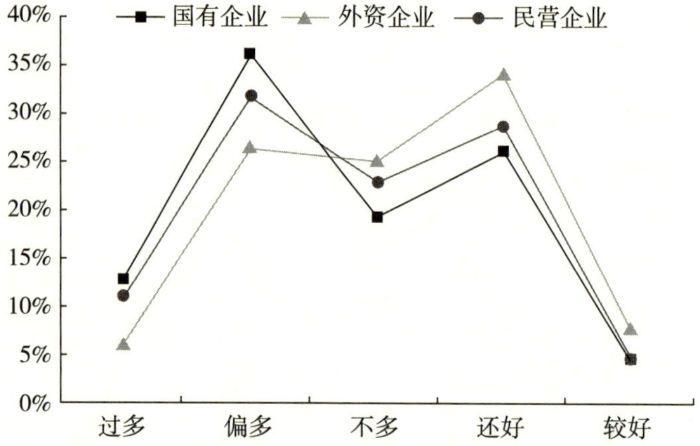

图 11. 10　行政事业性收费名目及金额情况（所有制）

7. 深化税收管理体制的任务。就调查总体而言，20. 95% 的受访企业认为当前深化税收管理体制改革的首要任务是增加财产税等直接税种，相应减少流转税等间接税种；19. 92% 的受访企业认为是扩大“营改增”试点，由生产型增值税转为消费型增值税；51. 30% 的受访企业认为是降低总体税负；7. 49% 的受访企业认为是依法公平征税，减少预征、超征等；0. 34% 的受访企业认为是改革出口退税制度。

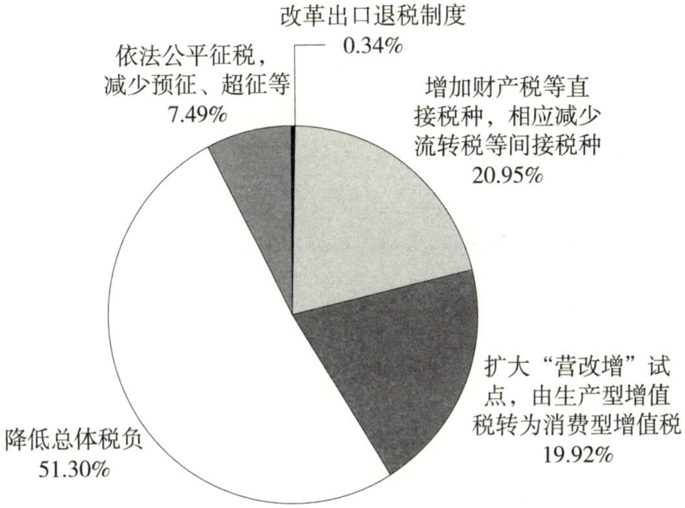

图 11.11　深化税收管理体制的首要任务（总体）

按地区划分

多数企业认为，当前深化税收管理体制改革的首要任务是要“降低总体税负”，东部地区有 53.97% 的企业持此观点，西部地区有 51.34% 的企业持此观点，中部地区有 43.94% 的企业持此观点。

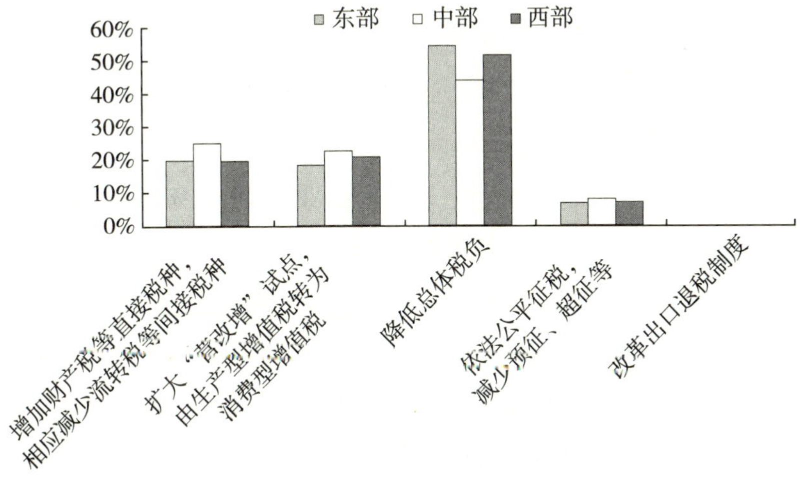

图 11.12　深化税收管理体制的首要任务（地区）

按行业划分

对当前深化税收管理体制改革的首要任务，多数企业一致认为是降低总体税负。制造业企业中的 50.32%，生产型服务业企业中的 55.08%，生活型服务业企业中的 55.67% 支持此观点。

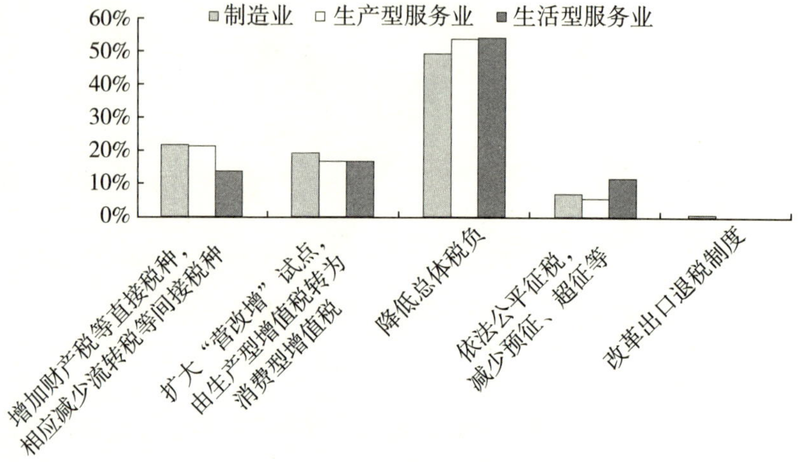

图 11.13 深化税收管理体制的首要任务（行业）

按规模划分

48.12% 的小型企业、52.60% 的中型企业、60.77% 的大型企业一致认为，当前深化税收管理体制改革的首要任务是要降低总体税负。

按所有制划分

53.14% 的国有企业、50.65% 的外资企业和 50.31% 的民营企业认为，深化税收管理体制改革，首先要降低总体税负。

8. 企业税收情况分析。企业税收负担占企业营业收入的比重受企业所在地区、行业和企业规模影响。东部地区经济发展水平较高，政府财政较中西部地区更有保障，因此东部地区企业的税收占企业营业收入比重低于中西部地区。制造业企业的利润率普遍低于生产型服务业，因此制造业企业的税负比例也低于生产型服务业企业。大中型企业的税负比例低于小型企业，反映

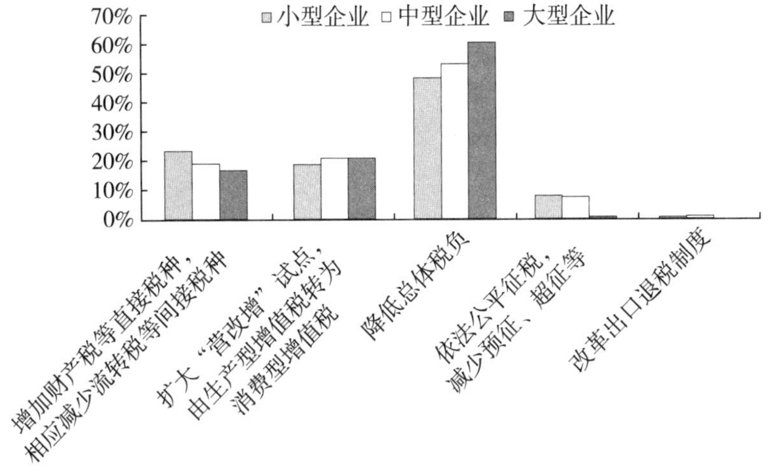

图 11.14　深化税收管理体制的首要任务（规模）

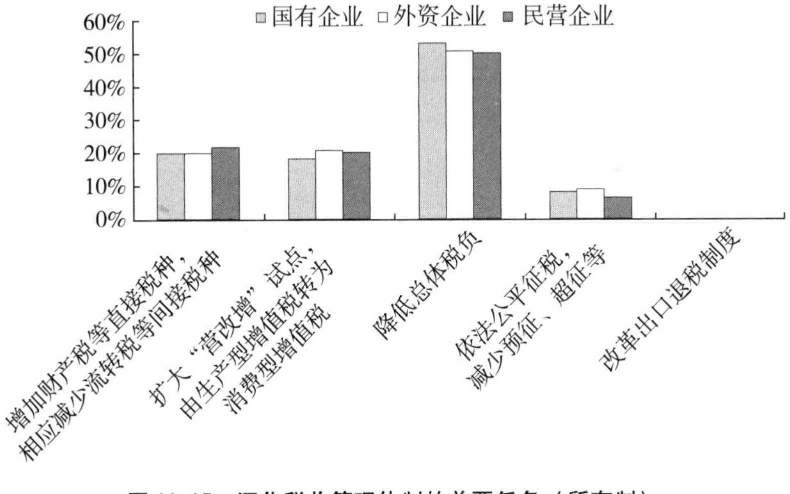

图 11.15　深化税收管理体制的首要任务（所有制）

出小型企业的税收负担较重，不利于企业发展。

西部地区经济发展多受投资拉动，因此该地区的增值税比例也较高。制造业企业流通环节多，因此增值税的占比高于服务业企业。企业规模对增值税占比的影响不是十分明显。国有企业的经营环节较多，因此增值税占比高于外资和民营企业。

东、西部地区企业的所得税占比较高，反映出上述两个地区企业税收负担较重。生产型服务业企业的业绩普遍较好，因此其所得税占比也最高。小型企业所得税占比过高，从一定程度上反映了目前的税收政策对小型企业存在一定的不公平。

总体而言，调研企业普遍认为，在目前经济发展环境不佳的状况下，现有的税负水平过高，企业经营负担较重。对此问题，不同地区、行业、规模和所有制的企业看法一致。因此，应加快制定新的税收政策，减少企业在税收方面的负担。

西部地区是企业行政性收费占营业收入比重最高的地区，这反映出西部地区的政府在经济活动中，利用行政手段管理企业的情况较多。服务业企业的行政事业性收费高于制造业企业说明，目前对服务业企业的管理还较多依靠行政手段，未来有改进空间。多数调研对目前行政事业性收费水平的看法是偏多。只有生产型服务业由于自身经济状况较好，行政事业性收费对其影响较小。

对于未来税收改革的建议，多数企业认为，首先要降低企业的总体税负，其次要依法公平征税，减少预征、超征等情况的发生。从地区看，西部地区企业除了希望可以降低总体税负水平和依法公平征税外，更希望可以扩大“营改增”试点，由生产型增值税转为消费型增值税。这与西部地区经济发展主要依靠投资拉动有关。不同行业企业均认为下一阶段的税改要着重在总体减税和依法征税两个方面。以规模看，受自身投资项目较多的影响，大型企业也认为深化税收管理体制改革还应该包括扩大“营改增”的试点。

综上，目前我国企业的税收水平普遍较高，企业认为负担较重。未来应着手实施整体减税，降低企业的税收负担。加强税收征管工作的合法性，杜绝预征、超征的发生。加大税收管理体制改革，扩大“营改增”试点，使依靠投资发展的地区和企业减少税收支出。

四、商业投资环境

1. 近三年企业通过股票和债券市场直接融资占融资总额比例。就调查总体而言，近三年企业通过股票和债券市场直接融资占融资总额比重平均为63.26%。

按地区划分，东部地区企业近三年直接融资占比为67.51%，中部地区企业为54.91%，西部地区企业为55.01%。按行业划分，生活型服务业企业近三年直接融资占比为70.90%，生产型服务业企业为67.58%，制造业企业为64.11%。按规模划分，小型企业近三年直接融资占比为77.46%，中型企业为57.51%，大型企业为59.21%。按所有制划分，民营企业近三年直接融资占比为70.82%，外资企业为66.35%，国有企业为46.63%。

2. 企业在融资中遇到的主要困难和障碍。总体而言，57.21%的企业认为，在融资过程中遇到的主要困难和障碍是IPO、再融资和发债审批等行政干预过多，市场化程度低。

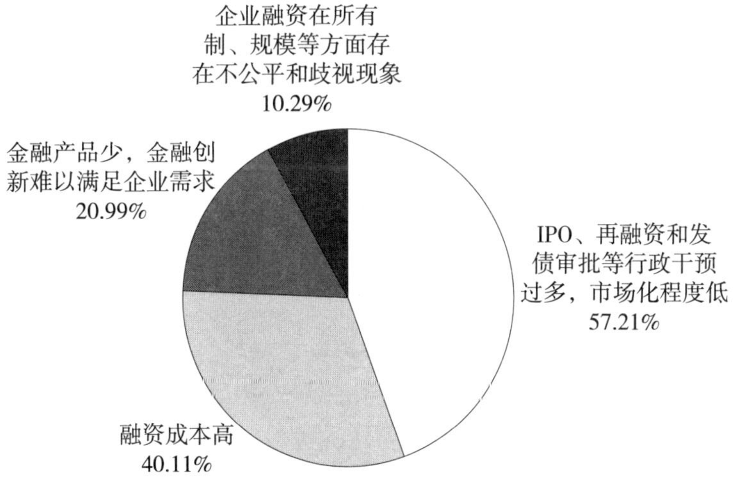

图11.16　企业在融资中遇到的主要困难和障碍（总体）

按地区划分，61.26%的西部地区企业、58.80%的东部地区企业和48.54%的中部地区企业认为，在企业融资过程中遇到的主要问题是IPO、再融资和发债审批等行政干预过多，市场化程度低。

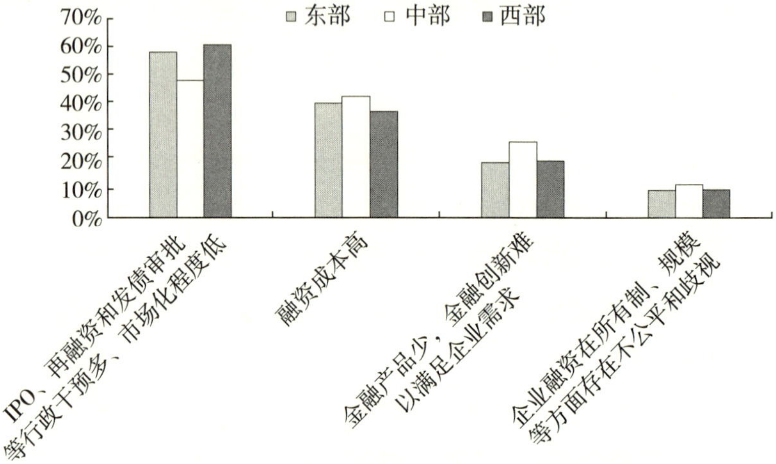

图 11.17　企业在融资中遇到的主要困难和障碍（地区）

按行业划分，54.23%的制造业企业、55.00%的生产型服务业企业和60.24%的生活型服务业企业认为，在企业融资过程中遇到的主要问题是IPO、再融资和发债审批等行政干预过多，市场化程度低。

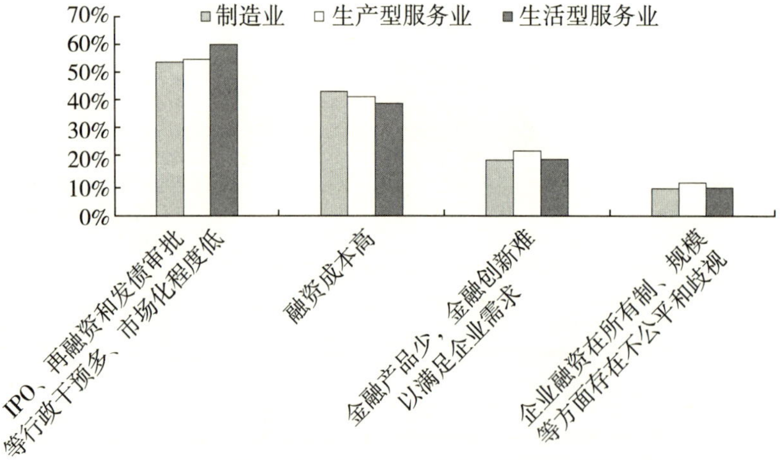

图 11.18　企业在融资中遇到的主要困难和障碍（行业）

从企业规模来看，大型企业中有61.82%的企业表示，企业在融资中遇到的主要困难和障碍是IPO、再融资和发债审批等行政干预过多，市场化程度低。57.30%的中型企业和52.83%的小型企业同意这种观点。

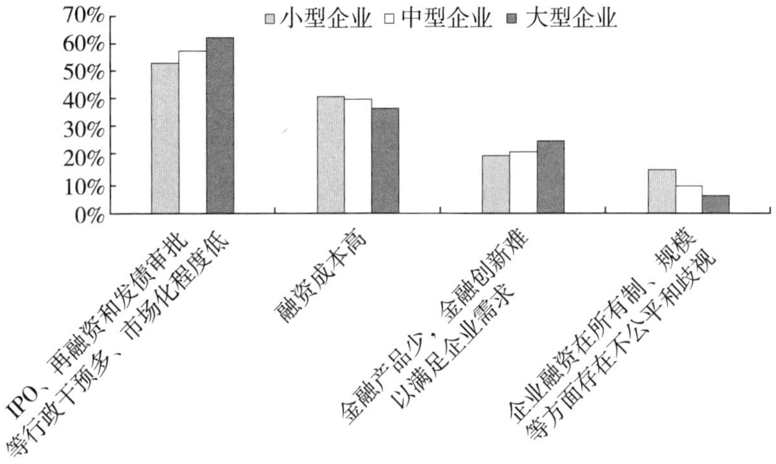

图11.19　企业在融资中遇到的主要困难和障碍（规模）

从所有制角度看，62.06%的国有企业表示IPO、再融资和发债审批等行政干预过多，市场化程度低，是企业在融资中遇到的主要困难和障碍。持同样观点的外资企业和民营企业占比分别为51.85%和54.29%。

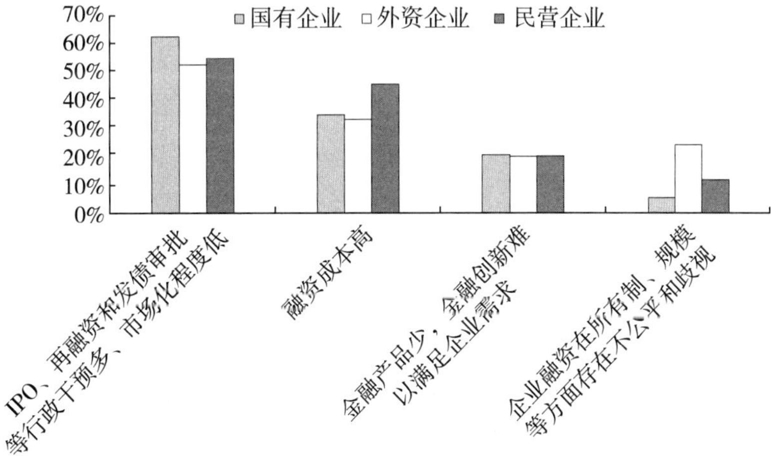

图11.20　企业在融资中遇到的主要困难和障碍（所有制）

3. 当前社会信用体系建设情况。总体而言，参与调查的所有企业中，72.86%的企业认为当前社会信用体系建设总体情况有改善，27.14%的企业认为当前社会信用体系建设总体情况在恶化。

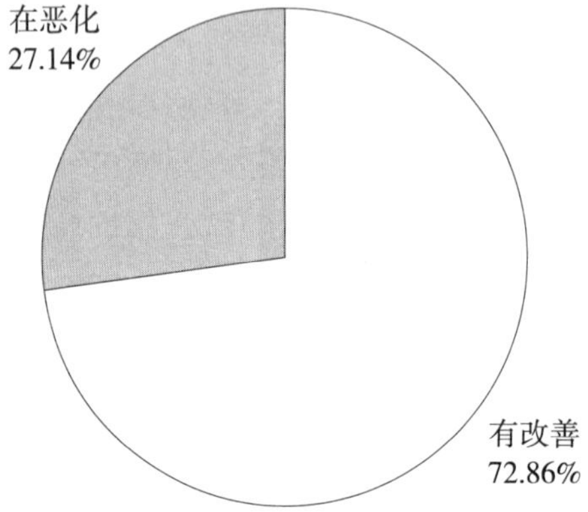

图 11.21　当前社会信用体系建设情况（总体）

东部地区中，71.60%的企业认为当前社会信用体系建设总体情况有改善，28.40%的企业则认为当前社会信用体系建设总体情况在恶化。中部地区中，76.92%的企业认为当前社会信用体系建设总体情况有改善，23.08%的企业认为当前社会信用体系建设总体情况在恶化。西部地区中，72.93%的企业认为当前社会信用体系建设总体情况有改善，27.07%的企业认为当前社会信用体系建设总体情况在恶化。

制造业企业中，有71.98%的企业认为当前社会信用体系建设总体情况有改善，有28.02%的企业认为当前社会信用体系建设总体情况在恶化。生产型服务业企业中，72.92%的企业认为当前社会信用体系建设总体情况有改善，27.08%的企业认为当前社会信用体系建设总体情况在恶化。生活型服务业企业中，79.41%的企业认为当前社会信用体系建设总体情况有改善，20.59%的企业认为当前社会信用体系建设总体情况在恶化。

小型企业中，73.36%的企业认为当前社会信用体系建设总体情况有改善，26.64%的企业认为当前社会信用体系建设总体情况在恶化。中型企业

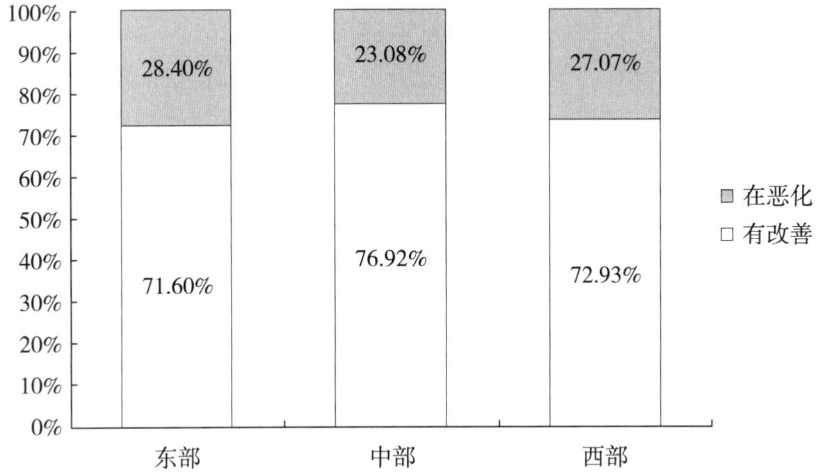

图 11.22 当前社会信用体系建设情况（地区）

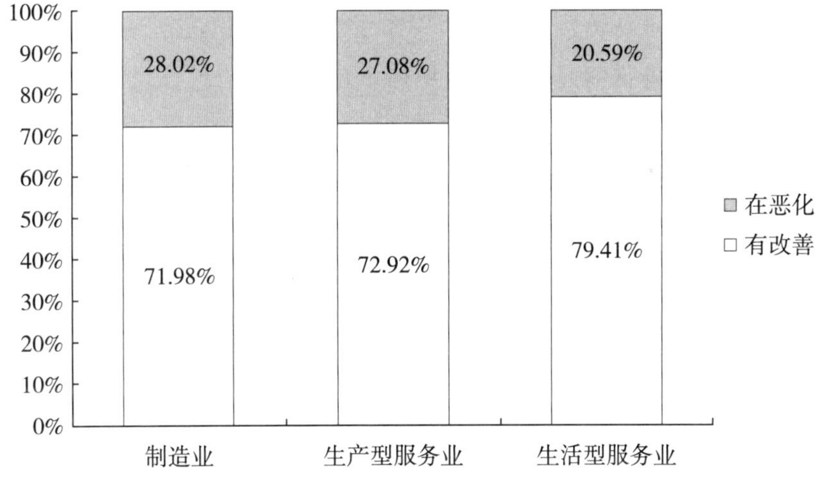

图 11.23 当前社会信用体系建设情况（行业）

中，73.55%的企业认为当前社会信用体系建设总体情况有改善，26.45%的企业认为当前社会信用体系建设总体情况在恶化。大型企业中，65.41%的企业认为当前社会信用体系建设总体情况有改善，34.59%的企业认为当前社会信用体系建设总体情况在恶化。

国有企业中，70.14%的企业认为当前社会信用体系建设总体情况有改

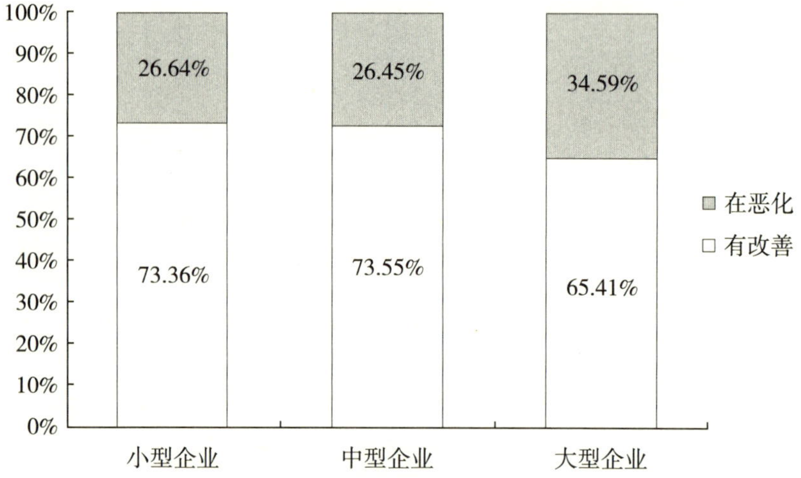

图 11.24　当前社会信用体系建设情况（规模）

善，29.86%的企业认为当前社会信用体系建设总体情况在恶化。外资企业中，70.89%的企业认为当前社会信用体系建设总体情况有改善，29.11%的企业认为当前社会信用体系建设总体情况在恶化。民营企业中，75.18%的企业认为当前社会信用体系建设总体情况有改善，24.82%的企业认为当前社会信用体系建设总体情况在恶化。

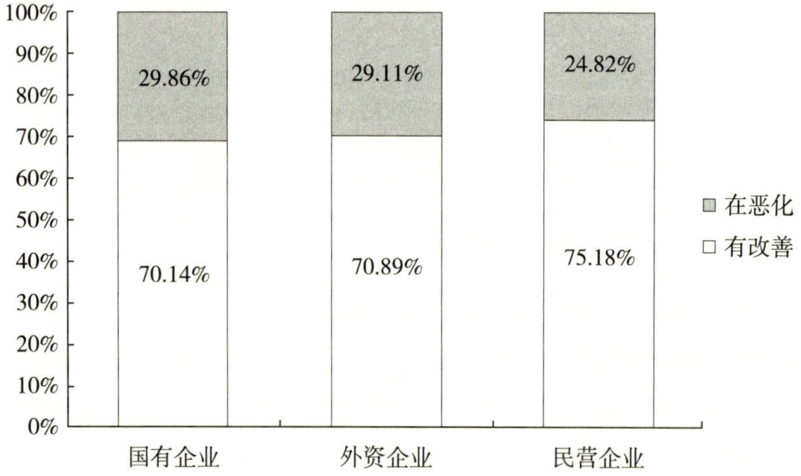

图 11.25　当前社会信用体系建设情况（所有制）

4. 社会信用体系建设存在的突出问题。总体而言，参与调研的所有企业中，有 62. 59% 的企业表示“失信和违法成本低，导致社会信用环境恶化”是当前社会信用体系建设中存在的突出问题。

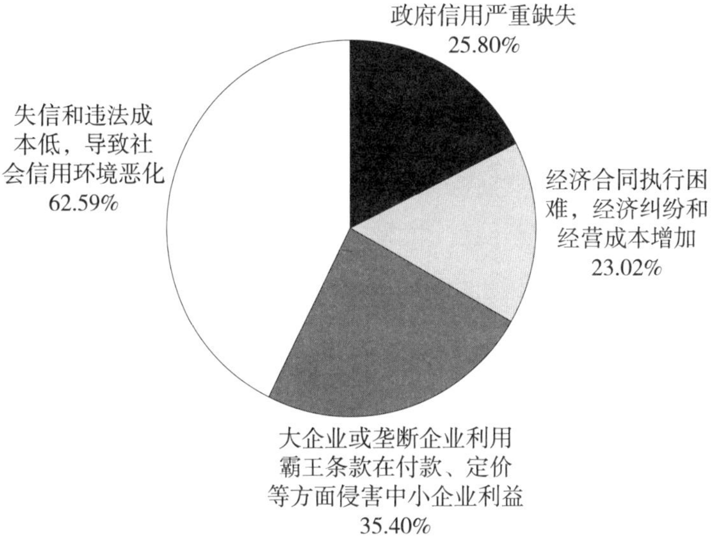

图 11. 26　社会信用体系建设存在的突出问题（总体）

按地区划分，东部地区中，59. 86% 的企业表示“失信和违法成本低，导致社会信用环境恶化”是社会信用环境建设存在的主要问题。68. 66% 的中部地区企业和 65. 38% 的西部地区企业同意此观点。

从行业角度看，多数企业一致认为社会信用体系建设中存在的突出问题是，失信和违法成本低，导致社会信用环境恶化。

从规模角度看，60% ~70% 的企业认为社会信用体系建设存在的突出问题是，失信和违法成本低，导致社会信用环境恶化。

从所有制角度看，60% 的内资企业和 70% 的外资企业认为，当前我国在建设社会信用体系的过程中，应首先解决失信和违法成本低，导致社会信用环境恶化的问题。

5. 下一步深化金融体制改革的主要任务。就调查总体而言，29. 85% 的

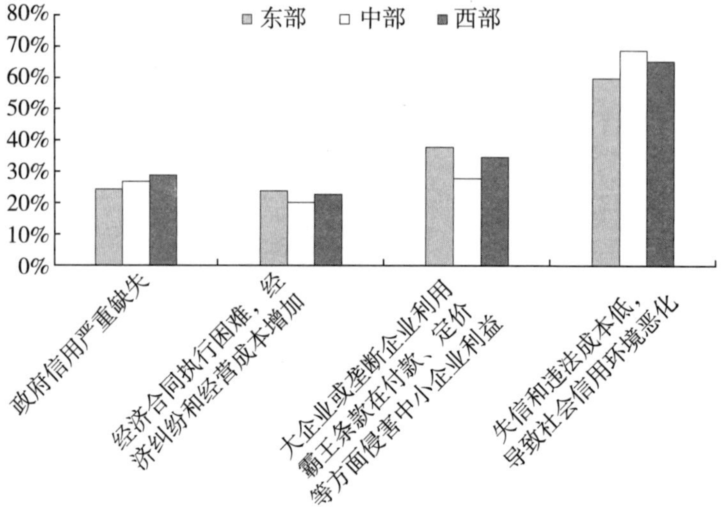

图 11.27　社会信用体系建设存在的突出问题（地区）

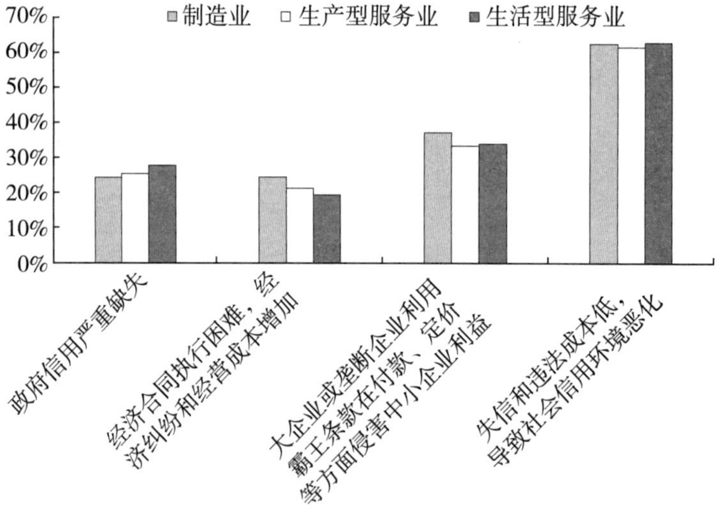

图 11.28　社会信用体系建设存在的突出问题（行业）

企业认为下一步深化金融体制改革的首要任务是深化银行业改革。

从地区角度看，28.37%的东部地区企业、35.74%的中部地区企业和27.55%的西部地区企业认为，在下一步深化金融体制改革的工作中，首先要

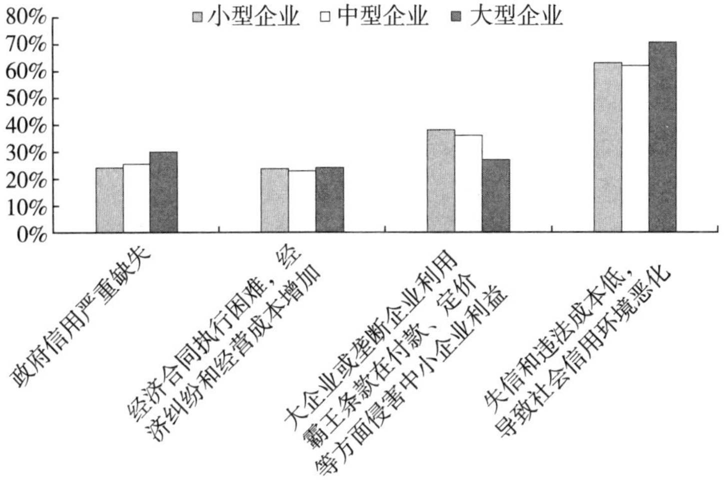

图 11.29 社会信用体系建设存在的突出问题（规模）

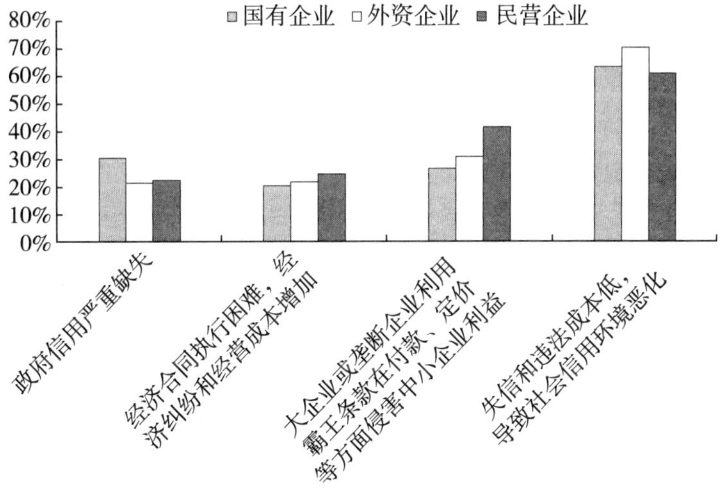

图 11.30 社会信用体系建设存在的突出问题（所有制）

深化银行业改革。

从行业角度看，31.12%的制造业企业、24.74%的生产型服务业企业和27.37%的生活型服务业企业认为，在下一步深化金融体制改革的工作中，首先要深化银行业改革。

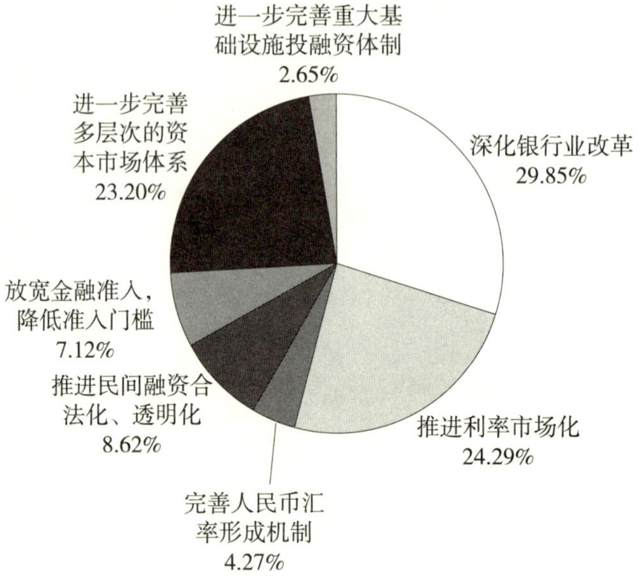

图 11.31　下一步深化金融体制改革的首要任务（总体）

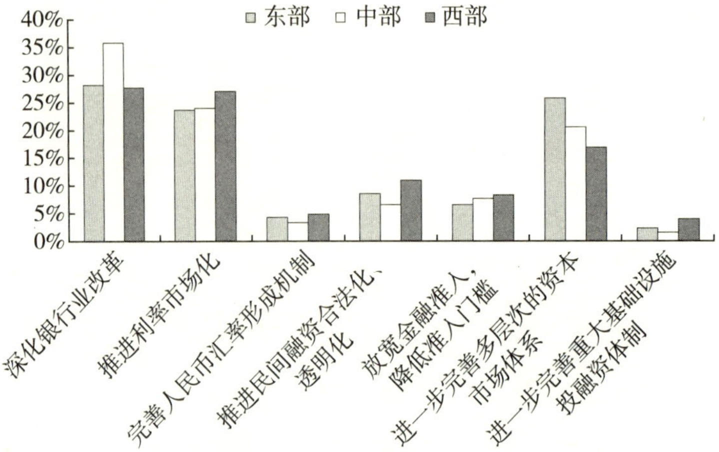

图 11.32　下一步深化金融体制改革的首要任务（地区）

从规模角度看，32.82% 的小型企业、29.04% 的中型企业和 24.81% 的大型企业认为，下一步深化金融体制改革工作的第一要务是深化银行业改革。

从所有制角度看，28.37% 的国有企业、32.05% 的外资企业和 30.55%

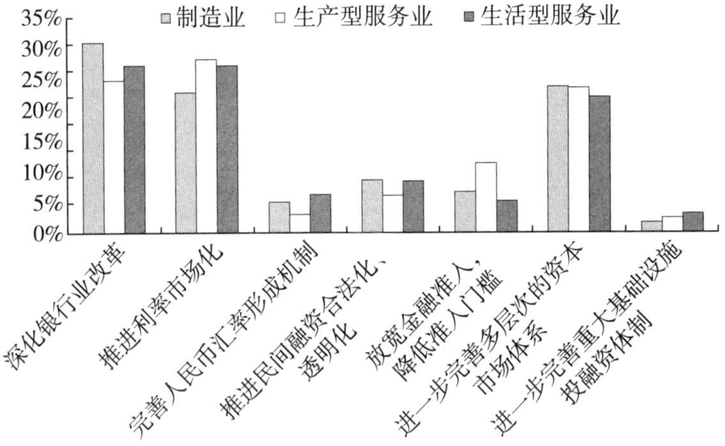

图 11.33 下一步深化金融体制改革的首要任务（行业）

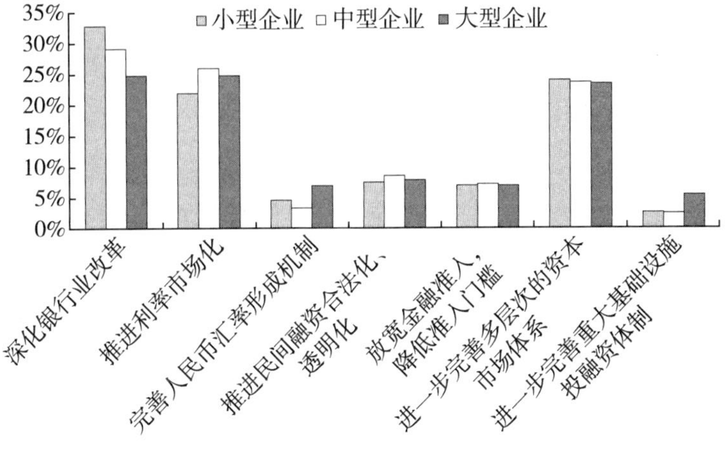

图 11.34 下一步深化金融体制改革的首要任务（规模）

的民营企业认为，下一步深化金融体制改革工作的第一要务是深化银行业改革。

6. 企业商业投资环境情况分析。目前，我国企业直接融资占融资总额的比例已超过间接融资。由于金融体系发展程度不同，东部地区企业的直接融资占比大大超过西部地区企业。生活型服务业企业规模普遍较小，从银行等

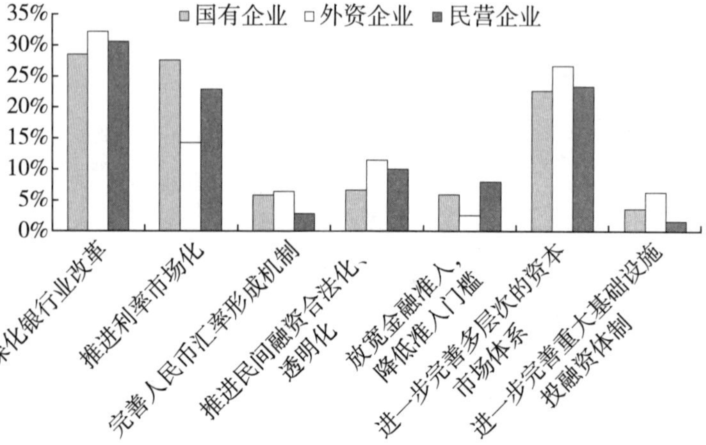

图 11.35　下一步深化金融体制改革的首要任务（所有制）

金融机构获取间接融资难度较高，因而其融资总额中直接融资的比例较高。民营企业也存在银行贷款困难的情况，因此也主要依靠直接融资来获取企业资金。对于企业在直接融资时面临困难，多数企业一直认为，目前行政审批过多导致资本市场的市场化程度低是主要原因。

关于深化金融改革的方向，多数企业认为首先要深化银行业的改革，其次是推进利率市场化，最后要进一步完善多层次的资本市场体系。从行业看，多数服务业企业认为，将民间融资合法化的重要性超过了推进利率市场化。这反映出由于银行渠道的融资困难，服务业企业希望可以充分利用民间资本支持企业发展。同样的现象也存在于中小企业。由于银行融资困难，中小企业同样认为将民间融资合法化的重要性超过了多层次资本市场的建立。民营企业对金融体系改革方向也持同样的看法。针对这种情况，在深化金融体制改革的过程中，要推进银行业改革，加大对民营企业和中小企业的融资支持力度。要加快民间融资合法化的进程，充分利用充足的民间资本来支持民营和中小企业的发展。要建立多层次资本市场体系，满足不同类型企业的融资需求。

建设完善的资本市场离不开一个良好的社会信用体系。多数调研企业认为，目前我国社会信用体系建设总体情况有所改善。对于社会信用体系发展中面临的首要问题，各类调研企业均一直认为是失信和违法成本低，导致社会信用环境恶化。因此，在建设良好社会信用体系的过程中，要提高失信者的违约成本，提高失信违约惩罚的力度和威慑力。

五、并购重组

1. 企业遇到的地方保护表现。总体而言，66.84%的调研企业认为，自身遇到的地方保护主要表现为政府对本地产品进行保护。

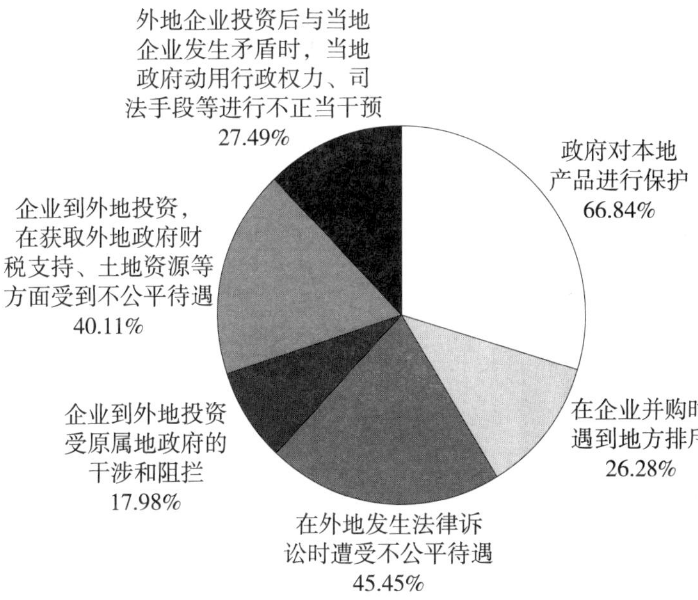

图 11.36　企业遇到的地方保护表现（总体）

从地区角度看，超过60%的企业认为，地方保护的主要形式为政府对本地产品进行保护。其中东部地区的企业中，有69.27%的企业持此观点。

从行业角度看，70%的制造业和生产型服务业企业认为，地方保护的主要形式为政府对本地产品进行保护。56%的生活型服务业也认为地方保护的主要形式为政府对本地产品进行保护。

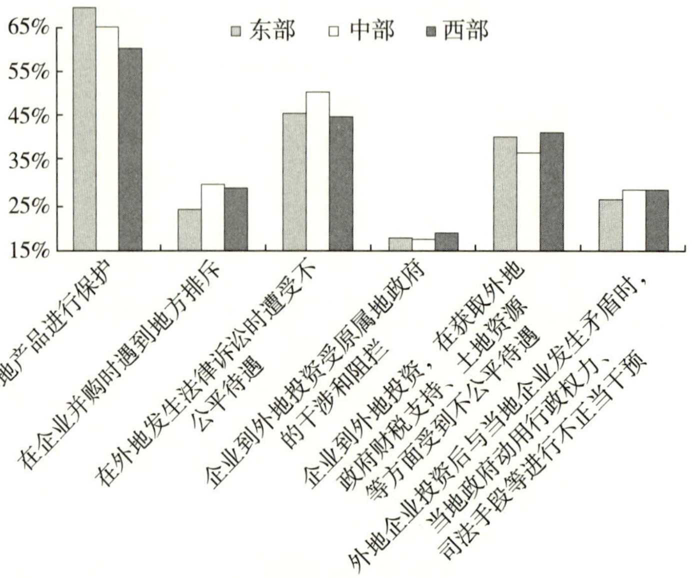

图 11.37　企业遇到的地方保护表现（地区）

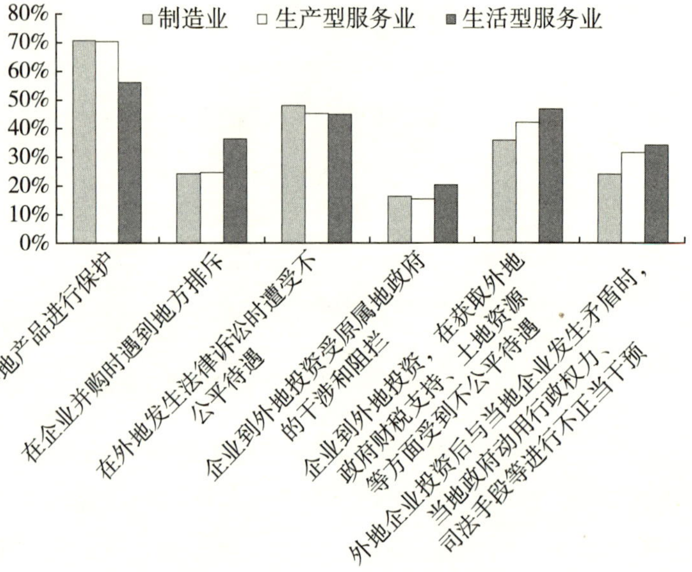

图 11.38　企业遇到的地方保护表现（行业）

从行业角度看，68.26%的小型企业、68.06%的中型企业和60.66%的大型企业认为地方保护的主要形式为政府对本地产品进行保护。

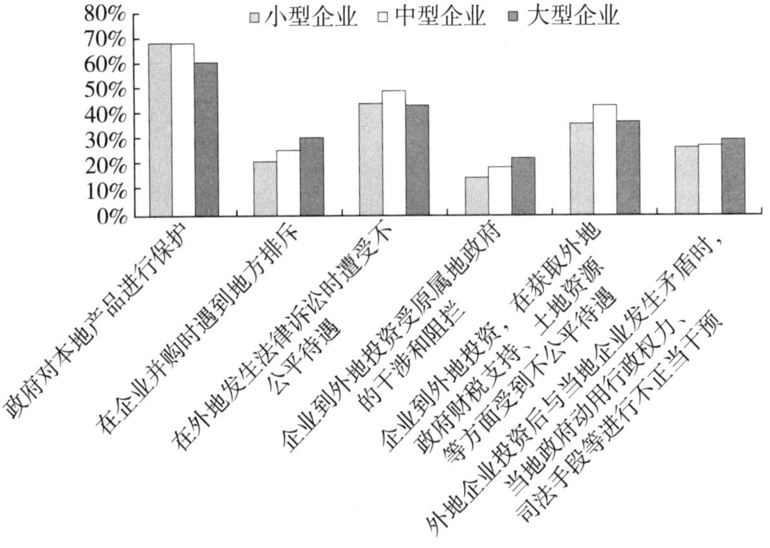

图 11.39　企业遇到的地方保护表现（规模）

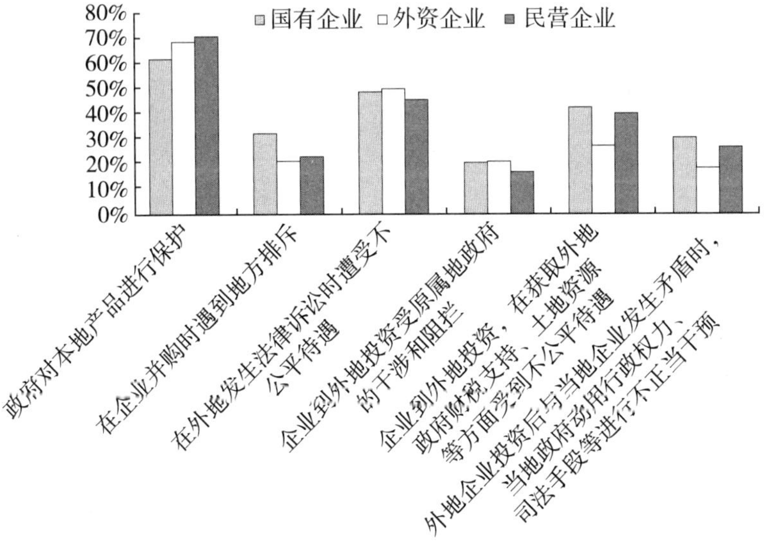

图 11.40　企业遇到的地方保护表现（所有制）

从所有制角度看，多数企业认为地方保护的主要形式为政府对本地产品进行保护。其中，70.28% 的民营企业同意这种观点。

2. 近年来地方保护情况。总体而言，参与调研的所有企业中，77% 的企业认为近年来地方保护情况明显改善，23% 的企业认为近年来地方保护情况加重。

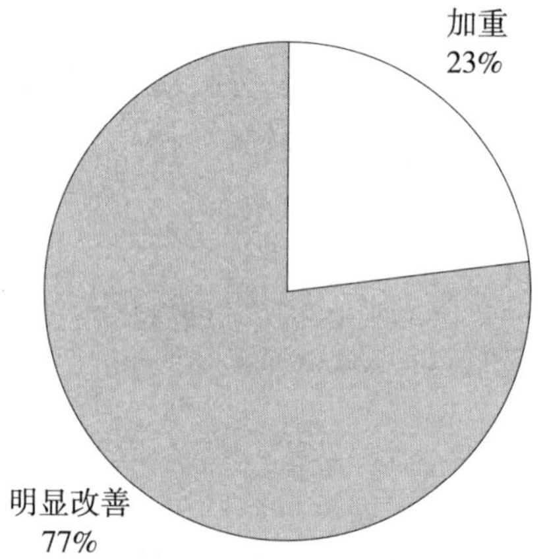

图 11.41　近年来地方保护情况（总体）

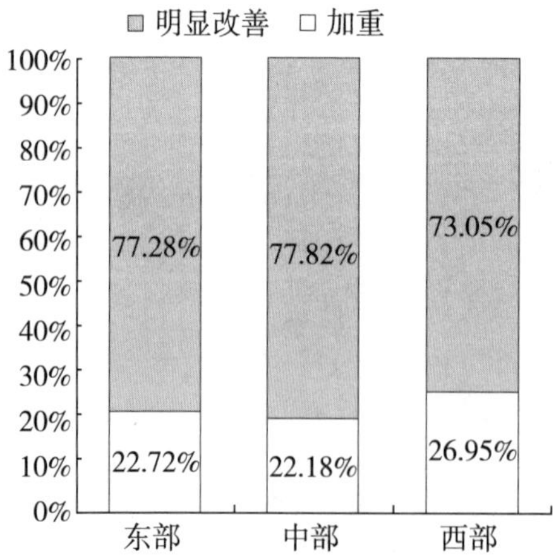

图 11.42　近年来地方保护情况（地区）

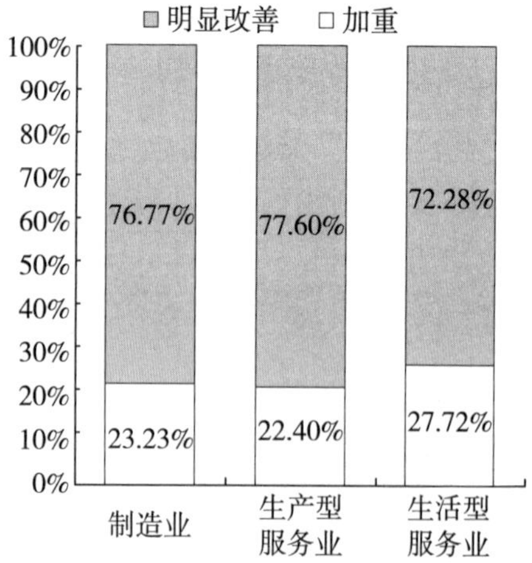

图 11.43　近年来地方保护情况（行业）

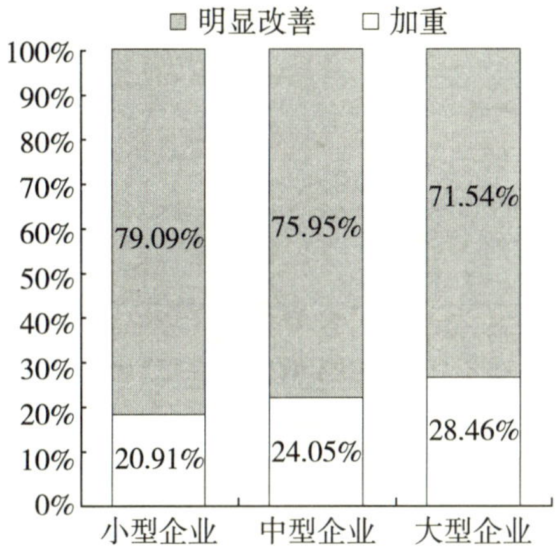

图 11.44　近年来地方保护情况（规模）

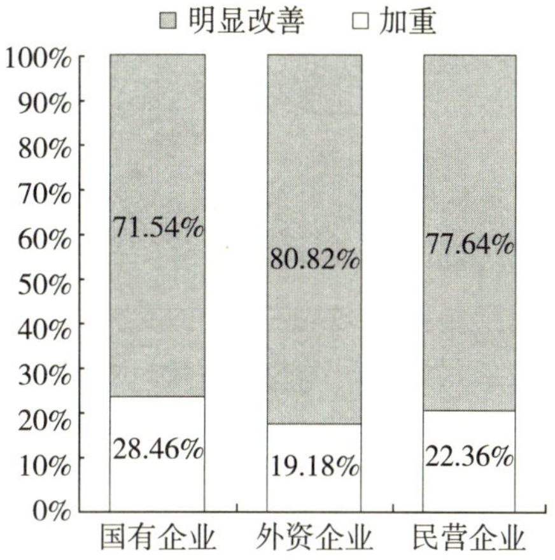

图 11.45　近年来地方保护情况（所有制）

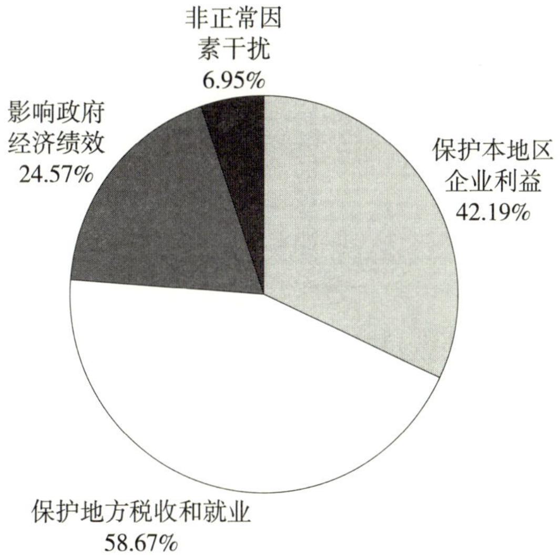

图 11.46　地方保护产生的主要原因（总体）

3. 地方保护产生的主要原因。总体而言，多数参与调研的企业（58.67%）认为，保护地方税收和就业是地方保护产生的主要原因。按地区、行业、规模和所有制划分的情况，参见图 11.47、图 11.48、图 11.49 和图 11.50。

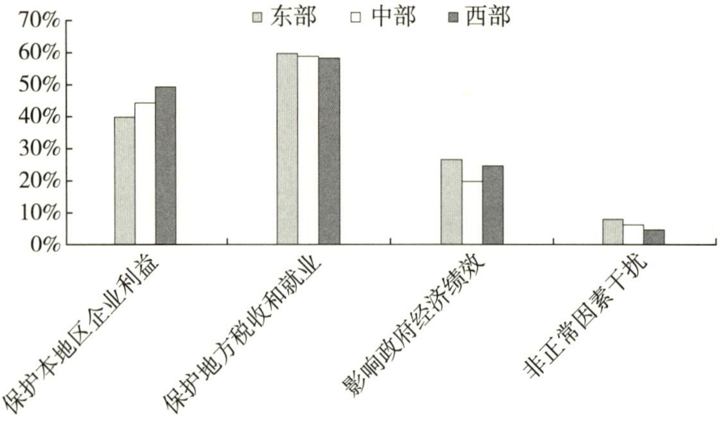

图 11.47　地方保护产生的主要原因（地区）

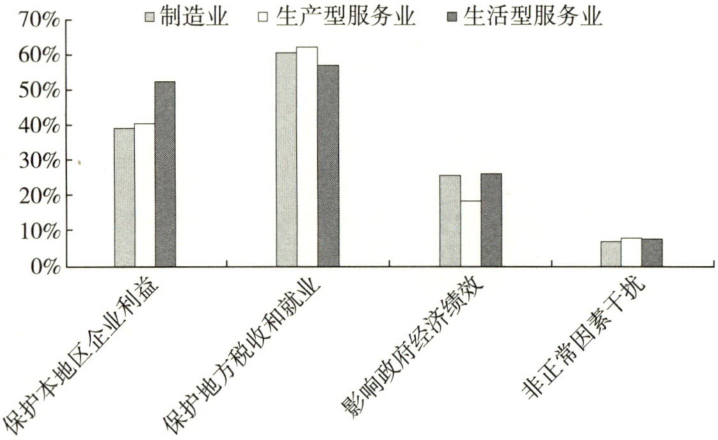

图 11.48　地方保护产生的主要原因（行业）

4. 企业在海外投资中遇到的主要问题。参与调研的企业中，有 44.15% 认为自身在海外投资中遇到的首要问题是贸易壁垒。

从规模角度看，43.03% 的小型企业和 44.69% 的中型企业认为，自身在海外投资时遇到的首要问题是贸易壁垒；43.21% 的大型企业则认为是政治和法律风险。

从所有制角度看，40.12% 的国有企业、42.55% 的外资企业和 47.38%

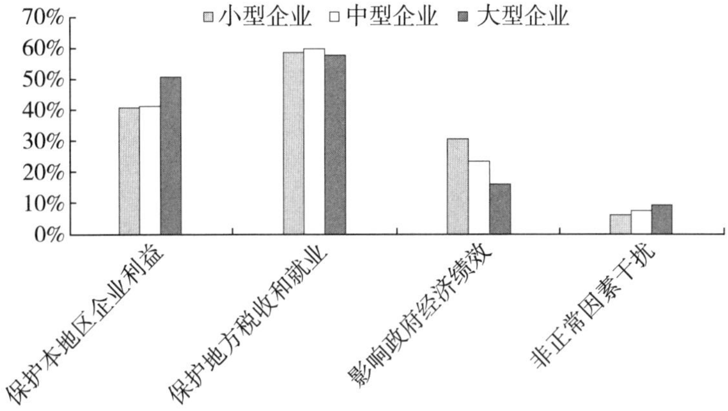

图 11.49　地方保护产生的主要原因（规模）

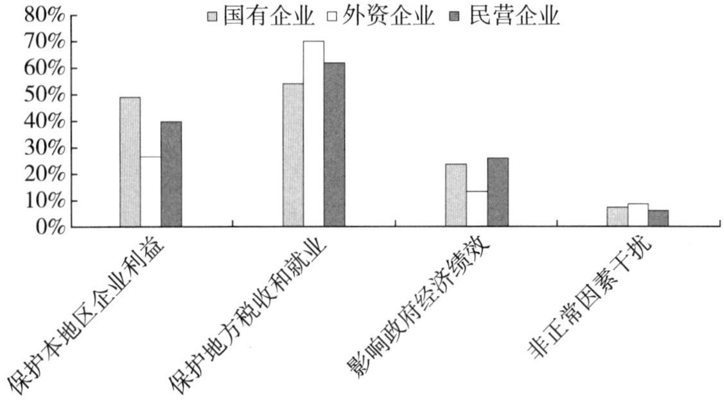

图 11.50　地方保护产生的主要原因（所有制）

的民营企业认为，自身在海外投资时遇到的首要问题是贸易壁垒。

从地区角度看，43.86% 的东部企业和 52.94% 的中部地区企业认为，自身在海外投资时遇到的首要问题是贸易壁垒；37.96% 的西部地区企业则认为是政治和法律风险。

从行业角度看，44.78% 的制造业企业和 41.58% 的生产型服务业企业认为，自身在海外投资时遇到的首要问题是贸易壁垒；40% 的生活型服务业企业则认为是政治和法律风险。

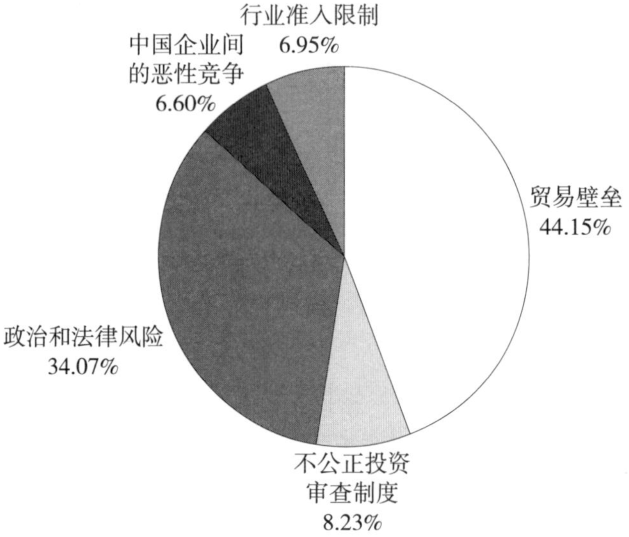

图 11.51　企业在海外投资中遇到的首要问题（总体）

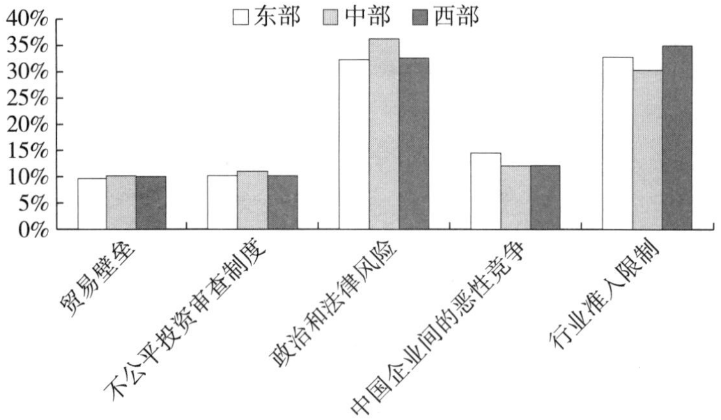

图 11.52　企业在海外投资中遇到的首要问题（地区）

5. 政府在支持中国企业走出去方面需要改进的地方。就调查总体而言，57.38%的企业表示，政府在支持企业“走出去”的工作中，首先需要改进的方面是“完善对外投资的政策和法规，实现对外投资的便利化”。

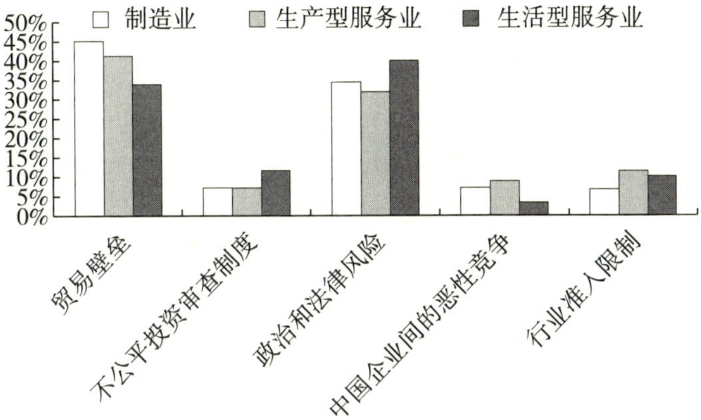

图 11.53　企业在海外投资中遇到的首要问题（行业）

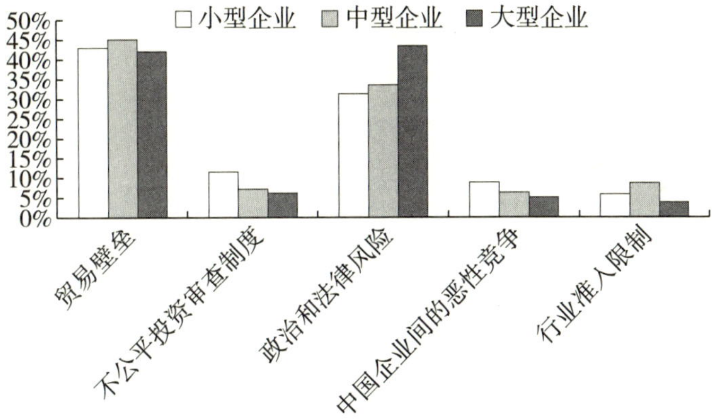

图 11.54　企业在海外投资中遇到的首要问题（规模）

从地区角度看，多数企业认为，政府在支持企业“走出去”的工作中，首先需要改进的方面是“完善对外投资的政策和法规，实现对外投资的便利化”。

从行业角度看，多数企业认为，政府在支持企业“走出去”的工作中，首先需要改进的方面是“完善对外投资的政策和法规，实现对外投资的便利化”。

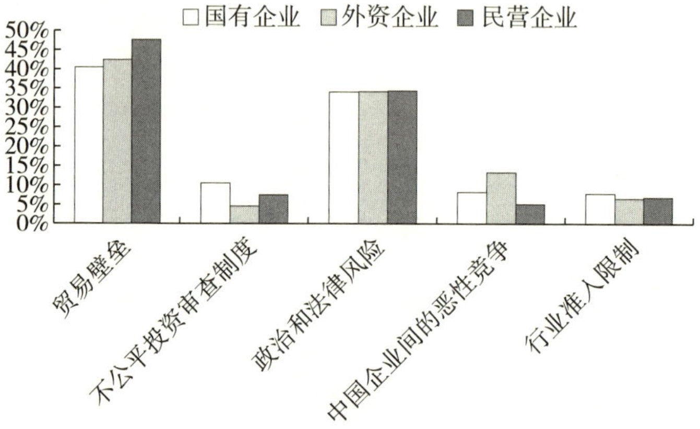

图 11.55　企业在海外投资中遇到的首要问题（所有制）

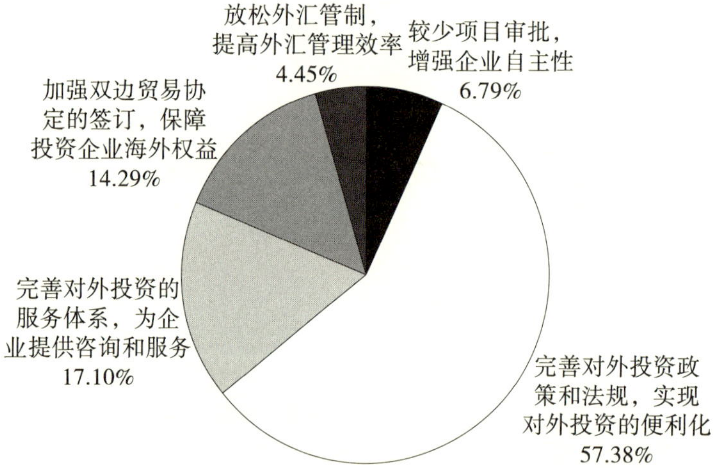

图 11.56　政府在支持中国企业走出去方面首先需要改进的地方（总体）

从规模角度看，多数企业认为，政府在支持企业“走出去”的工作中，首先需要改进的方面是“完善对外投资的政策和法规，实现对外投资的便利化”。其中小型企业的比例为 60.36%，中型企业的比例为 56.35%，大型企业的比例为 57.02%。

从所有制角度看，多数企业认为，政府在支持企业“走出去”的工作

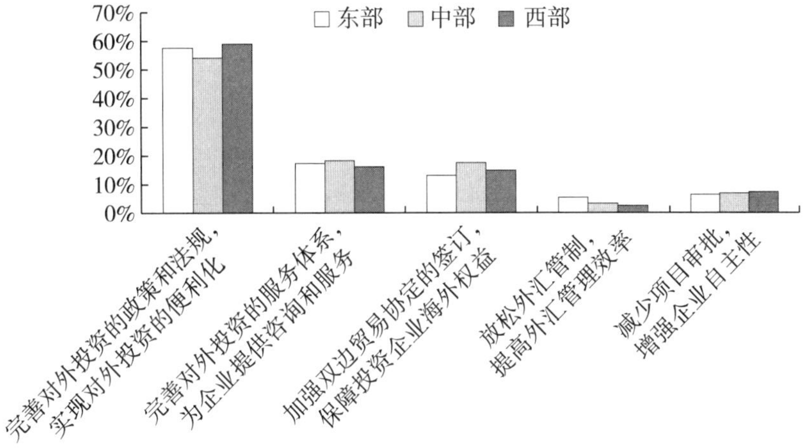

图 11.57　政府在支持中国企业走出去方面首先需要改进的地方（地区）

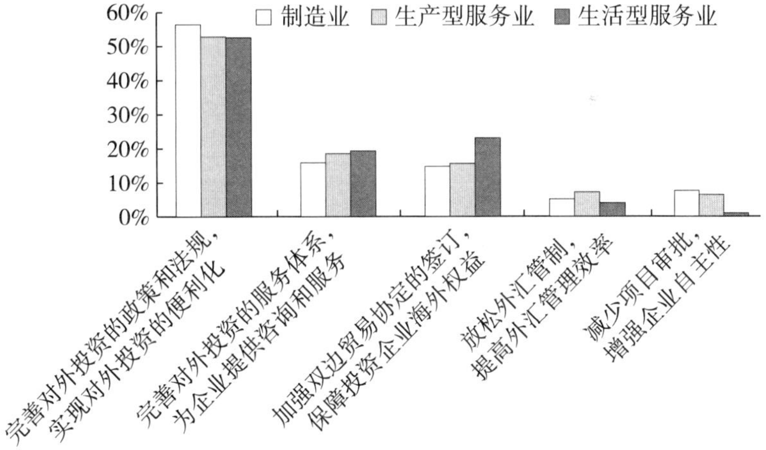

图 11.58　政府在支持中国企业走出去方面首先需要改进的地方（行业）

中，首先需要改进的方面是“完善对外投资的政策和法规，实现对外投资的便利化”。其中国有企业的比例为 54.99%，外资企业的比例为 53.85%，民营企业的比例为 58.89%。

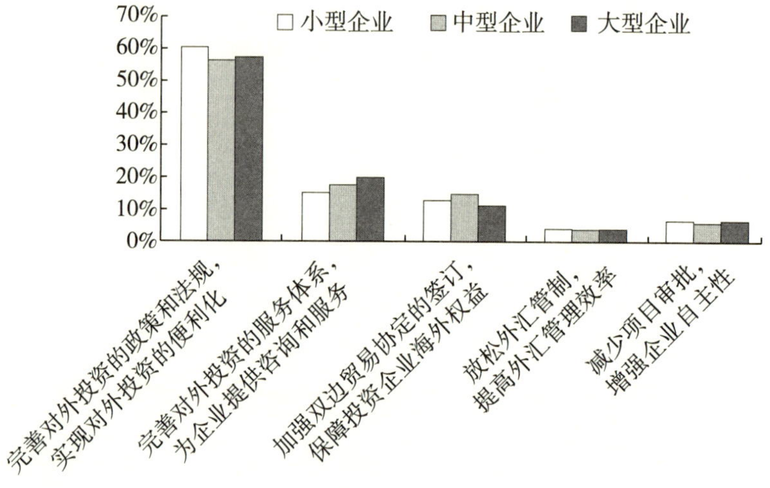

图 11.59　政府在支持中国企业走出去方面首先需要改进的地方（规模）

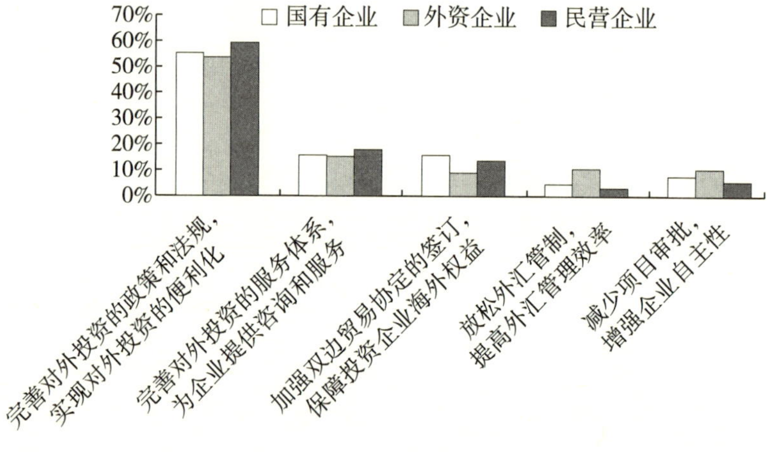

图 11.60　政府在支持中国企业走出去方面首先需要改进的地方（所有制）

6. 企业并购重组情况分析。企业在并购重组中经常会面临地方保护的影响。调研企业普遍认为，地方保护现象在近些年有所缓解。目前，企业面临的地方保护主要体现在政府对本地产品进行保护。调研企业认为，产生这种现象的主要原因是，地方政府为了保护地方税收和就业。解决地方保护现象应该从这两方面入手。要加强税收体制改革，解决税源地矛盾。建立健全社会培训体系，拓宽就业渠道。

总体上，调研企业认为，中国企业在海外并购时面临的主要问题依次是贸易壁垒、政治和法律风险以及行业准入限制。不同类型的企业对此问题的看法基本一致。企业希望在“走出去”的过程中，政府可以在完善对外投资法规和政策、完善对外投资服务体系、保护企业海外投资利益和简化审批程序等方面，给予企业支持。在企业看来，自身在海外投资时，经常会遇到政策和法规方面的障碍，因此希望政府可以加快完善现有的法规和政策体系。企业在“走出去”时，对投资所在地缺乏必要的信息，因此政府应该做好服务工作，为企业走出去提供完善的咨询服务。企业希望政府可以减少海外投资时的审批，为企业节省宝贵的时间。同时，政府要加强对企业海外投资的保护力度，成为中国企业在海外投资时的坚强后盾。

六、投资与建设审批

1. 近三年企业年均向政府申报、审批项目数（个）。就调研总体而言，近三年企业年均向政府申报、审批项目数为17.70个（SD＝52.69）。

按地区划分，东部地区近三年企业年均向政府申报、审批项目数为21.17个，中部地区为12.63个，西部地区为11.21个。

按行业划分，制造业近三年企业年均向政府申报、审批项目数为14.88个，生产型服务业为16.17个，生活型服务业为14.81个。

按规模划分，小型企业近三年企业年均向政府申报、审批项目数为12.43个，中型企业为19.02个，大型企业为31.12个。

按所有制划分，国有企业近三年企业年均向政府申报、审批项目数为17.44个，外资企业为8.81个，民营企业为18.56个。

2. 审批中“不必要的审批事项”占比（%）。就调研总体而言，企业认为审批中“不必要的审批事项”占比平均为13.46%（SD＝23.33）。

按地区划分，东部地区企业认为审批中“不必要的审批事项”占比平均为13.84%，中部地区企业占比平均为12.62%，西部地区企业占比平均为13.75%。

按行业划分，制造业企业认为审批中“不必要的审批事项”占比平均为14.22%，生产型服务业企业占比平均为9.53%，生活型服务业企业占比平均为13.5%。

按规模划分，小型企业认为审批中“不必要的审批事项”占比平均为14.19%，中型企业占比平均为13.73%，大型企业占比平均为17.68%。

按所有制划分，国有企业认为审批中“不必要的审批事项”占比平均为12.28%，外资企业占比平均为13.31%，民营企业占比平均为14.34%。

3. 审批中最长的审批时间跨度（天）。就调研总体而言，审批中最长的审批时间跨度平均为106.1天（SD=189.92）。

按地区划分，东部地区审批中最长的审批时间跨度平均为105.81天，中部地区为98.20天，西部地区为117.14天。

按行业划分，制造业审批中最长的审批时间跨度平均为104.79天，生产型服务业为101.34天，生活型服务业为71.19天。

按规模划分，小型企业审批中最长的审批时间跨度平均为99.78天，中型企业为111.82天，大型企业为137.78天。

按所有制划分，国有企业审批中最长的审批时间跨度平均为107.28天，外资企业为107.02天，民营企业为105.85天。

4. 审批中最长的审批涉及审批程序数。就调研总体而言，审批中最长的审批涉及审批程序数平均为5.33道（SD=15.41）。

按地区划分，东部地区审批中最长的审批涉及审批程序数平均为5.20道，中部地区为6.23道，西部地区为5.02道。

按行业划分，制造业审批中最长的审批涉及审批程序数平均为4.99道，生产型服务业为 4.07 道，生活型服务业为 3.77 道。

按规模划分，小型企业审批中最长的审批涉及审批程序数平均为 4.48 道，中型企业为 6.08 道，大型企业为 6.73 道。

按所有制划分，国有企业审批中最长的审批涉及审批程序数平均为 5.64 道，外资企业为 3.75 道，民营企业为 5.32 道。

5. 行政审批中需要改进的地方。总体而言，对于审批中需要改进的地方，参与调研的所有企业中，56.34% 的企业提到提高审批效率，落实限时办结制；48.89% 的企业提到减少审批层级，明确各级部门审批权限；36.15% 的企业提到增加关于审批标准和流程的透明度；34.81% 的企业提到减少审批事项，放松管制。

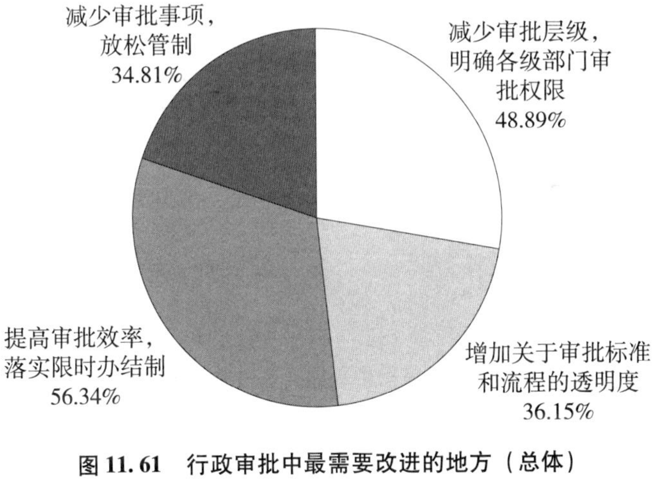

图 11.61　行政审批中最需要改进的地方（总体）

按地区划分

东部地区：47.93% 的企业提到减少审批层级，明确各级部门审批权限；35.70% 的企业提到增加关于审批标准和流程的透明度；56.22% 的企业提到提高审批效率，落实限时办结制；35.81% 的企业提到减少审批事项，放松管制。

中部地区：49.66% 的企业提到减少审批层级，明确各级部门审批权限；

32.99% 的企业提到增加关于审批标准和流程的透明度；52.04% 的企业提到提高审批效率，落实限时办结制；32.99% 的企业提到减少审批事项，放松管制。

西部地区：52.04% 的企业提到减少审批层级，明确各级部门审批权限；42.01% 的企业提到增加关于审批标准和流程的透明度；62.83% 的企业提到提高审批效率，落实限时办结制；32.34% 的企业提到减少审批事项，放松管制。

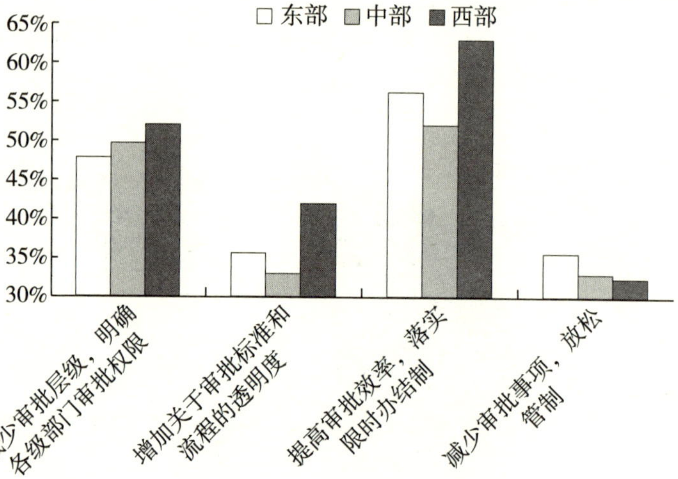

图 11.62　行政审批中最需要改进的地方（地区）

按行业划分

制造业：48.38% 的企业提到减少审批层级，明确各级部门审批权限；33.33% 的企业提到增加关于审批标准和流程的透明度；58.46% 的企业提到提高审批效率，落实限时办结制；33.96% 的企业提到减少审批事项，放松管制。

生产型服务业：43.30% 的企业提到减少审批层级，明确各级部门审批权限；38.14% 的企业提到增加关于审批标准和流程的透明度；50% 的企业提到提高审批效率，落实限时办结制；33.51% 的企业提到减少审批事项，放松管制。

生活型服务业：44.55%的企业提到减少审批层级，明确各级部门审批权限；39.60%的企业提到增加关于审批标准和流程的透明度；58.42%的企业提到提高审批效率，落实限时办结制；41.58%的企业提到减少审批事项，放松管制。

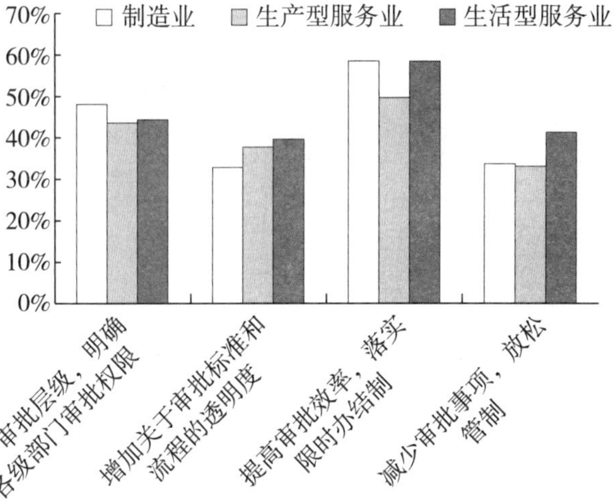

图 11.63　行政审批中最需要改进的地方（行业）

按规模划分

小型企业：46.71%的企业提到减少审批层级，明确各级部门审批权限；35.09%的企业提到增加关于审批标准和流程的透明度；53.95%的企业提到提高审批效率，落实限时办结制；34.43%的企业提到减少审批事项，放松管制。

中型企业：48.85%的企业提到减少审批层级，明确各级部门审批权限；34.87%的企业提到增加关于审批标准和流程的透明度；59.16%的企业提到提高审批效率，落实限时办结制；34.33%的企业提到减少审批事项，放松管制。

大型企业：47.79%的企业提到减少审批层级，明确各级部门审批权限；38.97%的企业提到增加关于审批标准和流程的透明度；50%的企业提到提高审批效率，落实限时办结制；45.59%的企业提到减少审批事项，放松管制。

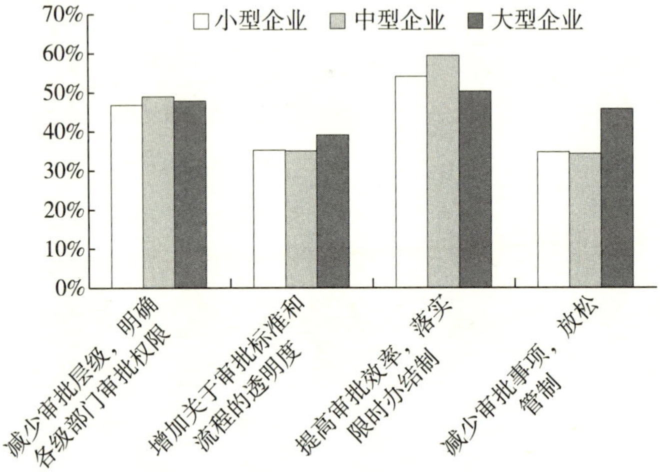

图 11.64 行政审批中最需要改进的地方（规模）

按所有制划分

国有企业：47.83%的企业提到减少审批层级，明确各级部门审批权限；37.22%的企业提到增加关于审批标准和流程的透明度；51.48%的企业提到提高审批效率，落实限时办结制；36.87%的企业提到减少审批事项，放松管制。

外资企业：46.25%的企业提到减少审批层级，明确各级部门审批权限；22.50%的企业提到增加关于审批标准和流程的透明度；53.75%的企业提到提高审批效率，落实限时办结制；33.75%的企业提到减少审批事项，放松管制。

民营企业：50%的企业提到减少审批层级，明确各级部门审批权限；36.92%的企业提到增加关于审批标准和流程的透明度；60.05%的企业提到提高审批效率，落实限时办结制；33.29%的企业提到减少审批事项，放松管制。

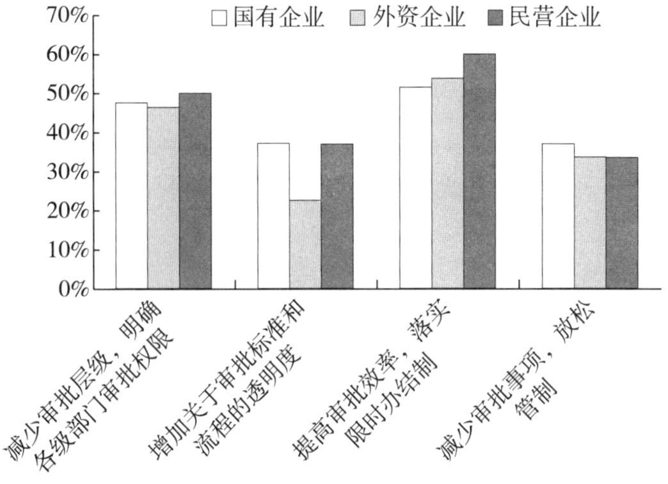

图 11.65　行政审批中最需要改进的地方（所有制）

6. 企业审批情况分析。政府审批多，是企业在经营过程中普遍反映的问题。目前，企业的审批数量仍然偏多，且不同企业面临的审批数量也不同。东部地区由于经济发达，企业开展的项目多，所以每年向政府申报的审批项目远远高于西部地区的企业。由于我国经济处于下行周期，制造业的经济活力下降，而生产型服务业作为下一阶段重点扶植的行业，经济活力处于高峰期，所以两个行业每年申报审批的数量有显著的差别。在经济下行周期中，小型企业受不利环境影响大，而大型企业抗风险能力强，在经济下行的环境中仍能保持较高活力。因此，大型企业审批项目的申报数量远高于小型企业。

在企业每年申报的审批中，多数审批在企业看来还是有必要的。从数据分布看，该问题呈现出地区、行业、规模和所有制差别。如东部地区的企业认为，应该在行政审批方面给自己松绑，使企业创造出更大的活力，是三个地区中认为不必要审批比例最高的地区。制造业企业在经济下行周期中，急需从政策层面给予扶持，减少过多的行政审批事项，使自身可以更加灵活地应对不太理想的外部经济环境。多数大型企业项目多，因此对减少行政审批的呼声也最高。民营企业的经营机制高度灵活，因此对审批制度束缚的反应也最为强烈。

西部地区的行政效率较低，因此西部地区企业等待批复的时间也最长。多数制造业企业为传统行业，监管部门多，因此企业等待批复的时间也超过其他两个行业。国有企业和大型企业等待批复时间长的原因也都是由于其监管部门较多。

作为传统产业的制造业，其监管部门较多，因此企业审批涉及的部门数量要大大超过其他两类行业。大型企业受监管部门关注度高，企业产业链长，因此审批涉及的部门也最多。外资企业审批涉及部门数量低于内资企业说明，外资企业在一定程度上仍然享受超国民待遇，政府对外资企业审批力度较内资企业小。

对于政府审批制度的改革，不同类别的企业一致认为要提高审批效率，落实限时办结制，为企业的经营节省时间。

七、创新环境

1. 企业是否遭遇过知识产权侵权行为。总体而言，参与调研的所有企业中，41.59%的企业遭遇过知识产权侵权行为，58.41%的企业没有遭遇过知识产权侵权行为。按地区、行业、规模及所有制划分，企业是否遭遇过知识产权侵权行为的具体情况，参见图 11.66、图 11.67、图 11.68 和图 11.69。

2. 如遭遇过，是否严重。总体上，参与调研的所有企业中，33.18%的企业表示遭遇过的知识产权侵权严重，66.82%的企业表示遭遇过的知识产权侵权不严重。按地区、行业、规模及所有制划分，企业遭遇过的知识产权侵权是否严重的具体情况参见图 11.70、图 11.71、图 11.72 和图 11.73。

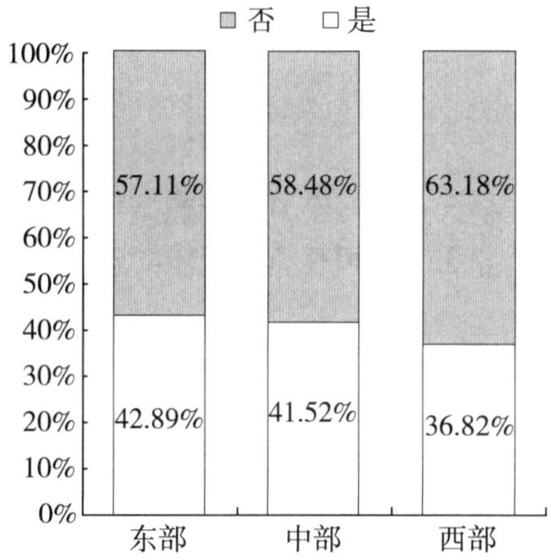

图 11.66　企业是否遭遇过知识产权侵权行为（地区）

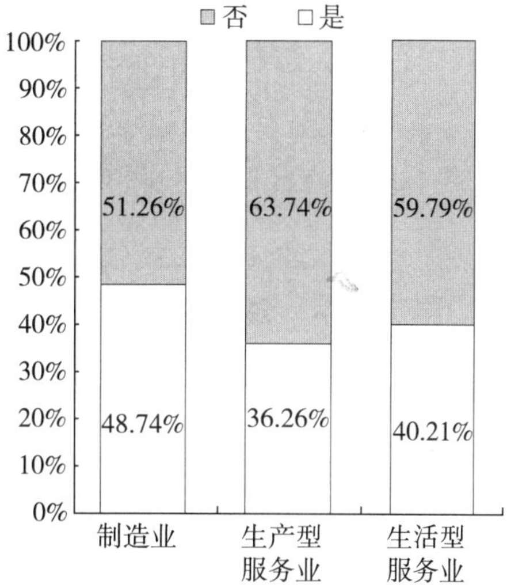

图 11.67　企业是否遭遇过知识产权侵权行为（行业）

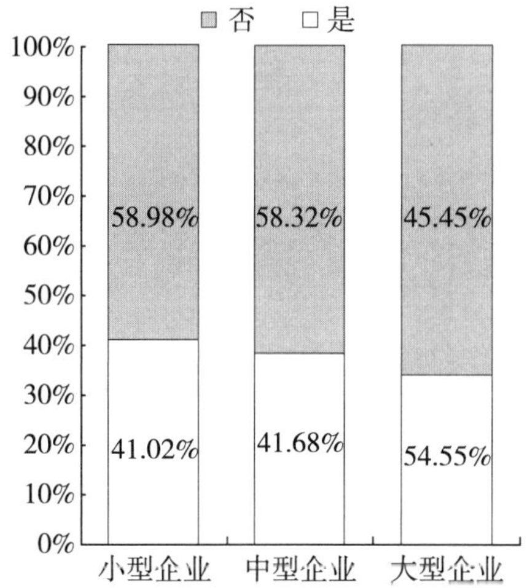

图 11.68　企业是否遭遇过知识产权侵权行为（规模）

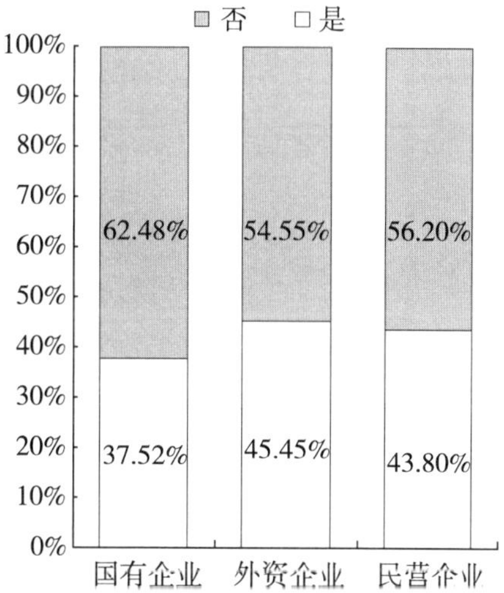

图 11.69　企业是否遭遇过知识产权侵权行为（所有制）

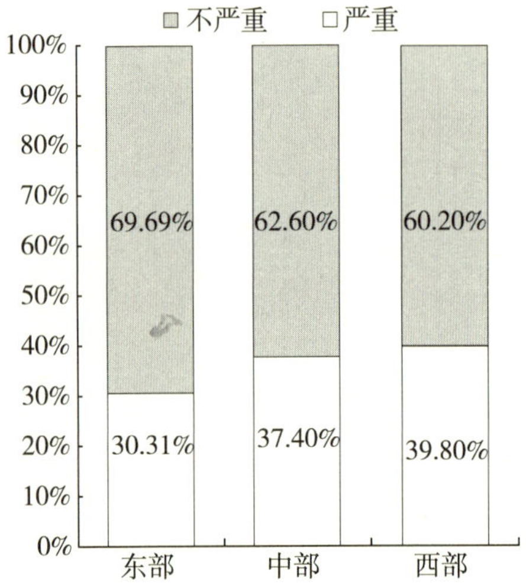

图 11.70　企业遭遇知识产权侵权行为是否严重（地区）

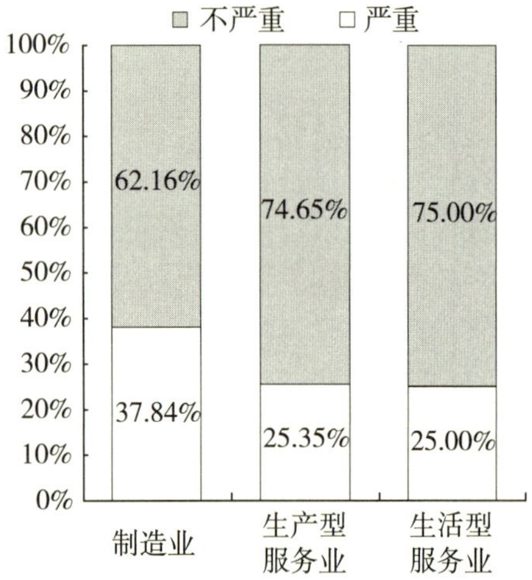

图 11.71　企业遭遇知识产权侵权行为是否严重（行业）

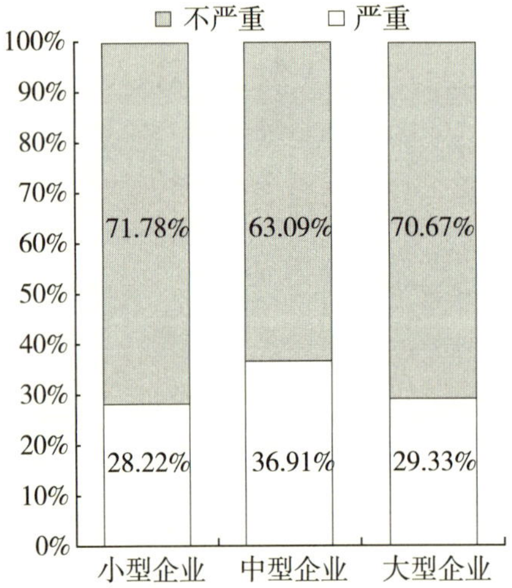

图 11.72　企业遭遇知识产权侵权行为是否严重（规模）

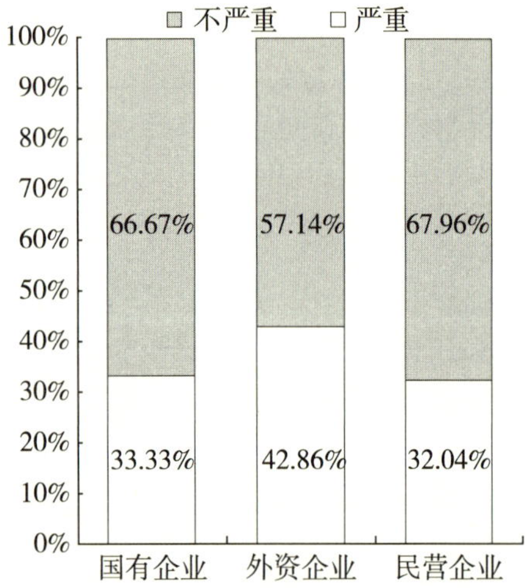

图 11.73　企业遭遇知识产权侵权行为是否严重（所有制）

3. 企业采取法律手段保护知识产权是否有效。总体而言，参与调研的所有企业中，83.43%的企业表示采取法律手段保护知识产权有效，16.67%的企业表示采取法律手段保护知识产权无效。按地区、行业、规模及所有制划分，企业采取法律手段保护知识产权是否有效的具体情况，参见图 11.74、图 11.75、图 11.76 和图 11.77。

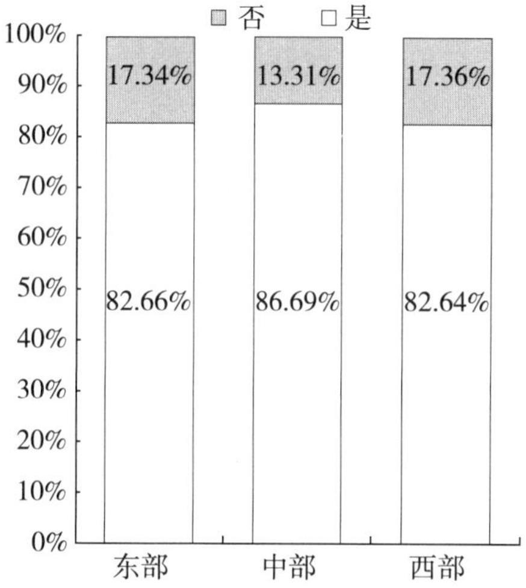

图 11.74　企业采取法律手段保护知识产权是否有效（地区）

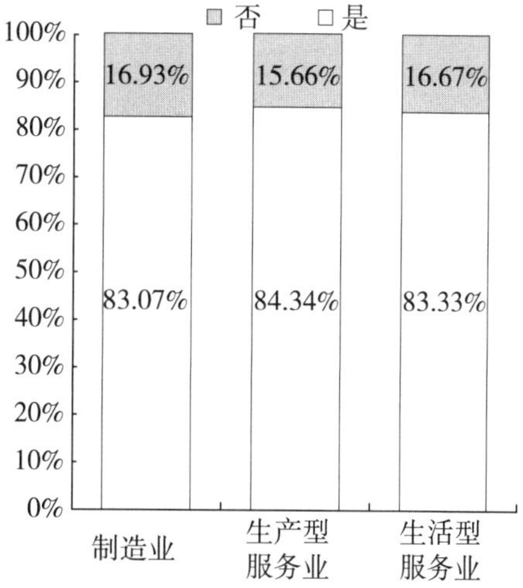

图 11.75　企业采取法律手段保护知识产权是否有效（行业）

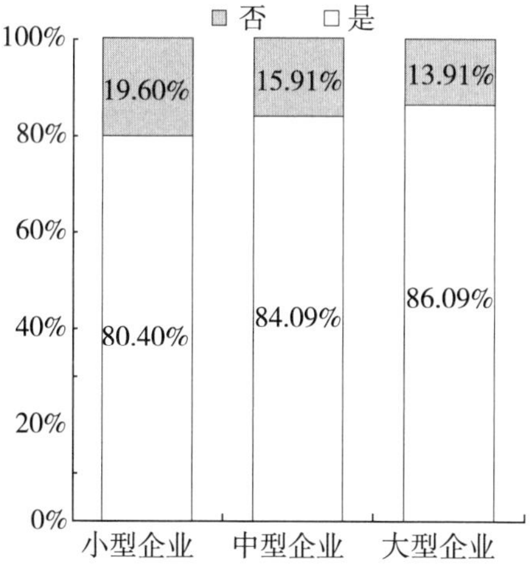

图 11.76　企业采取法律手段保护知识产权是否有效（规模）

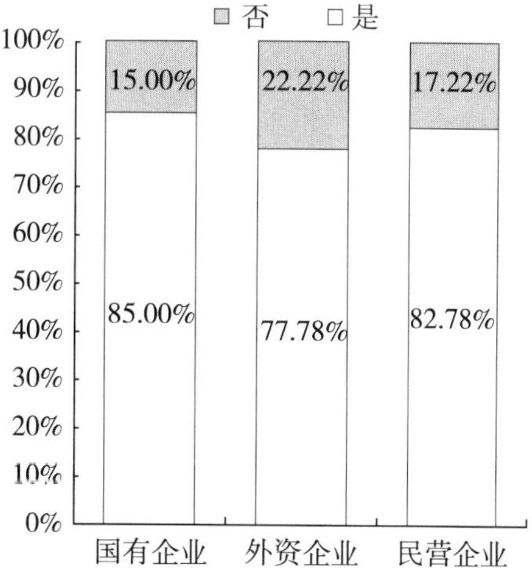

图 11.77　企业采取法律手段保护知识产权是否有效（所有制）

4. 采取法律手段保护知识产权无效的原因。总体而言，对于采取法律手段无效的主要原因，参与调研的所有企业中，28.04%的企业提到法律制度不完善，32.17%的企业提到诉讼成本太高，51.52%的企业提到执行效果不明显，6.74%的企业提到地方政府干预，5.00%的企业表示判决不公正。

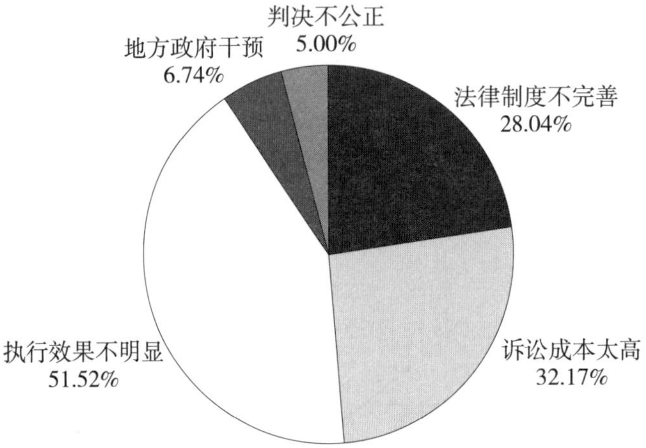

图 11.78 采取法律手段保护知识产权无效的原因（总体）

按地区划分

东部地区：28.37%的企业提到法律制度不完善，33.33%的企业提到诉讼成本太高，50.71%的企业提到执行效果不明显，7.09%的企业提到地方政府干预，4.61%的企业表示判决不公正。

中部地区：27.55%的企业提到法律制度不完善，29.59%的企业提到诉讼成本太高，51.02%的企业提到执行效果不明显，5.10%的企业提到地方政府干预，5.10%的企业表示判决不公正。

西部地区：25.97%的企业提到法律制度不完善，32.47%的企业提到诉讼成本太高，55.84%的企业提到执行效果不明显，7.79%的企业提到地方政府干预，6.49%的企业表示判决不公正。

按行业划分

制造业：28.09%的企业提到法律制度不完善，34.46%的企业提到诉讼

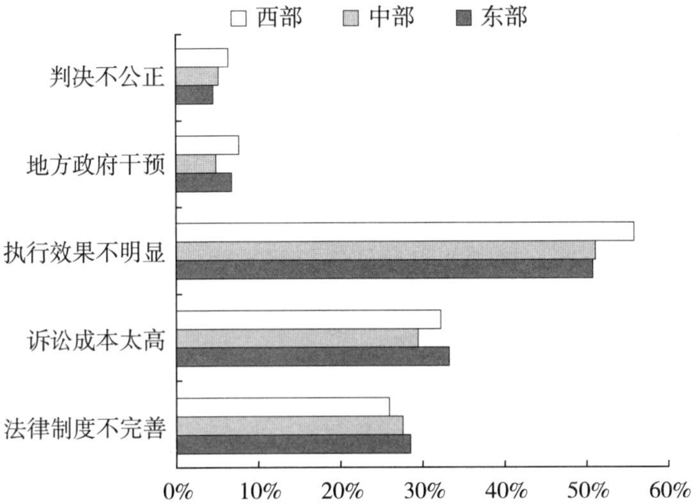

图 11.79 采取法律手段保护知识产权无效的原因（地区）

成本太高，54.68%的企业提到执行效果不明显，8.24%的企业提到地方政府干预，4.12%的企业表示判决不公正。

生产型服务业：24.53%的企业提到法律制度不完善，32.08%的企业提到诉讼成本太高，43.40%的企业提到执行效果不明显，9.43%的企业表示判决不公正。

生活型服务业：27.27%的企业提到法律制度不完善，33.33%的企业提到诉讼成本太高，51.52%的企业提到执行效果不明显，3.03%的企业提到地方政府干预，3.03%的企业表示判决不公正。

按规模划分

小型企业：28.76%的企业提到法律制度不完善，33.33%的企业提到诉讼成本太高，52.29%的企业提到执行效果不明显，5.23%的企业提到地方政府干预，4.58%的企业表示判决不公正。

中型企业：30.00%的企业提到法律制度不完善，32.73%的企业提到诉讼成本太高，45.91%的企业提到执行效果不明显，8.64%的企业提到地方政

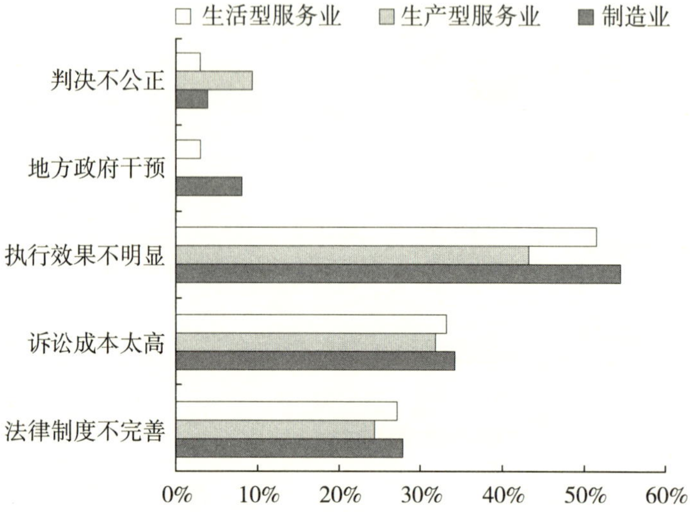

图 11.80　采取法律手段保护知识产权无效的原因（行业）

府干预，6.36%的企业表示判决不公正。

大型企业：13.64%的企业提到法律制度不完善，25.00%的企业提到诉讼成本太高，70.45%的企业提到执行效果不明显，4.55%的企业提到地方政府干预，2.27%的企业表示判决不公正。

按所有制划分

国有企业：23.95%的企业提到法律制度不完善，28.14%的企业提到诉讼成本太高，51.50%的企业提到执行效果不明显，6.59%的企业提到地方政府干预，5.39%的企业表示判决不公正。

外资企业：39.29%的企业提到法律制度不完善，25.00%的企业提到诉讼成本太高，39.29%的企业提到执行效果不明显，14.29%的企业提到地方政府干预。

民营企业：29.66%的企业提到法律制度不完善，35.74%的企业提到诉讼成本太高，52.47%的企业提到执行效果不明显，6.08%的企业提到地方政府干预，5.32%的企业表示判断不公正。

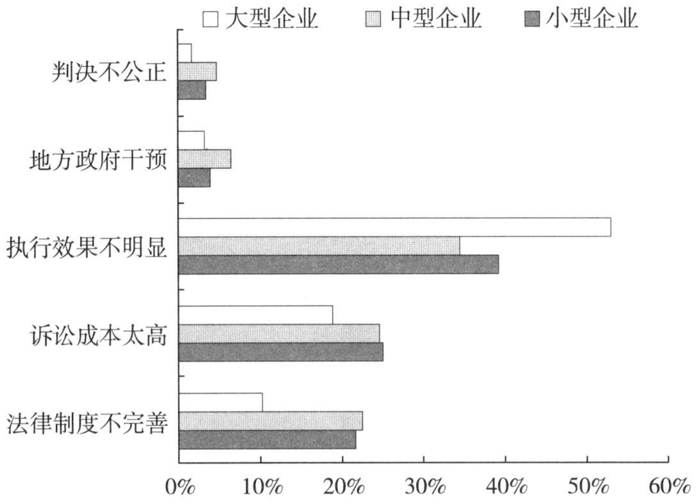

图 11.81　采取法律手段保护知识产权无效的原因（规模）

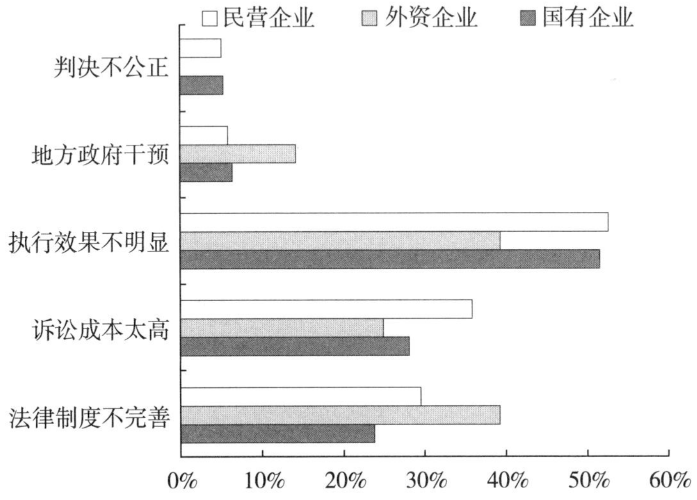

图 11.82　采取法律手段保护知识产权无效的原因（所有制）

5. 影响企业创新意愿的主要因素。总体而言，对于影响企业创新意愿的主要因素，参与调研的所有企业中：51.33%的企业认为存在“创新门槛高、周期长、风险大，不如产能扩张稳妥”的因素；23.82%的企业认为存在

“行业利润严重失衡，投资创新不如房地产、金融业的比较收益高”的因素；27.99%的企业认为存在“知识产权、专利保护、人才等不到位”的因素；2.18%的企业认为存在“政府过度激励影响创新自主性”的因素；42.80%的企业认为存在“创新缺乏人才和技术来源”的因素；10.10%的企业认为存在“融资难”的因素。

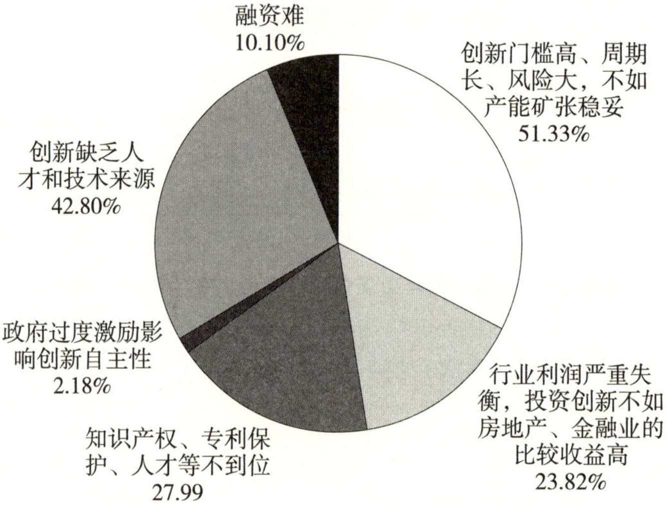

图 11.83　影响企业创新意愿的主要因素（总体）

按地区划分

东部地区：51.61%的企业认为存在“创新门槛高、周期长、风险大，不如产能扩张稳妥”的因素；23.48%的企业认为存在“行业利润严重失衡，投资创新不如房地产、金融业的比较收益高”的因素；27.46%的企业认为存在“知识产权、专利保护、人才等不到位”的因素；2.21%的企业认为存在“政府过度激励影响创新自主性”的因素；42.30%的企业认为存在“创新缺乏人才和技术来源”的因素；8.31%的企业认为存在“融资难”的因素。

中部地区：50.00%的企业认为存在“创新门槛高、周期长、风险大，不如产能扩张稳妥”的因素；27.08%的企业认为存在“行业利润严重失衡，投资创新不如房地产、金融业的比较收益高”的因素；27.08%的企业认为存在

“知识产权、专利保护、人才等不到位”的因素；1.39%的企业认为存在“政府过度激励影响创新自主性”的因素；40.97%的企业认为存在“创新缺乏人才和技术来源”的因素；13.19%的企业认为存在“融资难”的因素。

西部地区：52.65%的企业认为存在“创新门槛高、周期长、风险大，不如产能扩张稳妥”的因素；21.21%的企业认为存在“行业利润严重失衡，投资创新不如房地产、金融业的比较收益高”的因素；31.44%的企业认为存在“知识产权、专利保护、人才等不到位”的因素；3.03%的企业认为存在“政府过度激励影响创新自主性”的因素；46.97%的企业认为存在“创新缺乏人才和技术来源”的因素；13.26%的企业认为存在“融资难”的因素。

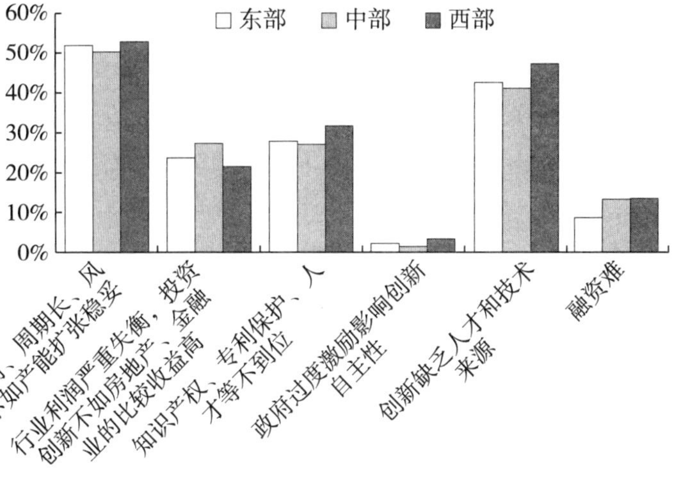

图 11.84　影响企业创新意愿的主要因素（地区）

按行业划分

制造业：49.06%的企业认为存在“创新门槛高、周期长、风险大，不如产能扩张稳妥”的因素；25.16%的企业认为存在“行业利润严重失衡，投资创新不如房地产、金融业的比较收益高”的因素；28.04%的企业认为存在“知识产权、专利保护、人才等不到位”的因素；1.75%的企业认为存在“政府过度激励影响创新自主性”的因素；46.56%的企业认为存在“创新缺乏人才和技术来源”的因素；8.89%的企业认为存在“融资难”的因素。

生产型服务业：52.41%的企业认为存在“创新门槛高、周期长、风险大，不如产能扩张稳妥”的因素；21.39%的企业认为存在“行业利润严重失衡，投资创新不如房地产、金融业的比较收益高”的因素；29.95%的企业认为存在“知识产权、专利保护、人才等不到位”的因素；1.60%的企业认为存在“政府过度激励影响创新自主性”的因素；34.76%的企业认为存在“创新缺乏人才和技术来源”的因素；9.09%的企业认为存在“融资难”的因素。

生活型服务业：55.21%的企业认为存在“创新门槛高、周期长、风险大，不如产能扩张稳妥”的因素；26.04%的企业认为存在“行业利润严重失衡，投资创新不如房地产、金融业的比较收益高”的因素；25.00%的企业认为存在“知识产权、专利保护、人才等不到位”的因素；2.08%的企业认为存在“政府过度激励影响创新自主性”的因素；40.63%的企业认为存在“创新缺乏人才和技术来源”的因素；10.42%的企业认为存在“融资难”的因素。

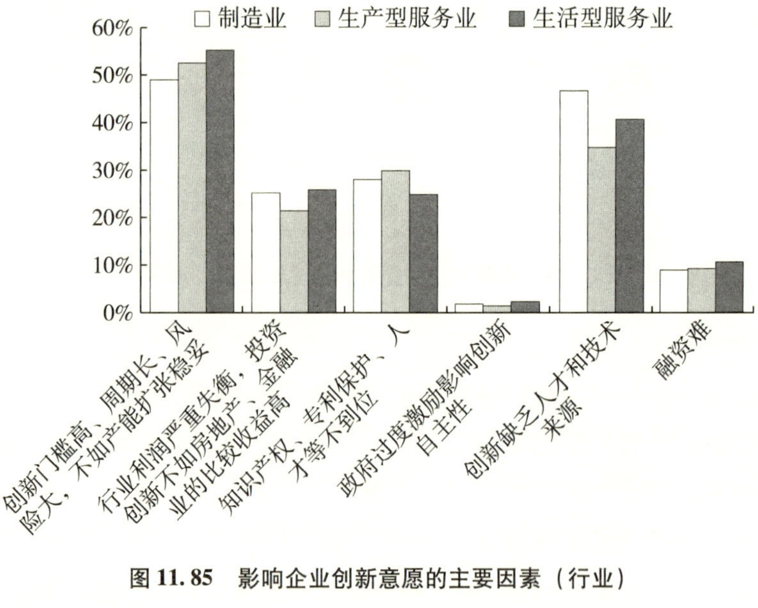

图11.85　影响企业创新意愿的主要因素（行业）

按规模划分

小型企业：52.13%的企业认为存在“创新门槛高、周期长、风险大，不如产能扩张稳妥”的因素；23.37%的企业认为存在“行业利润严重失衡，投资创新不如房地产、金融业的比较收益高”的因素；29.89%的企业认为存在“知识产权、专利保护、人才等不到位”的因素；1.57%的企业认为存在“政府过度激励影响创新自主性”的因素；41.80%的企业认为存在“创新缺乏人才和技术来源”的因素；11.46%的企业认为存在“融资难”的因素。

中型企业：49.79%的企业认为存在“创新门槛高、周期长、风险大，不如产能扩张稳妥”的因素；23.53%的企业认为存在“行业利润严重失衡，投资创新不如房地产、金融业的比较收益高”的因素；26.40%的企业认为存在“知识产权、专利保护、人才等不到位”的因素；1.92%的企业认为存在“政府过度激励影响创新自主性”的因素；43.78%的企业认为存在“创新缺乏人才和技术来源”的因素；9.85%的企业认为存在“融资难”的因素。

大型企业：52.63%的企业认为存在“创新门槛高、周期长、风险大，不如产能扩张稳妥”的因素；23.31%的企业认为存在“行业利润严重失衡，投资创新不如房地产、金融业的比较收益高”的因素；26.32%的企业认为存在“知识产权、专利保护、人才等不到位”的因素；3.01%的企业认为存在“政府过度激励影响创新自主性”的因素；48.12%的企业认为存在“创新缺乏人才和技术来源”的因素；6.02%的企业认为存在“融资难”的因素。

按所有制划分

国有企业：50.54%的企业认为存在“创新门槛高、周期长、风险大，不如产能扩张稳妥”的因素；23.21%的企业认为存在“行业利润严重失衡，投资创新不如房地产、金融业的比较收益高”的因素；26.43%的企业认为存在“知识产权、专利保护、人才等不到位”的因素；2.86%的企业认为存在“政府过度激励影响创新自主性”的因素；42.14%的企业认为存在“创新缺乏人才和技术来源”的因素；11.79%的企业认为存在“融资难”的因素。

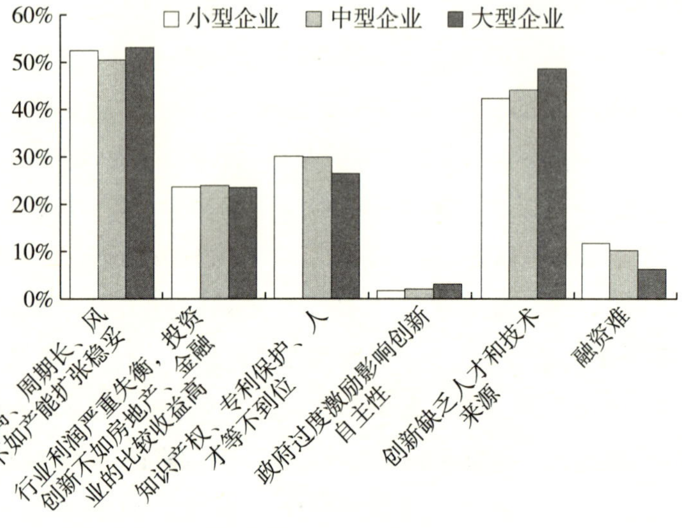

图 11.86　影响企业创新意愿的主要因素（规模）

外资企业：44.00%的企业认为存在“创新门槛高、周期长、风险大，不如产能扩张稳妥”的因素；28.00%的企业认为存在“行业利润严重失衡，投资创新不如房地产、金融业的比较收益高”的因素；29.33%的企业认为存在“知识产权、专利保护、人才等不到位”的因素；2.67%的企业认为存在“政府过度激励影响创新自主性”的因素；32.00%的企业认为存在“创新缺乏人才和技术来源”的因素；6.67%的企业认为存在“融资难”的因素。

民营企业：52.62%的企业认为存在“创新门槛高、周期长、风险大，不如产能扩张稳妥”的因素；23.87%的企业认为存在“行业利润严重失衡，投资创新不如房地产、金融业的比较收益高”的因素；28.99%的企业认为存在“知识产权、专利保护、人才等不到位”的因素；1.71%的企业认为存在“政府过度激励影响创新自主性”的因素；44.34%的企业认为存在“创新缺乏人才和技术来源”的因素；9.38%的企业认为存在“融资难”的因素。

6. 研发费用税前抵扣政策是否得到了有效落实。总体而言，参与调研的所有企业中，76.56%的企业认为研发费用税前抵扣政策得到了有效落实，

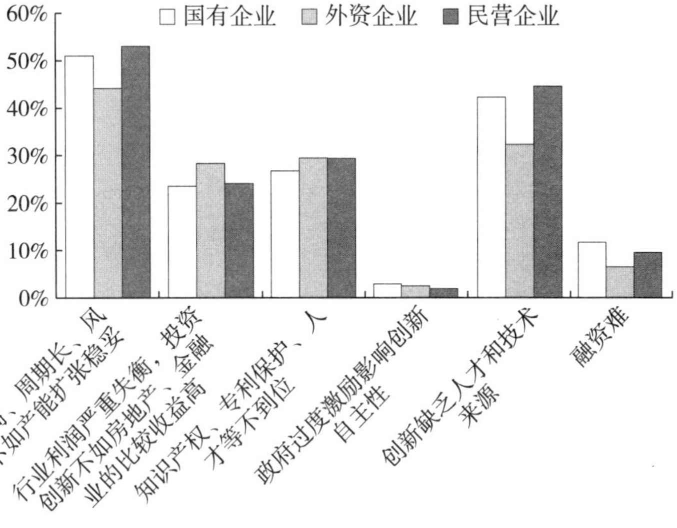

图 11.87　影响企业创新意愿的主要因素（所有制）

23.44%的企业认为研发费用税前抵扣政策没有得到有效落实。按地区、行业、规模及所有制划分，研发费用税前抵扣政策是否得到有效落实的具体情况参见图 11.88、图 11.89、图 11.90 和图 11.91。

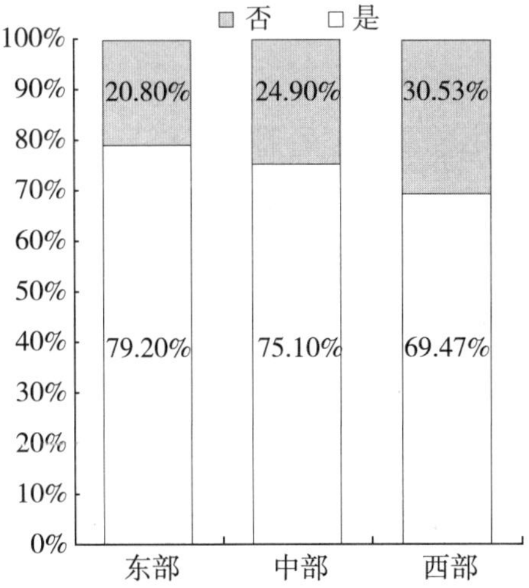

图 11.88　研发费用税前抵扣政策是否得到有效落实（地区）

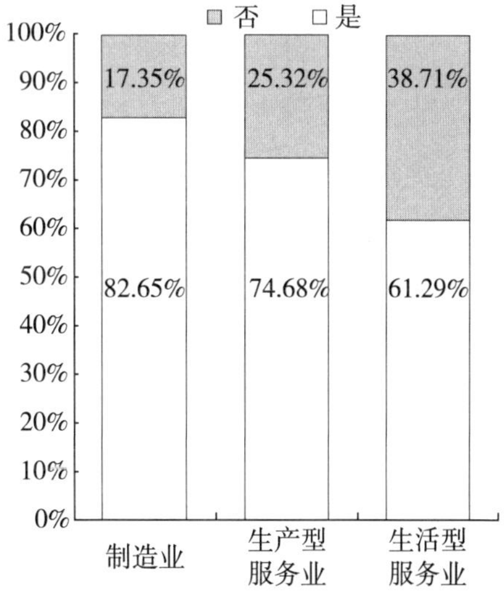

图 11.89　研发费用税前抵扣政策是否得到有效落实（行业）

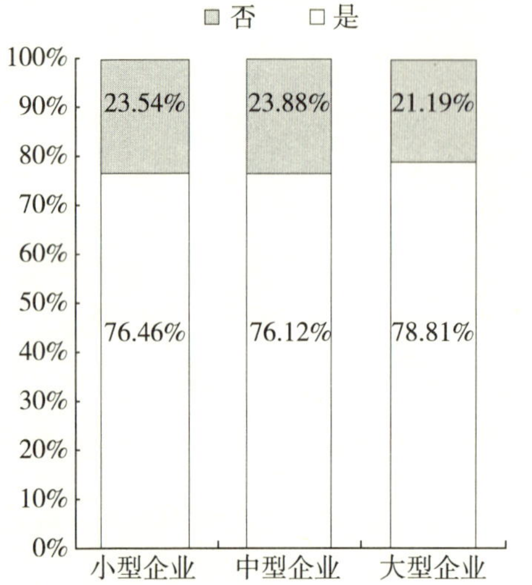

图 11.90　研发费用税前抵扣政策是否得到有效落实（规模）

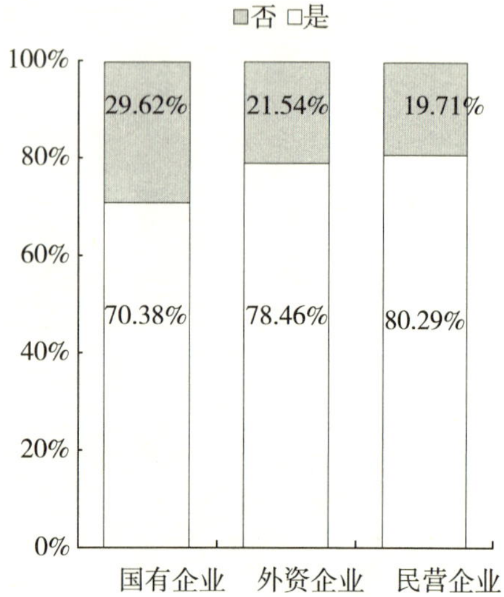

图 11.91　研发费用税前抵扣政策是否得到有效落实（所有制）

7. 研发费用税前抵扣政策落实时间周期（天）。总体而言，参与调研的所有企业中，研发费用税前抵扣政策落实的周期平均为 235.43 天（SD = 197.56 天）。

按地区划分，东部地区研发费用税前抵扣政策落实的周期平均为 240.36 天，中部地区为 196.49 天，西部地区为 262.91 天。

按行业划分，制造业研发费用税前抵扣政策落实的周期平均为 233.78 天，生产型服务业为 190.86 天，生活型服务业为 281.38 天。

按规模划分，小型企业研发费用税前抵扣政策落实的周期平均为 224.41 天，中型企业为 229.30 天，大型企业为 277.25 天。

按所有制划分，国有企业研发费用税前抵扣政策落实的周期平均为 258.44 天，外资企业为 170.83 天，民营企业为 231.54 天。

8. 研发费用税前抵扣政策没有有效落实的主要原因。总体而言，关于研发费用税前抵扣政策没有有效落实的主要原因，参与调研的所有企业中：27.23% 的企业表示不了解该项政策；43.56% 的企业表示界定研发费用抵扣难操作；

25.99%的企业表示税收部门倾向于多收税；4.21%的企业表示该政策意义不大，不值得向政府申请；17.08%的企业表示科技部门和税务部门协调不够。

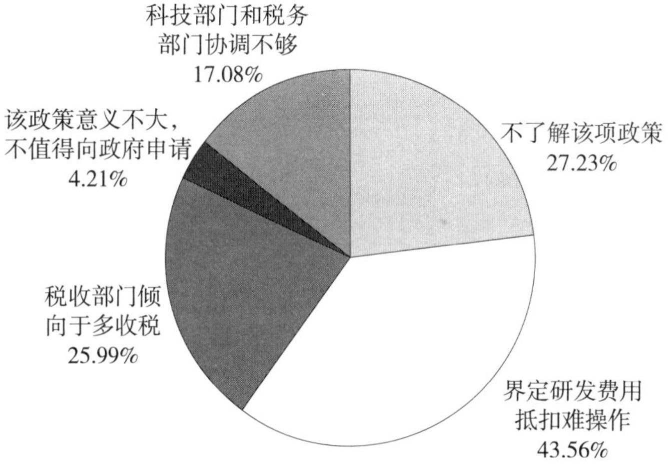

图11.92 研发费用税前抵扣政策没有有效落实的主要原因（总体）

按地区划分

东部地区：28.05%的企业表示不了解该项政策；45.25%的企业表示界定研发费用抵扣难操作；23.98%的企业表示税收部门倾向于多收税；4.98%的企业表示该政策意义不大，不值得向政府申请；16.74%的企业表示科技部门和税务部门协调不够。

中部地区：26.32%的企业表示不了解该项政策；37.89%的企业表示界定研发费用抵扣难操作；28.42%的企业表示税收部门倾向于多收税；2.11%的企业表示该政策意义不大，不值得向政府申请；17.89%的企业表示科技部门和税务部门协调不够。

西部地区：25.88%的企业表示不了解该项政策；47.06%的企业表示界定研发费用抵扣难操作；29.41%的企业表示税收部门倾向于多收税；3.53%的企业表示该政策意义不大，不值得向政府申请；16.47%的企业表示科技部门和税务部门协调不够。

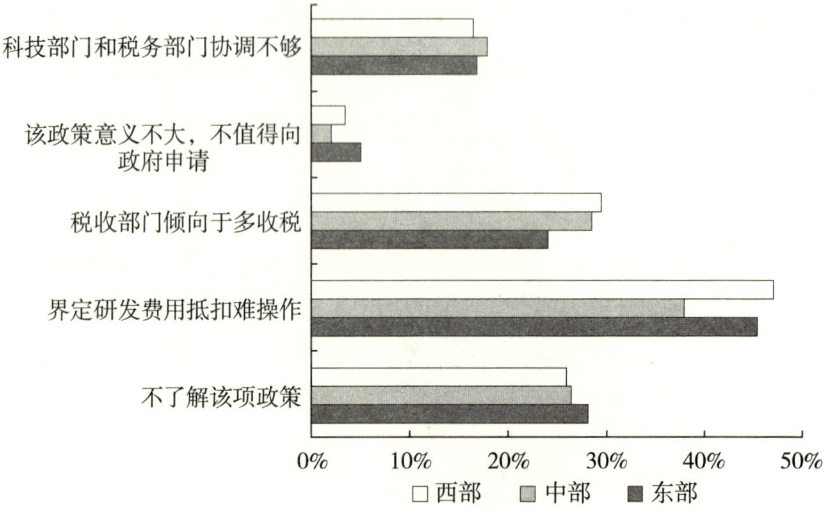

图 11.93　研发费用税前抵扣政策没有有效落实的主要原因（地区）

按行业划分

制造业：24.10%的企业表示不了解该项政策；49.23%的企业表示界定研发费用抵扣难操作；27.18%的企业表示税收部门倾向于多收税；3.08%的企业表示该政策意义不大，不值得向政府申请；15.90%的企业表示科技部门和税务部门协调不够。

生产型服务业：31.37%的企业表示不了解该项政策；39.22%的企业表示界定研发费用抵扣难操作；19.61%的企业表示税收部门倾向于多收税；3.92%的企业表示该政策意义不大，不值得向政府申请；15.69%的企业表示科技部门和税务部门协调不够。

生活型服务业：26.67%的企业表示不了解该项政策；33.33%的企业表示界定研发费用抵扣难操作；40.00%的企业表示税收部门倾向于多收税；6.67%的企业表示该政策意义不大，不值得向政府申请；6.67%的企业表示科技部门和税务部门协调不够。

按规模划分

小型企业：27.91%的企业表示不了解该项政策；44.19%的企业表示界

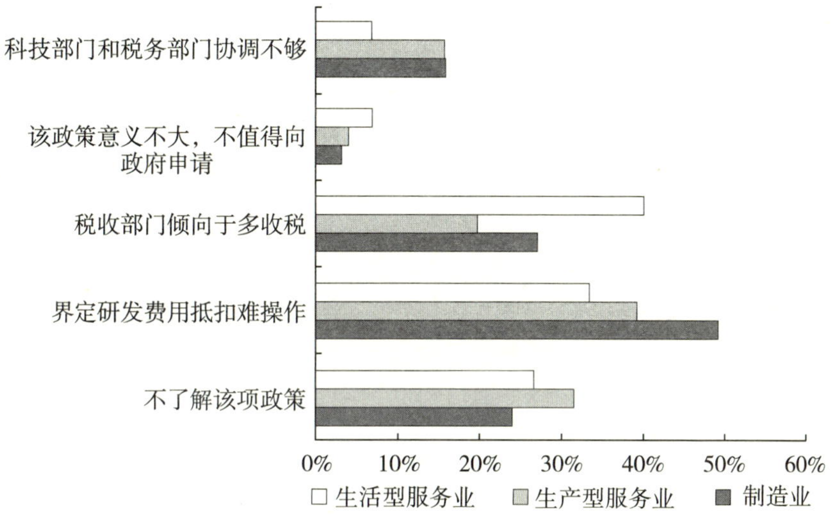

图 11.94 研发费用税前抵扣政策没有有效落实的主要原因（行业）

定研发费用抵扣难操作；28.68%的企业表示税收部门倾向于多收税；6.20%的企业表示该政策意义不大，不值得向政府申请；21.71%的企业表示科技部门和税务部门协调不够。

中型企业：25.00%的企业表示不了解该项政策；47.50%的企业表示界定研发费用抵扣难操作；24.50%的企业表示税收部门倾向于多收税；2.00%的企业表示该政策意义不大，不值得向政府申请；14.00%的企业表示科技部门和税务部门协调不够。

大型企业：21.88%的企业表示不了解该项政策；40.63%的企业表示界定研发费用抵扣难操作；18.75%的企业表示税收部门倾向于多收税；9.38%的企业表示该政策意义不大，不值得向政府申请；21.88%的企业表示科技部门和税务部门协调不够。

按所有制划分

国有企业：27.61%的企业表示不了解该项政策；42.94%的企业表示界定研发费用抵扣难操作；27.61%的企业表示税收部门倾向于多收税；6.13%的企业表示该政策意义不大，不值得向政府申请；11.66%的企业表示科技部

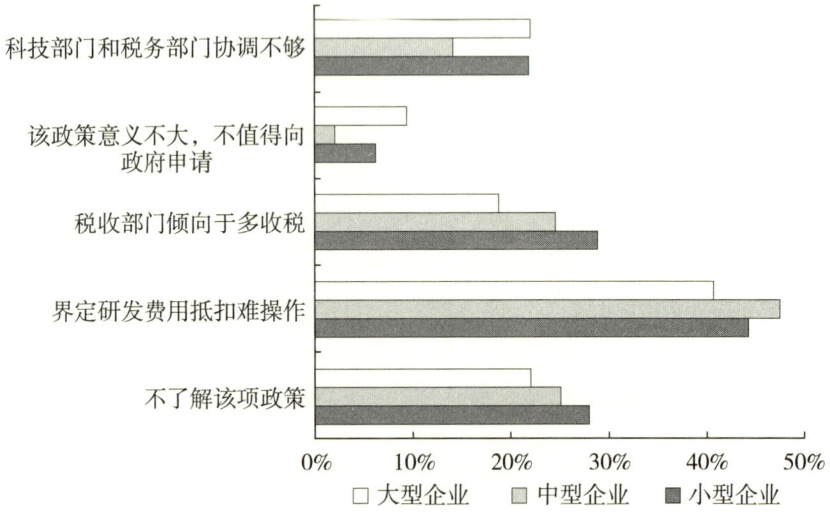

图 11.95　研发费用税前抵扣政策没有有效落实的主要原因（规模）

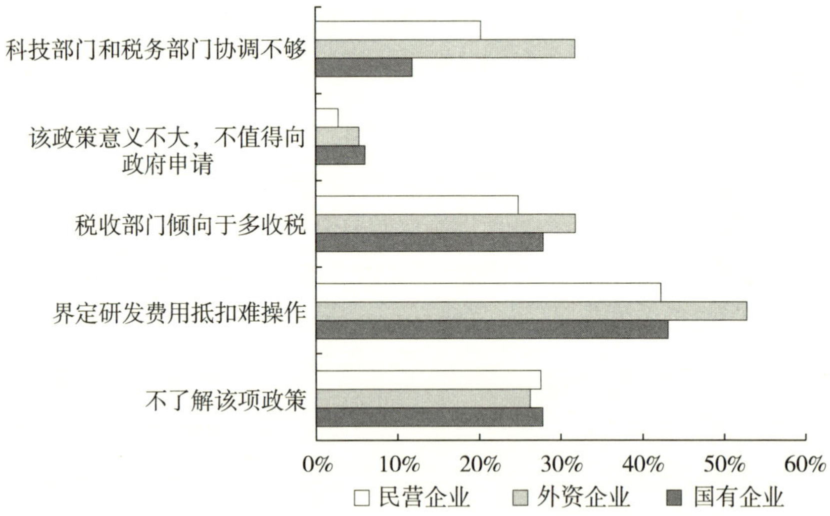

图 11.96　研发费用税前抵扣政策没有有效落实的主要原因（所有制）

门和税务部门协调不够。

外资企业：26.32%的企业表示不了解该项政策；52.63%的企业表示界定研发费用抵扣难操作；31.58%的企业表示税收部门倾向于多收税；5.26%

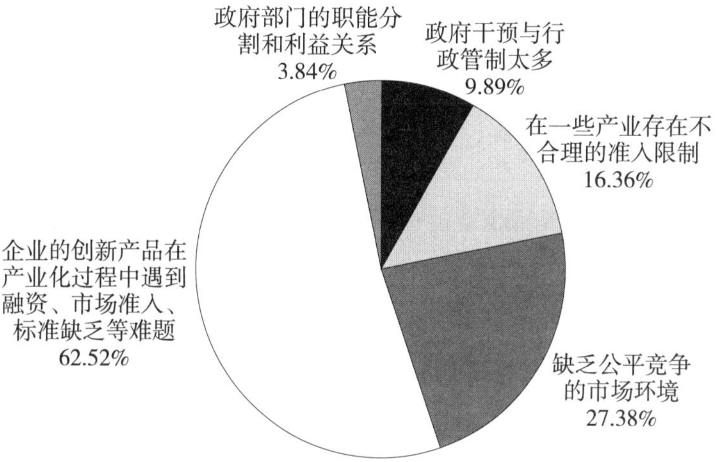

图 11.97 影响企业创新最主要的体制性障碍（总体）

的企业表示该政策意义不大，不值得向政府申请；31.58%的企业表示科技部门和税务部门协调不够。

民营企业：27.52%的企业表示不了解该项政策；42.20%的企业表示界定研发费用抵扣难操作；24.77%的企业表示税收部门倾向于多收税；2.75%的企业表示该政策意义不大，不值得向政府申请；20.18%的企业表示科技部门和税务部门协调不够。

9. 影响企业创新最主要的体制性障碍。总体而言，对于影响企业创新的主要体制性障碍，参与调研的所有企业中，9.89%的企业提到政府干预与行政管制太多；16.36%的企业提到在一些产业存在不合理的准入限制；27.38%的企业提到缺乏公平竞争的市场环境；62.52%的企业提到企业的创新产品在产业化过程中遇到融资、市场准入、标准缺乏等难题；3.84%的企业提到政府部门的职能分割和利益关系。

按地区划分

东部地区：9.71%的企业提到政府干预与行政管制太多；17.92%的企业提到在一些产业存在不合理的准入限制；26.59%的企业提到缺乏公平竞争的市场环境；60.35%的企业提到企业的创新产品在产业化过程中遇到融资、市场准入、标准缺乏等难题；3. 47% 的企业提到政府部门的职能分割和利益关系。

中部地区：8. 21% 的企业提到政府干预与行政管制太多；12. 50% 的企业提到在一些产业存在不合理的准入限制；28. 57% 的企业提到缺乏公平竞争的市场环境；67. 14% 的企业提到企业的创新产品在产业化过程中遇到融资、市场准入、标准缺乏等难题；4. 29% 的企业提到政府部门的职能分割和利益关系。

西部地区：11. 86% 的企业提到政府干预与行政管制太多；15. 81% 的企业提到在一些产业存在不合理的准入限制；28. 46% 的企业提到缺乏公平竞争的市场环境；65. 61% 的企业提到企业的创新产品在产业化过程中遇到融资、市场准入、标准缺乏等难题；4. 74% 的企业提到政府部门的职能分割和利益关系。

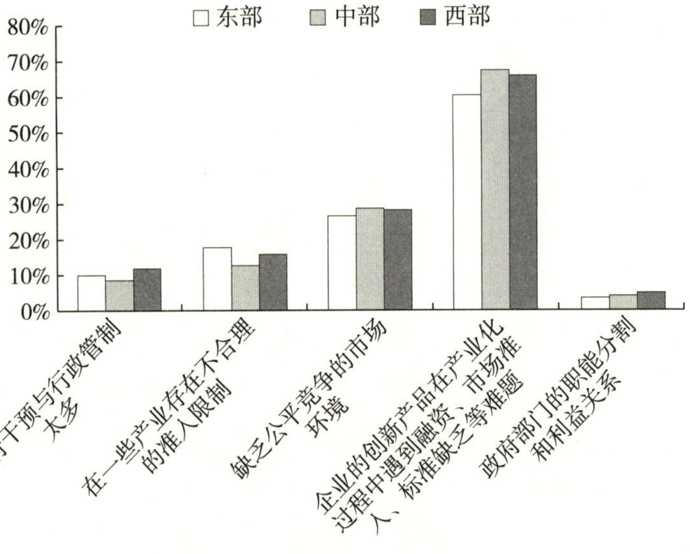

图 11. 98 影响企业创新最主要的体制性障碍（地区）

按行业划分

制造业：8. 49% 的企业提到政府干预与行政管制太多；16. 34% 的企业提到在一些产业存在不合理的准入限制；30. 76% 的企业提到缺乏公平竞争的市

场环境；61.65%的企业提到企业的创新产品在产业化过程中遇到融资、市场准入、标准缺乏等难题；3.22%的企业提到政府部门的职能分割和利益关系。

生产型服务业：11.24%的企业提到政府干预与行政管制太多；15.73%的企业提到在一些产业存在不合理的准入限制；21.35%的企业提到缺乏公平竞争的市场环境；64.04%的企业提到企业的创新产品在产业化过程中遇到融资、市场准入、标准缺乏等难题；5.06%的企业提到政府部门的职能分割和利益关系。

生活型服务业：9.09%的企业提到政府干预与行政管制太多；12.50%的企业提到在一些产业存在不合理的准入限制；35.23%的企业提到缺乏公平竞争的市场环境；60.23%的企业提到企业的创新产品在产业化过程中遇到融资、市场准入、标准缺乏等难题；7.95%的企业提到政府部门的职能分割和利益关系。

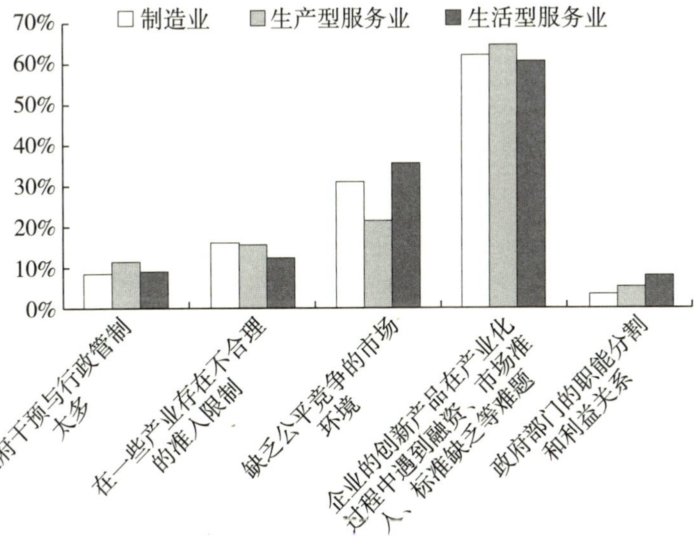

图11.99　影响企业创新最主要的体制性障碍（行业）

按规模划分

小型企业：9.38%的企业提到政府干预与行政管制太多；17.16%的企业

提到在一些产业存在不合理的准入限制；30.89%的企业提到缺乏公平竞争的市场环境；61.56%的企业提到企业的创新产品在产业化过程中遇到融资、市场准入、标准缺乏等难题；3.20%的企业提到政府部门的职能分割和利益关系。

中型企业：8.93%的企业提到政府干预与行政管制太多；15.13%的企业提到在一些产业存在不合理的准入限制；25.65%的企业提到缺乏公平竞争的市场环境；64.12%的企业提到企业的创新产品在产业化过程中遇到融资、市场准入、标准缺乏等难题；3.75%的企业提到政府部门的职能分割和利益关系。

大型企业：7.81%的企业提到政府干预与行政管制太多；21.88%的企业提到在一些产业存在不合理的准入限制；29.69%的企业提到缺乏公平竞争的市场环境；57.81%的企业提到企业的创新产品在产业化过程中遇到融资、市场准入、标准缺乏等难题；5.47%的企业提到政府部门的职能分割和利益关系。

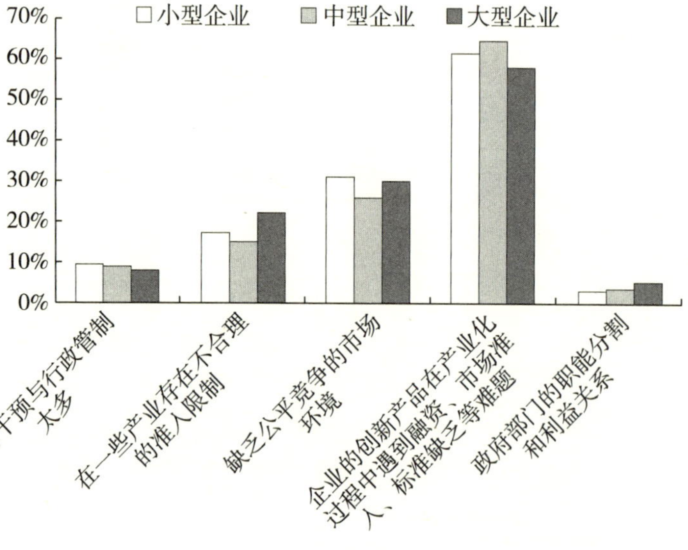

图 11.100　影响企业创新最主要的体制性障碍（规模）

按所有制划分

国有企业：14.90%的企业提到政府干预与行政管制太多；14.71%的企业提到在一些产业存在不合理的准入限制；26.07%的企业提到缺乏公平竞争的市场环境；61.45%的企业提到企业的创新产品在产业化过程中遇到融资、市场准入、标准缺乏等难题；4.66%的企业提到政府部门的职能分割和利益关系。

外资企业：8.45%的企业提到政府干预与行政管制太多；25.35%的企业提到在一些产业存在不合理的准入限制；21.13%的企业提到缺乏公平竞争的市场环境；54.93%的企业提到企业的创新产品在产业化过程中遇到融资、市场准入、标准缺乏等难题；4.23%的企业提到政府部门的职能分割和利益关系。

民营企业：6.45%的企业提到政府干预与行政管制太多；16.81%的企业提到在一些产业存在不合理的准入限制；28.70%的企业提到缺乏公平竞争的市场环境；64.10%的企业提到企业的创新产品在产业化过程中遇到融资、市场准入、标准缺乏等难题；3.29%的企业提到政府部门的职能分割和利益关系。

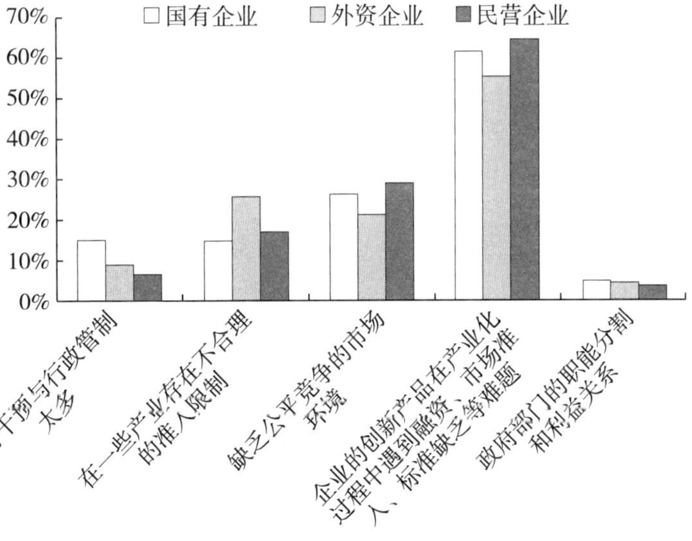

图11.101　影响企业创新最主要的体制性障碍（所有制）

10. 企业开展创新活动最希望政府做的工作。就调研总体而言，企业开展创新活动最希望政府做的工作：64.08%的企业认为是专项支持；13.41%的企业认为是税收减免；11.52%的企业认为是创造公平竞争的市场环境；5.32%的企业认为是切实保护知识产权；0.47%的企业认为是创造好的人居环境；5.19%的企业认为在基础研究、科技平台建设、教育和人才培养等方面加大投入。

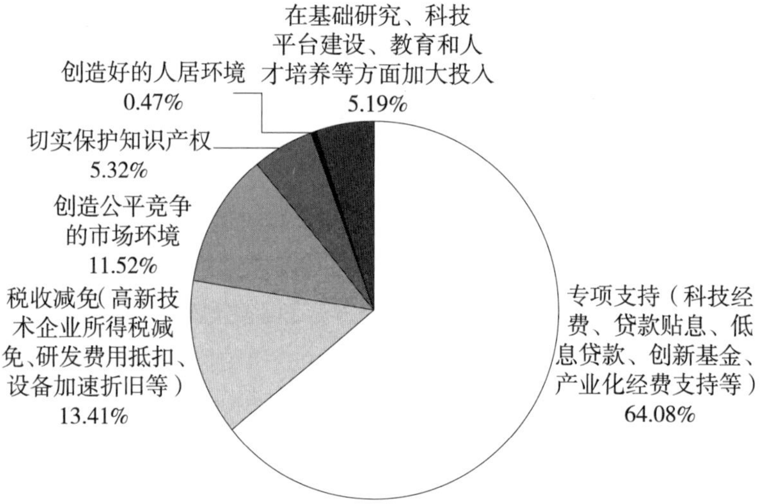

图 11.102　企业开展创新活动最希望政府做的工作（总体）

按地区划分

东部地区：60.88%的企业认为是专项支持；15.60%的企业认为是税收减免；11.98%的企业认为是创造公平竞争的市场环境；5.71%的企业认为是切实保护知识产权；0.55%的企业认为是创造好的人居环境；5.27%的企业认为在基础研究、科技平台建设、教育和人才培养等方面加大投入。

中部地区：71.19%的企业认为是专项支持；9.83%的企业认为是税收减免；10.51%的企业认为是创造公平竞争的市场环境；4.07%的企业认为是切实保护知识产权；0.34%的企业认为是创造好的人居环境；4.07%的企业认

为在基础研究、科技平台建设、教育和人才培养等方面加大投入。

西部地区：68.16%的企业认为是专项支持；10.11%的企业认为是税收减免；10.49%的企业认为是创造公平竞争的市场环境；4.49%的企业认为是切实保护知识产权；0.37%的企业认为是创造好的人居环境；6.37%的企业认为在基础研究、科技平台建设、教育和人才培养等方面加大投入。

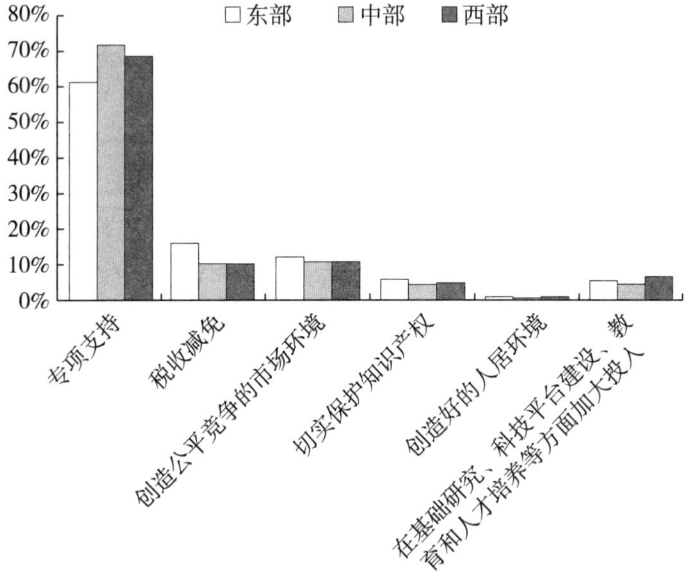

图 11.103　企业开展创新活动最希望政府做的工作（地区）

按行业划分

制造业：66.83%的企业认为是专项支持；13.27%的企业认为是税收减免；8.97%的企业认为是创造公平竞争的市场环境；4.91%的企业认为是切实保护知识产权；0.37%的企业认为是创造好的人居环境；5.65%的企业认为在基础研究、科技平台建设、教育和人才培养等方面加大投入。

生产型服务业：54.21%的企业认为是专项支持；17.89%的企业认为是税收减免；16.32%的企业认为是创造公平竞争的市场环境；5.79%的企业认为是切实保护知识产权；1.58%的企业认为是创造好的人居环境；4.21%的

企业认为在基础研究、科技平台建设、教育和人才培养等方面加大投入。

生活型服务业：59.79%的企业认为是专项支持；15.46%的企业认为是税收减免；14.43%的企业认为是创造公平竞争的市场环境；6.19%的企业认为是切实保护知识产权；4.12%的企业认为在基础研究、科技平台建设、教育和人才培养等方面加大投入。

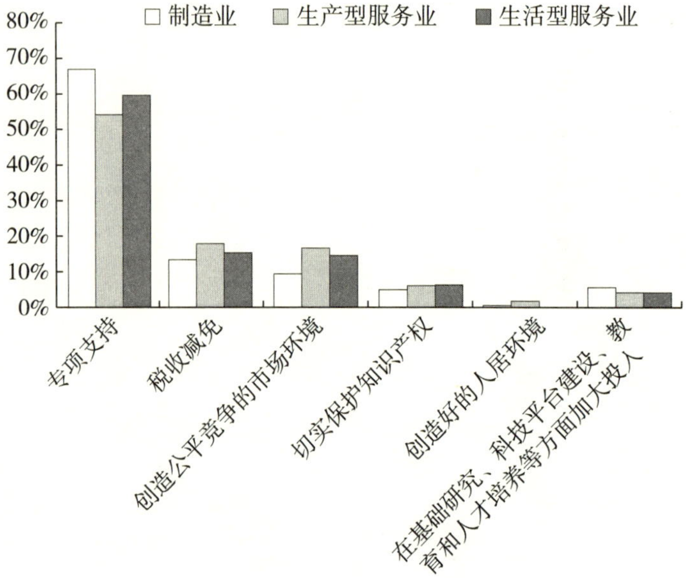

图11.104 企业开展创新活动最希望政府做的工作（行业）

按规模划分

小型企业：65.08%的企业认为是专项支持；14.32%的企业认为是税收减免；11.06%的企业认为是创造公平竞争的市场环境；4.77%的企业认为是切实保护知识产权；0.43%的企业认为是创造好的人居环境；4.34%的企业认为在基础研究、科技平台建设、教育和人才培养等方面加大投入。

中型企业：63.89%的企业认为是专项支持；13.41%的企业认为是税收减免；10.26%的企业认为是创造公平竞争的市场环境；6.29%的企业认为是切实保护知识产权；0.27%的企业认为是创造好的人居环境；5.88%的企业

认为在基础研究、科技平台建设、教育和人才培养等方面加大投入。

大型企业：61.36%的企业认为是专项支持；9.85%的企业认为是税收减免；17.42%的企业认为是创造公平竞争的市场环境；3.79%的企业认为是切实保护知识产权；0.76%的企业认为是创造好的人居环境；6.82%的企业认为在基础研究、科技平台建设、教育和人才培养等方面加大投入。

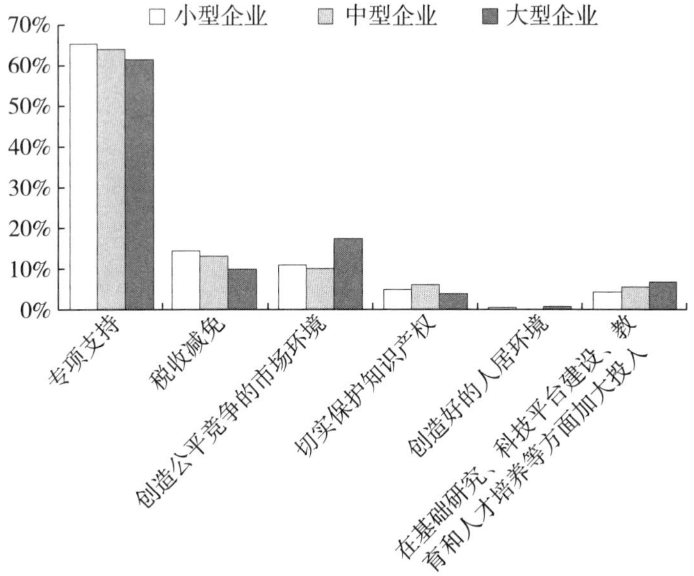

图11.105 企业开展创新活动最希望政府做的工作（规模）

按所有制划分

国有企业：6.76%的企业认为是专项支持；10.62%的企业认为是税收减免；25.10%的企业认为是创造公平竞争的市场环境；19.50%的企业认为是切实保护知识产权；3.86%的企业认为是创造好的人居环境；34.17%的企业认为在基础研究、科技平台建设、教育和人才培养等方面加大投入。

外资企业：9.59%的企业认为是专项支持；9.59%的企业认为是税收减免；16.44%的企业认为是创造公平竞争的市场环境；27.40%的企业认为是切实保护知识产权；2.74%的企业认为是创造好的人居环境；34.25%的企业

认为在基础研究、科技平台建设、教育和人才培养等方面加大投入。

民营企业：9.99%的企业认为是专项支持；9.48%的企业认为是税收减免；22.92%的企业认为是创造公平竞争的市场环境；18.05%的企业认为是切实保护知识产权；3.71%的企业认为是创造好的人居环境；35.85%的企业认为在基础研究、科技平台建设、教育和人才培养等方面加大投入。

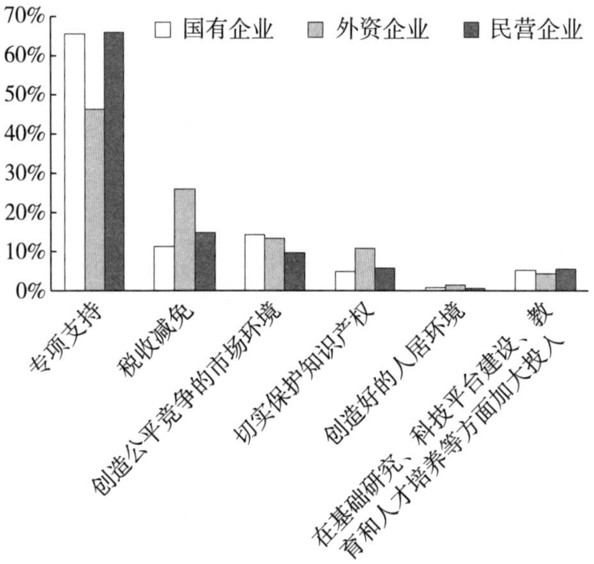

图11.106 企业开展创新活动最希望政府做的工作（所有制）

11. 企业创新情况分析。企业在发展过程中，不可避免会遇到知识产权被侵权的现象。40%的调研企业反映曾遇到过知识产权侵权行为。东部地区创新型企业较多，因此该地区企业遇到的知识产权侵权现象的比例也最高。制造业企业竞争激烈，因此企业面临的知识产权侵权问题也最严重。大型企业由于知名度高，产品竞争力强，因而也更易受到知识产权侵权问题的困扰。外资企业更具竞争优势，因此会面临更多的知识产权侵权行为。对已发生的知识产权侵权行为，多数企业认为其对企业的损害程度并不严重。当发生知识产权侵权行为时，多数企业认为法律手段是保护自身利益的最有效手段。

对于不采取法律手段维权的原因，多数企业认为判决执行效果不明显，因而放弃通过诉讼来维权。可见，加强法律的威慑力和执行力，才能更好地保护企业的知识产权，保护企业创新的积极性。

影响企业创新的不只是法律保护，更重要的是企业是否有创新意愿。调研企业普遍反映自身的创新意愿不强的主要原因是创新门槛高、周期长、风险大，不如扩张现有产能稳妥。

为了鼓励企业创新，国家推行了企业研发费用税前抵扣政策。多数企业已经享受了这项政策。东部地区对该政策的执行力度较强，这与当地研发型企业多有关。制造业企业是创新的主力，因此更多制造业企业享受到了这项优惠政策。不能享受这项政策的企业认为，主要障碍在于界定研发费用抵扣难操作。因此要加快具体实施细则的制定，使更多的企业可以从这项政策中获益。除此以外，多数企业还希望政府可以以专项支持、税收减免、加大投入等方式来支持企业创新。

八、资质、认证、市场准入

1. 政府在宏观调控和经济管理中存在的突出问题。就调研总体而言，政府在宏观调控和经济管理中存在的突出问题：51.32%的企业认为是政策变化频繁，企业缺乏稳定预期；9.85%的企业认为是安全生产、环保标准等约束不强；29.96%的企业认为是过度使用行政手段干预企业，如准入、退出、资质审查、限产、限价等；8.88%的企业认为是产业发展规划、计划等，形成了新的行政干预。

按地区划分

东部地区：53.32%的企业认为是政策变化频繁，企业缺乏稳定预期；9.90%的企业认为是安全生产、环保标准等约束不强；28.57%的企业认为是过度使用行政手段干预企业，如准入、退出、资质审查、限产、限价等；8.21%的企业认为是产业发展规划、计划等，形成了新的行政干预。

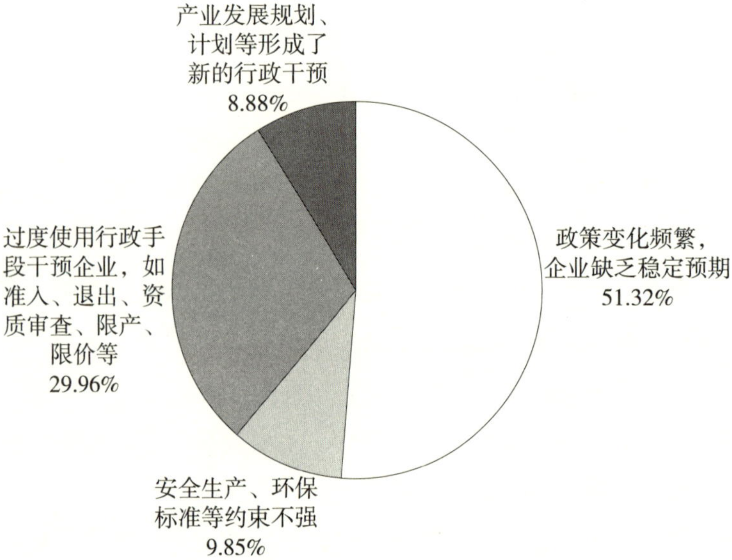

图 11.107　政府在宏观调控和经济管理中存在的突出问题（总体）

中部地区：47.50% 的企业认为是政策变化频繁，企业缺乏稳定预期；10% 的企业认为是安全生产、环保标准等约束不强；32.86% 的企业认为是过度使用行政手段干预企业，如准入、退出、资质审查、限产、限价等；9.64% 的企业认为是产业发展规划、计划等，形成了新的行政干预。

西部地区：48.28% 的企业认为是政策变化频繁，企业缺乏稳定预期；9.58% 的企业认为是安全生产、环保标准等约束不强；31.80% 的企业认为是过度使用行政手段干预企业，如准入、退出、资质审查、限产、限价等；10.34% 的企业认为是产业发展规划、计划等，形成了新的行政干预。

按行业划分

制造业：50.91% 的企业认为是政策变化频繁，企业缺乏稳定预期；9.84% 的企业认为是安全生产、环保标准等约束不强；29.53% 的企业认为是过度使用行政手段干预企业，如准入、退出、资质审查、限产、限价等；9.72% 的企业认为是产业发展规划、计划等，形成了新的行政干预。

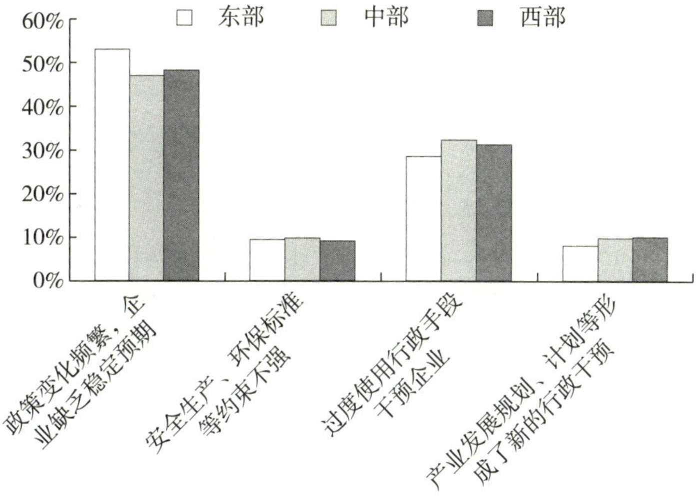

图 11.108　政府在宏观调控和经济管理中存在的突出问题（地区）

生产型服务业：50.27% 的企业认为是政策变化频繁，企业缺乏稳定预期；10.7% 的企业认为是安全生产、环保标准等约束不强；28.88% 的企业认为是过度使用行政手段干预企业，如准入、退出、资质审查、限产、限价等；10.16% 的企业认为是产业发展规划、计划等，形成了新的行政干预。

生活型服务业：57.29% 的企业认为是政策变化频繁，企业缺乏稳定预期；12.50% 的企业认为是安全生产、环保标准等约束不强；21.88% 的企业认为是过度使用行政手段干预企业，如准入、退出、资质审查、限产、限价等；8.33% 的企业认为是产业发展规划、计划等，形成了新的行政干预。

按规模划分

小型企业：49.08% 的企业认为是政策变化频繁，企业缺乏稳定预期；13.76% 的企业认为是安全生产、环保标准等约束不强；27.29% 的企业认为是过度使用行政手段干预企业，如准入、退出、资质审查、限产、限价等；9.86% 的企业认为是产业发展规划、计划等，形成了新的行政干预。

中型企业：41.47% 的企业认为是政策变化频繁，企业缺乏稳定预期；8.56% 的企业认为是安全生产、环保标准等约束不强；31% 的企业认为是过

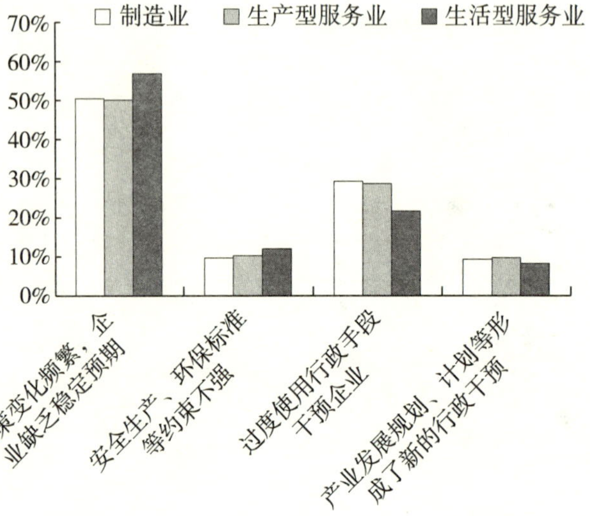

图 11.109　政府在宏观调控和经济管理中存在的突出问题（行业）

度使用行政手段干预企业，如准入、退出、资质审查、限产、限价等；8.98%的企业认为是产业发展规划、计划等，形成了新的行政干预。

大型企业：61.36%的企业认为是政策变化频繁，企业缺乏稳定预期；6.06%的企业认为是安全生产、环保标准等约束不强；27.27%的企业认为是过度使用行政手段干预企业，如准入、退出、资质审查、限产、限价等；5.30%的企业认为是产业发展规划、计划等，形成了新的行政干预。

按所有制划分

国有企业：52.11%的企业认为是政策变化频繁，企业缺乏稳定预期；7.22%的企业认为是安全生产、环保标准等约束不强；33.257%的企业认为是过度使用行政手段干预企业，如准入、退出、资质审查、限产、限价等；7.39%的企业认为是产业发展规划、计划等，形成了新的行政干预。

外资企业：52.56%的企业认为是政策变化频繁，企业缺乏稳定预期；8.97%的企业认为是安全生产、环保标准等约束不强；30.77%的企业认为是过度使用行政手段干预企业，如准入、退出、资质审查、限产、限价等；

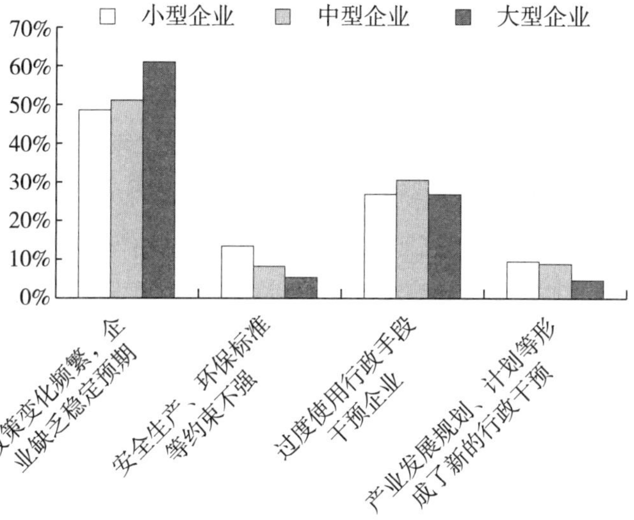

图 11.110　政府在宏观调控和经济管理中存在的突出问题（规模）

7.69% 的企业认为是产业发展规划、计划等，形成了新的行政干预。

民营企业：50.57% 的企业认为是政策变化频繁，企业缺乏稳定预期；11.91% 的企业认为是安全生产、环保标准等约束不强；27.50% 的企业认为是过度使用行政手段干预企业，如准入、退出、资质审查、限产、限价等；10.01% 的企业认为是产业发展规划、计划等，形成了新的行政干预。

2. 当前民营经济发展中遇到的突出问题。就调研总体而言：27.29% 的企业认为是民营经济发展受到国有经济的挤压；32.45% 的企业认为是既得利益格局很难打破，“非公 36 条”难以落实；22.64% 的企业认为是市场准入放开不够，或虽有准入政策，但“玻璃门”、“弹簧门”现象严重；7.02% 的企业认为是民营企业可以参与一些放开领域的投资，但难以实质性参与经营；6.23% 的企业认为是金融创新不足影响民营企业投资与经营活动；4.37% 的企业认为是在获得政府资源等方面遇到不公平待遇。

按地区划分

东部地区：26.10% 的企业认为是民营经济发展受到国有经济的挤压；

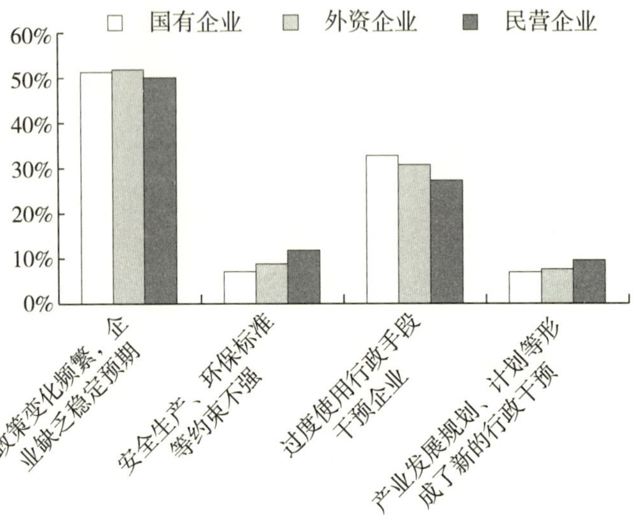

图 11.111 政府在宏观调控和经济管理中存在的突出问题（所有制）

30.83% 的企业认为是既得利益格局很难打破，“非公 36 条”难以落实；23.79% 的企业认为是市场准入放开不够，或虽有准入政策，但“玻璃门”、“弹簧门”现象严重；8.31% 的企业认为是民营企业可以参与一些放开领域的投资，但难以实质性参与经营；6.70% 的企业认为是金融创新不足影响民营企业投资与经营活动；4.27% 的企业认为是在获得政府资源等方面遇到不公平待遇。

中部地区：27.27% 的企业认为是民营经济发展受到国有经济的挤压；35.27% 的企业认为是既得利益格局很难打破，“非公 36 条”难以落实；19.64% 的企业认为是市场准入放开不够，或虽有准入政策，但“玻璃门”、“弹簧门”现象严重；5.45% 的企业认为是民营企业可以参与一些放开领域的投资，但难以实质性参与经营；6.91% 的企业认为是金融创新不足影响民营企业投资与经营活动；5.45% 的企业认为是在获得政府资源等方面遇到不公平待遇。

西部地区：31.30% 的企业认为是民营经济发展受到国有经济的挤压；35.37% 的企业认为是既得利益格局很难打破，“非公 36 条”难以落实；

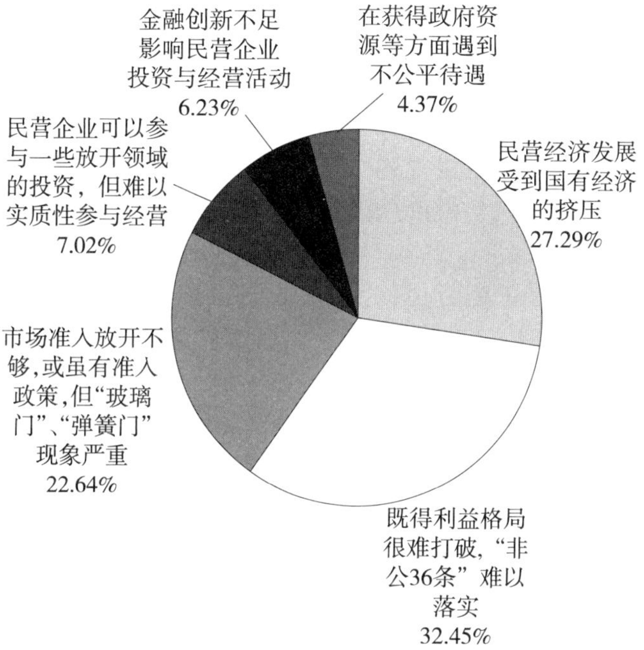

图 11.112 当前民营经济发展中遇到的突出问题（总体）

22.36%的企业认为是市场准入放开不够，或虽有准入政策，但“玻璃门”、“弹簧门”现象严重；4.07%的企业认为是民营企业可以参与一些放开领域的投资，但难以实质性参与经营；3.25%的企业认为是金融创新不足影响民营企业投资与经营活动；3.66%的企业认为是在获得政府资源等方面遇到不公平待遇。

按行业划分

制造业：26.08%的企业认为是民营经济发展受到国有经济的挤压；29.86%的企业认为是既得利益格局很难打破，“非公36条”难以落实；23.60%的企业认为是市场准入放开不够，或虽有准入政策，但“玻璃门”、“弹簧门”现象严重；8.60%的企业认为是民营企业可以参与一些放开领域的投资，但难以实质性参与经营；6.65%的企业认为是金融创新不足影响民营企业投资与经营活动；5.22%的企业认为是在获得政府资源等方面遇到不公平待遇。

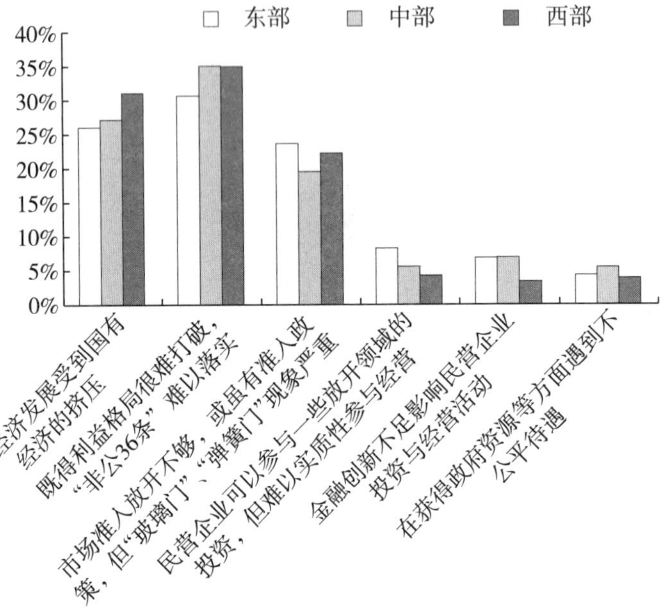

图 11.113 当前民营经济发展中遇到的突出问题（地区）

生产型服务业：28.26%的企业认为是民营经济发展受到国有经济的挤压；40.22%的企业认为是既得利益格局很难打破，“非公36条”难以落实；16.30%的企业认为是市场准入放开不够，或虽有准入政策，但“玻璃门”、“弹簧门”现象严重；6.52%的企业认为是民营企业可以参与一些放开领域的投资，但难以实质性参与经营；6.52%的企业认为是金融创新不足影响民营企业投资与经营活动；2.17%的企业认为是在获得政府资源等方面遇到不公平待遇。

生活型服务业：26.74%的企业认为是民营经济发展受到国有经济的挤压；32.56%的企业认为是既得利益格局很难打破，“非公36条”难以落实；20.93%的企业认为是市场准入放开不够，或虽有准入政策，但“玻璃门”、“弹簧门”现象严重；6.98%的企业认为是民营企业可以参与一些放开领域的投资，但难以实质性参与经营；5.81%的企业认为是金融创新不足影响民营企业投资与经营活动；6.98%的企业认为是在获得政府资源等方面遇到不公平待遇。

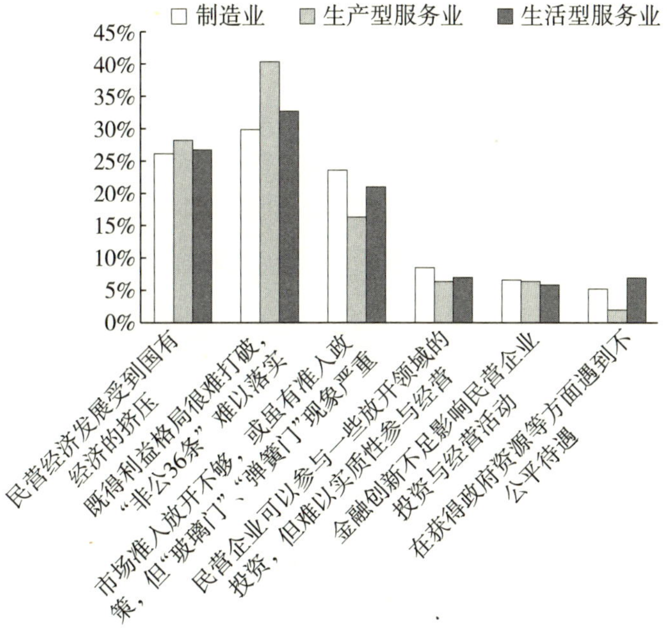

图 11.114　当前民营经济发展中遇到的突出问题（行业）

按规模划分

小型企业：29.73%的企业认为是民营经济发展受到国有经济的挤压；30.18%的企业认为是既得利益格局很难打破，“非公36条”难以落实；23.20%的企业认为是市场准入放开不够，或虽有准入政策，但“玻璃门”、“弹簧门”现象严重；6.53%的企业认为是民营企业可以参与一些放开领域的投资，但难以实质性参与经营；5.41%的企业认为是金融创新不足影响民营企业投资与经营活动；4.95%的企业认为是在获得政府资源等方面遇到不公平待遇。

中型企业：26.59%的企业认为是民营经济发展受到国有经济的挤压；33.09%的企业认为是既得利益格局很难打破，“非公36条”难以落实；22.25%的企业认为是市场准入放开不够，或虽有准入政策，但“玻璃门”、“弹簧门”现象严重；7.08%的企业认为是民营企业可以参与一些放开领域的投资，但难以实质性参与经营；7.37%的企业认为是金融创新不足影响民营企业投资与经营活动；3.61%的企业认为是在获得政府资源等方面遇到不公平待遇。

大型企业：26.96% 的企业认为是民营经济发展受到国有经济的挤压；27.83%的企业认为是既得利益格局很难打破，“非公 36 条”难以落实；28.70%的企业认为是市场准入放开不够，或虽有准入政策，但“玻璃门”、“弹簧门”现象严重；6.96%的企业认为是民营企业可以参与一些放开领域的投资，但难以实质性参与经营；5.22%的企业认为是金融创新不足影响民营企业投资与经营活动；4.35%的企业认为是在获得政府资源等方面遇到不公平待遇。

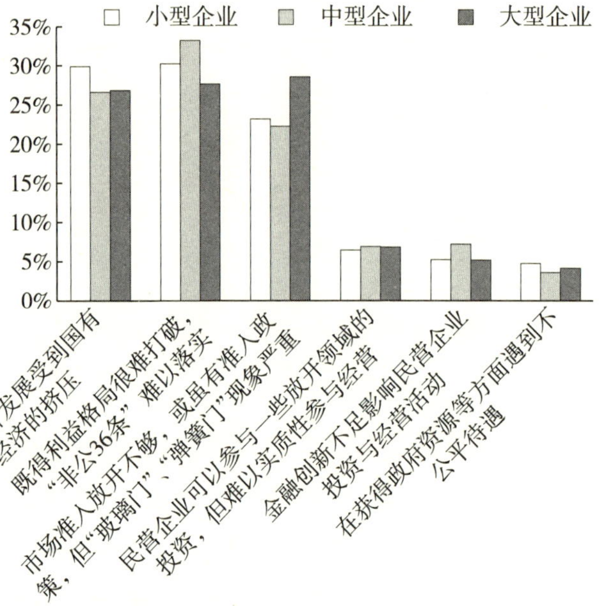

图 11.115　当前民营经济发展中遇到的突出问题（规模）

按所有制划分

国有企业：26.05% 的企业认为是民营经济发展受到国有经济的挤压；33.27%的企业认为是既得利益格局很难打破，“非公 36 条”难以落实；25.05%的企业认为是市场准入放开不够，或虽有准入政策，但“玻璃门”、“弹簧门”现象严重；5.61%的企业认为是民营企业可以参与一些放开领域的投资，但难以实质性参与经营；5.61%的企业认为是金融创新不足影响民营企业投资与经营活动；4.41%的企业认为是在获得政府资源等方面遇到不公平待遇。

外资企业：20.27%的企业认为是民营经济发展受到国有经济的挤压；36.49%的企业认为是既得利益格局很难打破，“非公36条”难以落实；20.27%的企业认为是市场准入放开不够，或虽有准入政策，但“玻璃门”、“弹簧门”现象严重；8.11%的企业认为是民营企业可以参与一些放开领域的投资，但难以实质性参与经营；6.76%的企业认为是金融创新不足影响民营企业投资与经营活动；8.11%的企业认为是在获得政府资源等方面遇到不公平待遇。

民营企业：28.99%的企业认为是民营经济发展受到国有经济的挤压；31.57%的企业认为是既得利益格局很难打破，“非公36条”难以落实；21.25%的企业认为是市场准入放开不够，或虽有准入政策，但“玻璃门”、“弹簧门”现象严重；7.86%的企业认为是民营企业可以参与一些放开领域的投资，但难以实质性参与经营；6.39%的企业认为是金融创新不足影响民营企业投资与经营活动；3.93%的企业认为是在获得政府资源等方面遇到不公平待遇。

总体上调研企业认为，政府在宏观调控和经济管理中存在的主要问题是，

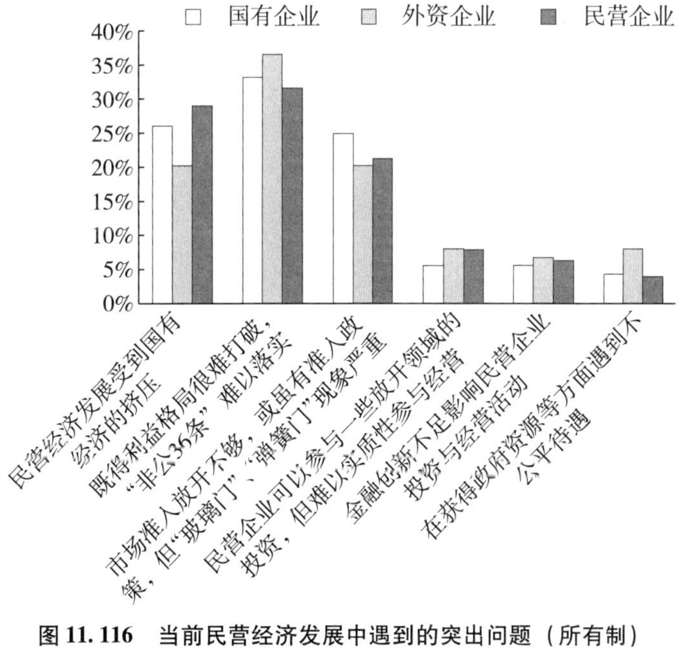

图11.116 当前民营经济发展中遇到的突出问题（所有制）

政策变化频繁，企业缺乏稳定预期；使用准入、退出等手段干预企业；以及利用产业规划等方式，形成新的行政干预。在下一步转变政府职能的工作中，政府制定宏观经济政策时，首先应该保持政策的连续性。不能用一任领导、一任规划的方式出台宏观经济政策。以避免经济政策频繁变动，对企业的经营产生影响。其次，在制定宏观经济政策时，要尽量避免过多的利用行政手段引导企业进行产业布局，尽量利用经济手段来实现对宏观经济的调控。同时产业规划的制定要尽量限于宏观层面，对于具体的微观问题尽量不要涉及。产业规划要尽量多利用外部性指标，如环保标准、技术标准等，实现对产业的引导。

为了鼓励民营经济的发展，国家先后出台了“非公 36 条”等文件。但调研中的多数企业反映，“非公 36 条”在实际中难以落实。此外，“玻璃门”、“弹簧门”等行业壁垒，依然在阻碍民营经济的发展。民营企业认为阻碍其发展的主要原因还包括，政府对资源的掌控，民营企业难以获得公平待遇。

九、国资监管体制

1. 过去五年我国国有企业改革进展。参与调研的所有企业对于过去五年我国国有企业改革进展的看法，总体而言：9. 89% 的企业认为有重大突破，55. 11% 的企业认为有所进展，14. 03% 的企业认为基本停滞，8. 48% 的企业认为有所倒退，12. 49% 的企业认为不好判断。

按地区划分

东部地区：9. 49% 的企业认为有重大突破，55. 83% 的企业认为有所进展，14. 83% 的企业认为基本停滞，7. 96% 的企业认为有所倒退，11. 89% 的企业认为不好判断。

中部地区：12. 20% 的企业认为有重大突破，55. 59% 的企业认为有所进展，10. 85% 的企业认为基本停滞，8. 81% 的企业认为有所倒退，12. 54% 的企业认为不好判断。

西部地区：9. 16% 的企业认为有重大突破，52. 01% 的企业认为有所进

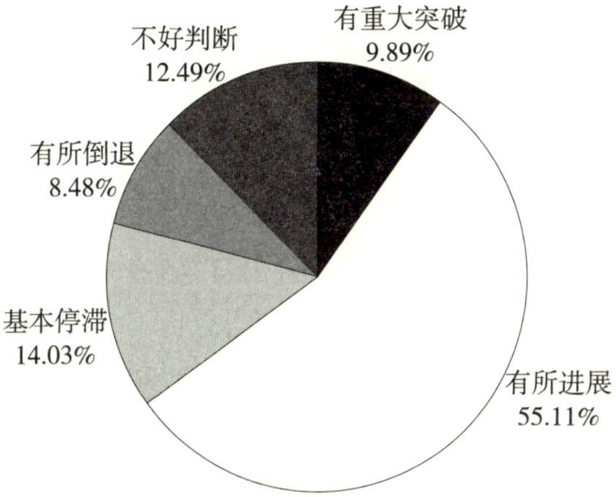

图 11.117　过去五年我国国有企业改革进展情况（总体）

展，15.38%的企业认为基本停滞，8.79%的企业认为有所倒退，14.65%的企业认为不好判断。

按行业划分

制造业：10.31%的企业认为有重大突破，53.42%的企业认为有所进展，15.40%的企业认为基本停滞，8.07%的企业认为有所倒退，12.80%的企业认为不好判断。

生产型服务业：9.42%的企业认为有重大突破，57.59%的企业认为有所进展，12.57%的企业认为基本停滞，7.85%的企业认为有所倒退，12.57%的企业认为不好判断。

生活型服务业：11.00%的企业认为有重大突破，49.00%的企业认为有所进展，16.00%的企业认为基本停滞，8.00%的企业认为有所倒退，16.00%的企业认为不好判断。

按规模划分

小型企业：10.20%的企业认为有重大突破，53.15%的企业认为有所进展，15.40%的企业认为基本停滞，7.59%的企业认为有所倒退，13.67%的企业认为不好判断。

中型企业：9.62%的企业认为有重大突破，57.05%的企业认为有所进展，12.47%的企业认为基本停滞，8.81%的企业认为有所倒退，12.06%的企业认为不好判断。

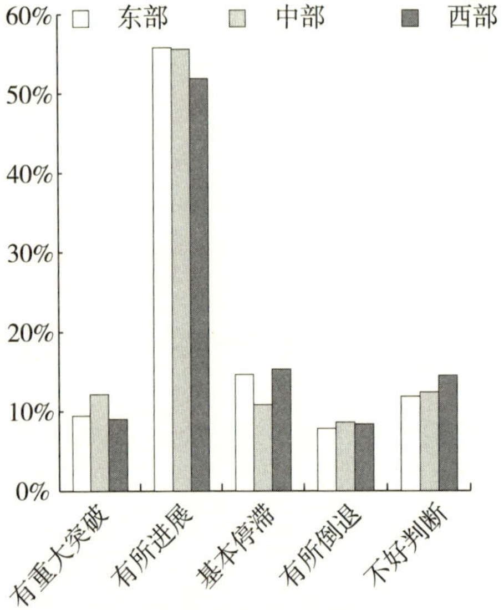

图 11.118　过去五年我国国有企业改革进展情况（地区）

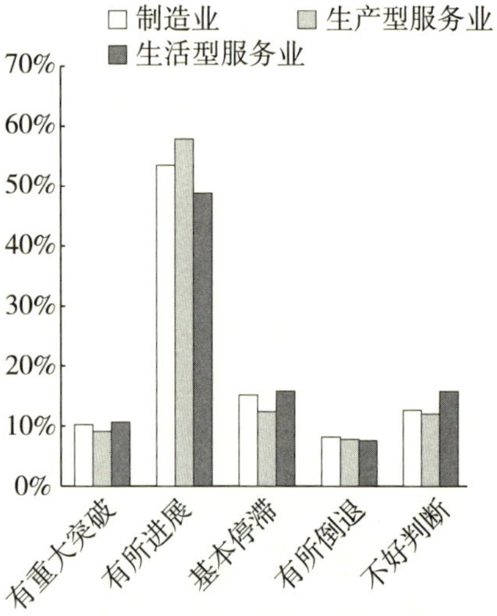

图 11.119　过去五年我国国有企业改革进展情况（行业）

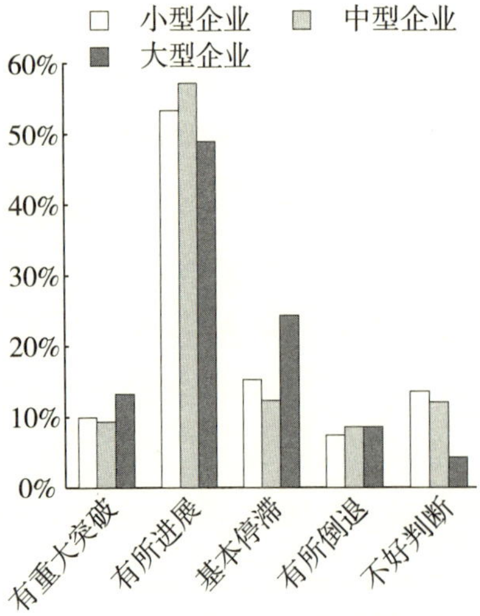

图 11.120　过去五年我国国有企业改革进展情况（规模）

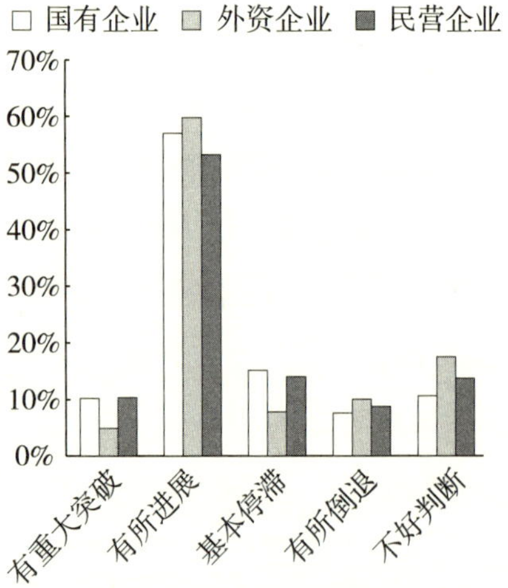

图 11.121　过去五年我国国有企业改革进展情况（所有制）

大型企业：13.33%的企业认为有重大突破，48.89%的企业认为有所进展，24.44%的企业认为基本停滞，8.89%的企业认为有所倒退，4.44%的企业认为不好判断。

按所有制划分

国有企业：10.02%的企业认为有重大突破，56.99%的企业认为有所进展，14.85%的企业认为基本停滞，7.60%的企业认为有所倒退，10.54%的企业认为不好判断。

外资企业：5.00%的企业认为有重大突破，60.00%的企业认为有所进展，7.50%的企业认为基本停滞，10.00%的企业认为有所倒退，17.50%的企业认为不好判断。

民营企业：10.27%的企业认为有重大突破，53.38%的企业认为有所进展，14.13%的企业认为基本停滞，8.70%的企业认为有所倒退，13.53%的企业认为不好判断。

2. 下一步国有经济改革的重点。就调研总体而言：47.97%的企业认为是改革国有资产和国有资本管理体制；10.42%的企业认为是国有经济布局动态调整；10.08%的企业认为是改善国有企业公司治理；1.76%的企业认为是完善国有资本经营预算制度；29.77%的企业认为是推进国有垄断行业改革。

按地区划分

东部地区：47.79%的企业认为是改革国有资产和国有资本管理体制；10.51%的企业认为是国有经济布局动态调整；9.07%的企业认为是改善国有企业公司治理；1.99%的企业认为是完善国有资本经营预算制度；30.64%的企业认为是推进国有垄断行业改革。

中部地区：48.97%的企业认为是改革国有资产和国有资本管理体制；10.27%的企业认为是国有经济布局动态调整；13.01%的企业认为是改善国有企业公司治理；2.05%的企业认为是完善国有资本经营预算制度；25.68%的企业认为是推进国有垄断行业改革。

西部地区：48.52%的企业认为是改革国有资产和国有资本管理体制；

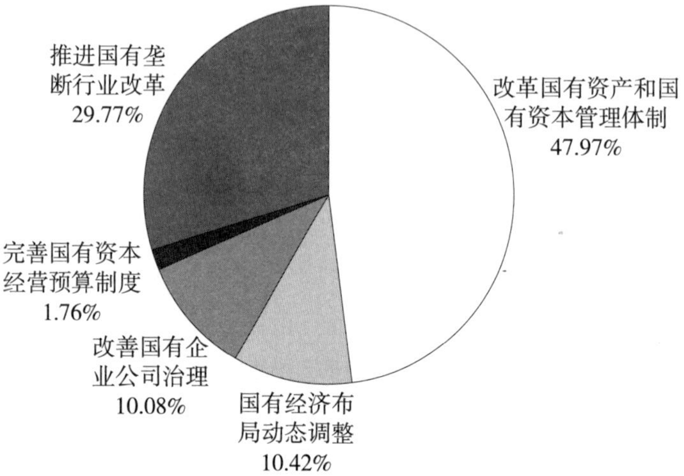

图 11.122　下一步国有经济改革的重点（总体）

10.00% 的企业认为是国有经济布局动态调整；10.00% 的企业认为是改善国有企业公司治理；0.74% 的企业认为是完善国有资本经营预算制度；30.74% 的企业认为是推进国有垄断行业改革。

按行业划分

制造业：45.92% 的企业认为是改革国有资产和国有资本管理体制；9.28% 的企业认为是国有经济布局动态调整；9.91% 的企业认为是改善国有企业公司治理；1.38% 的企业认为是完善国有资本经营预算制度；33.50% 的企业认为是推进国有垄断行业改革。

生产型服务业：44.92% 的企业认为是改革国有资产和国有资本管理体制；12.30% 的企业认为是国有经济布局动态调整；12.83% 的企业认为是改善国有企业公司治理；2.67% 的企业认为是完善国有资本经营预算制度；27.27% 的企业认为是推进国有垄断行业改革。

生活型服务业：48.00% 的企业认为是改革国有资产和国有资本管理体制；16.00% 的企业认为是国有经济布局动态调整；10.00% 的企业认为是改善国有企业公司治理；2.00% 的企业认为是完善国有资本经营预算制度；24.00% 的企业认为是推进国有垄断行业改革。

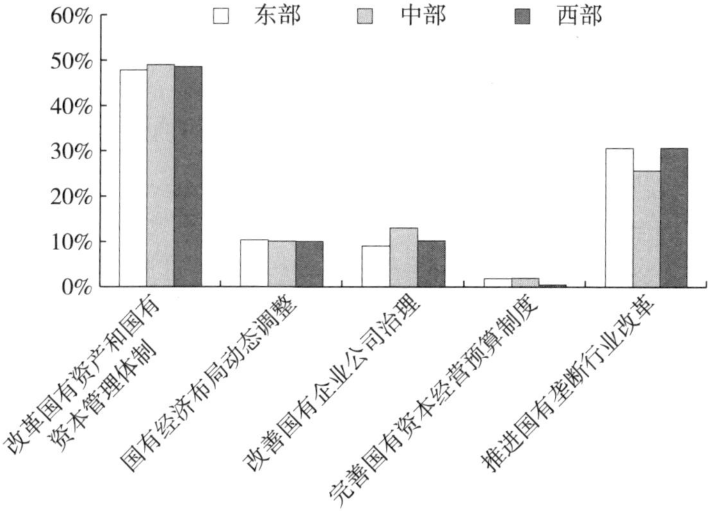

图 11.123　下一步国有经济改革的重点（地区）

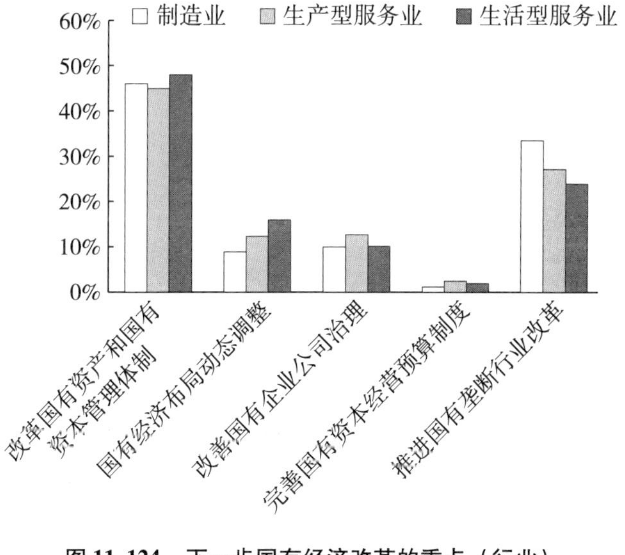

图 11.124　下一步国有经济改革的重点（行业）

按规模划分

小型企业：46.14% 的企业认为是改革国有资产和国有资本管理体制；10.60% 的企业认为是国有经济布局动态调整；9.49% 的企业认为是改善国有企业公司治理；1.77% 的企业认为是完善国有资本经营预算制度；32.01% 的企业认为是推进国有垄断行业改革。

中型企业：47.20% 的企业认为是改革国有资产和国有资本管理体制；9.71% 的企业认为是国有经济布局动态调整；10.26% 的企业认为是改善国有企业公司治理；1.23% 的企业认为是完善国有资本经营预算制度；31.60% 的企业认为是推进国有垄断行业改革。

大型企业：58.96% 的企业认为是改革国有资产和国有资本管理体制；12.69% 的企业认为是国有经济布局动态调整；8.21% 的企业认为是改善国有企业公司治理；0.75% 的企业认为是完善国有资本经营预算制度；19.40% 的企业认为是推进国有垄断行业改革。

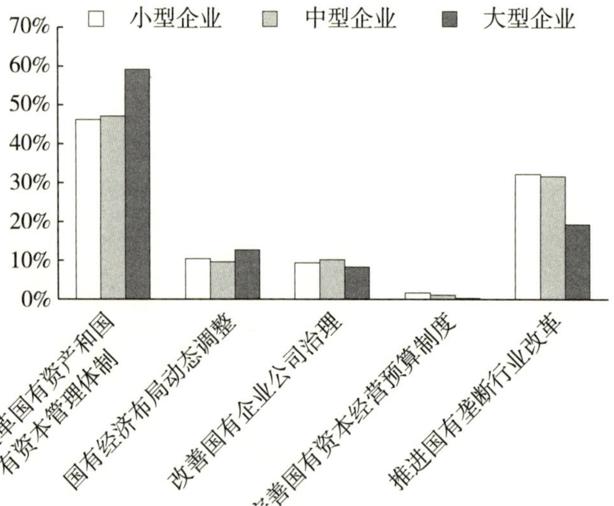

图 11.125　下一步国有经济改革的重点（规模）

按所有制划分

国有企业：15.19%的企业认为是改革国有资产和国有资本管理体制；15.38%的企业认为是国有经济布局动态调整；24.46%的企业认为是改善国有企业公司治理；14.40%的企业认为是完善国有资本经营预算制度；30.57%的企业认为是推进国有垄断行业改革。

外资企业：20.90%的企业认为是改革国有资产和国有资本管理体制；14.93%的企业认为是国有经济布局动态调整；22.39%的企业认为是改善国有企业公司治理；16.42%的企业认为是完善国有资本经营预算制度；25.37%的企业认为是推进国有垄断行业改革。

民营企业：16.93%的企业认为是改革国有资产和国有资本管理体制；11.29%的企业认为是国有经济布局动态调整；20.69%的企业认为是改善国有企业公司治理；13.89%的企业认为是完善国有资本经营预算制度；37.19%的企业认为是推进国有垄断行业改革。

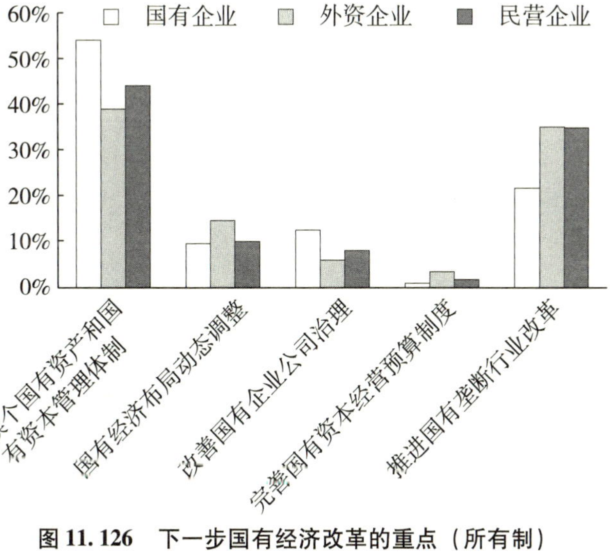

图 11.126　下一步国有经济改革的重点（所有制）

3. 影响国有经济改革的主要因素。就调研总体而言：32.64%的企业认为是缺乏改革共识；42.01%的企业认为是政府高层的决心；5.79%的企业认为是缺乏法律依据；12.26%的企业认为是国有企业内部的阻力；4.96%的企业认为是国有资产管理部门的阻力；2.34%的企业认为是干部与人事管理部门的阻力。

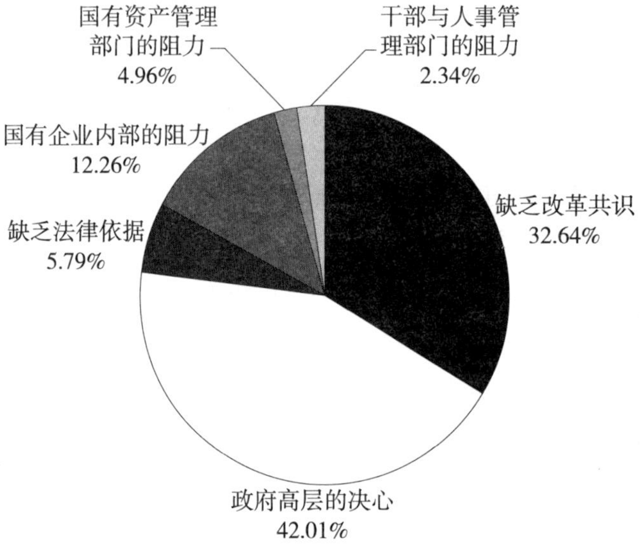

图 11.127　影响国有经济改革的主要因素（总体）

按地区划分

东部地区：31.99%的企业认为是缺乏改革共识；42.65%的企业认为是政府高层的决心；6.17%的企业认为是缺乏法律依据；12.79%的企业认为是国有企业内部的阻力；3.70%的企业认为是国有资产管理部门的阻力；2.69%的企业认为是干部与人事管理部门的阻力。

中部地区：31.36%的企业认为是缺乏改革共识；43.21%的企业认为是政府高层的决心；5.23%的企业认为是缺乏法律依据；11.15%的企业认为是国有企业内部的阻力；6.62%的企业认为是国有资产管理部门的阻力；2.44%的企业认为是干部与人事管理部门的阻力。

西部地区：35.98%的企业认为是缺乏改革共识；39.02%的企业认为是政府高层的决心；5.30%的企业认为是缺乏法律依据；10.98%的企业认为是

国有企业内部的阻力；7.58%的企业认为是国有资产管理部门的阻力；1.14%的企业认为是干部与人事管理部门的阻力。

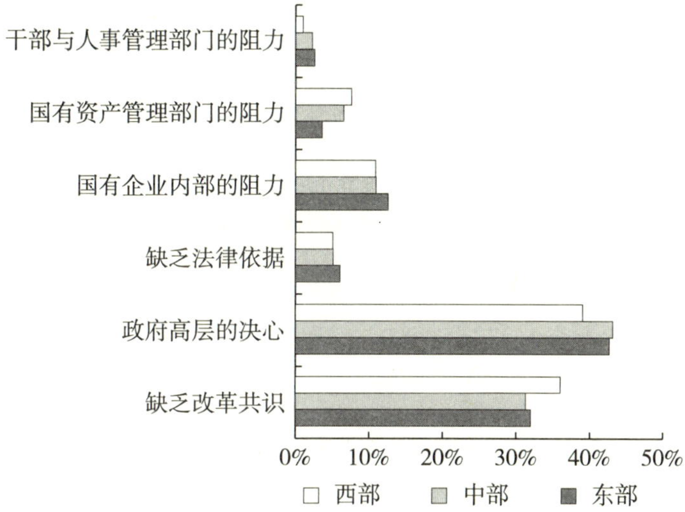

图 11.128　影响国有经济改革的主要因素（地区）

按行业划分

制造业：29.71%的企业认为是缺乏改革共识；42.89%的企业认为是政府高层的决心；7.17%的企业认为是缺乏法律依据；12.55%的企业认为是国有企业内部的阻力；4.74%的企业认为是国有资产管理部门的阻力；2.94%的企业认为是干部与人事管理部门的阻力。

生产型服务业：33.33%的企业认为是缺乏改革共识；39.78%的企业认为是政府高层的决心；5.38%的企业认为是缺乏法律依据；15.59%的企业认为是国有企业内部的阻力；3.23%的企业认为是国有资产管理部门的阻力；2.69%的企业认为是干部与人事管理部门的阻力。

生活型服务业：35.11%的企业认为是缺乏改革共识；42.55%的企业认为是政府高层的决心；1.06%的企业认为是缺乏法律依据；10.64%的企业认为是国有企业内部的阻力；10.64%的企业认为是国有资产管理部门的阻力。

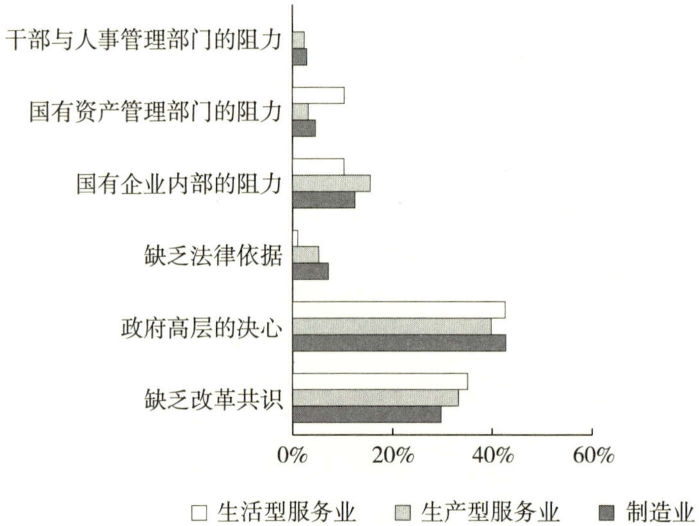

图 11.129　影响国有经济改革的主要因素（行业）

按规模划分

小型企业：33.56%的企业认为是缺乏改革共识；40.94%的企业认为是政府高层的决心；7.16%的企业认为是缺乏法律依据；13.42%的企业认为是国有企业内部的阻力；3.58%的企业认为是国有资产管理部门的阻力；1.34%的企业认为是干部与人事管理部门的阻力。

中型企业：33.38%的企业认为是缺乏改革共识；41.27%的企业认为是政府高层的决心；5.26%的企业认为是缺乏法律依据；12.19%的企业认为是国有企业内部的阻力；4.99%的企业认为是国有资产管理部门的阻力；2.91%的企业认为是干部与人事管理部门的阻力。

大型企业：26.15%的企业认为是缺乏改革共识；46.15%的企业认为是政府高层的决心；6.92%的企业认为是缺乏法律依据；13.85%的企业认为是国有企业内部的阻力；3.85%的企业认为是国有资产管理部门的阻力；3.08%的企业认为是干部与人事管理部门的阻力。

按所有制划分

国有企业：32.92%的企业认为是缺乏改革共识；43.31%的企业认为是

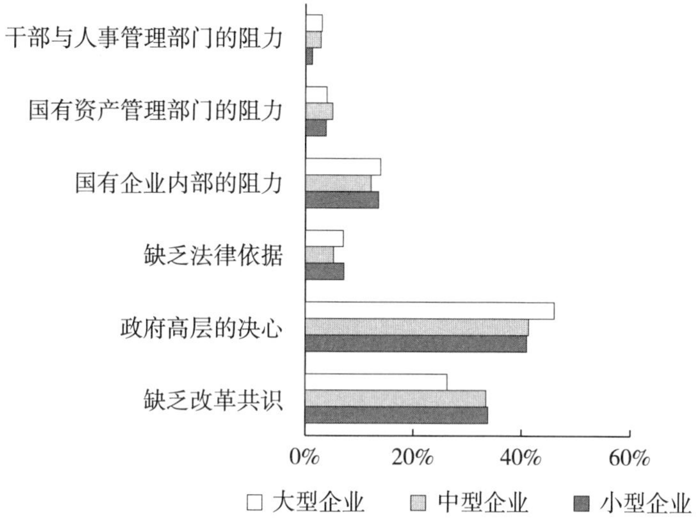

图 11.130 影响国有经济改革的主要因素（规模）

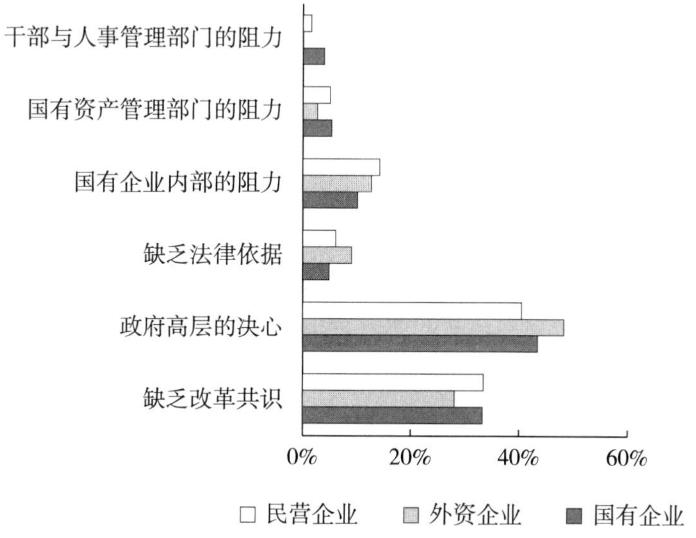

图 11.131 影响国有经济改革的主要因素（所有制）

政府高层的决心；4.75%的企业认为是缺乏法律依据；9.86%的企业认为是国有企业内部的阻力；5.28%的企业认为是国有资产管理部门的阻力；3.87%的企业认为是干部与人事管理部门的阻力。

外资企业：27.85%的企业认为是缺乏改革共识；48.10%的企业认为是政府高层的决心；8.86%的企业认为是缺乏法律依据；12.66%的企业认为是国有企业内部的阻力；2.53%的企业认为是国有资产管理部门的阻力。

民营企业：33.04%的企业认为是缺乏改革共识；40.20%的企业认为是政府高层的决心；6.16%的企业认为是缺乏法律依据；14.07%的企业认为是国有企业内部的阻力；5.03%的企业认为是国有资产管理部门的阻力；1.51%的企业认为是干部与人事管理部门的阻力。

总体上，多数调研企业均认为过去五年中，国有企业改革有所进展，但仍有不足。对于影响国有企业改革进程的主要因素，多数调研企业认为，首要因素是政府高层决心，其次是国有企业内部的阻力，以及国有资产管理部门的阻力。在下一阶段国有企业改革中，政府高层要有支持改革的决心，这样才能破除企业内部和外部的各种压力。通过改革，使国有资产管理体制更能适应新环境下经济发展的要求。同时，通过改革，完善国有企业的公司治理制度，使企业的发展更加科学合理。

十、行业协会如何发挥作用

1. 希望行业协会发挥作用的地方。总体而言，多数企业希望行业协会可以在维护企业利益方面发挥主要作用，占比为86.38%。

从地区角度看，多数企业希望行业协会可以在维护企业利益方面发挥主要作用。其中东部地区企业的比例为84.74%，中部地区企业的比例为88%，西部地区企业的比例更高达90.74%。

从行业角度看，多数企业希望行业协会可以在维护企业利益方面发挥主要作用。其中生产型服务业企业的比例为84.69%，生活型服务业企业的比例为85.15%，制造业企业的比例更高达87.41%。

从规模角度看，多数企业希望行业协会可以在维护企业利益方面发挥主

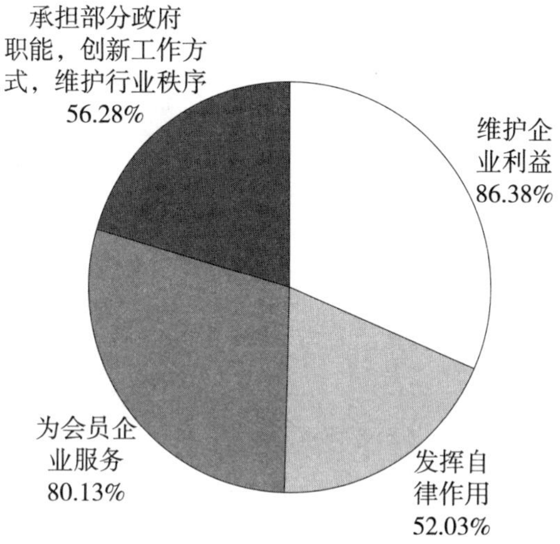

图 11.132　希望行业协会发挥的作用（总体）

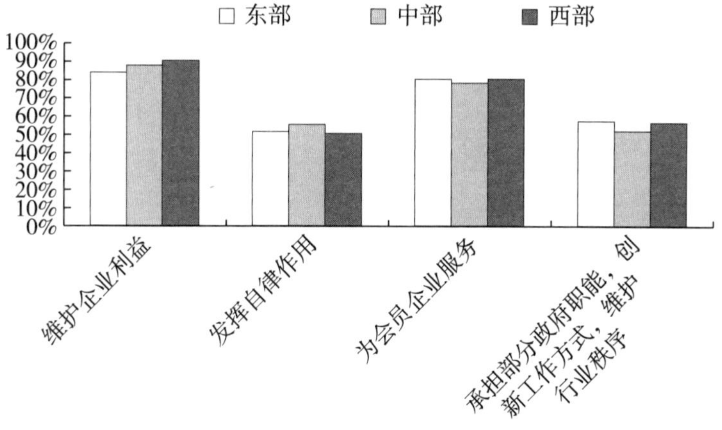

图 11.133　希望行业协会发挥的作用（地区）

要作用。其中大型企业的比例为 78. 95%，中型企业的比例为 87. 10%，小型企业的比例为 87. 07%。

从所有制角度看，多数企业希望行业协会可以在维护企业利益方面发挥主要作用。其中外资企业的比例为 82. 72%，民营企业的比例为 86. 28%，国有企业的比例为 86. 82%。

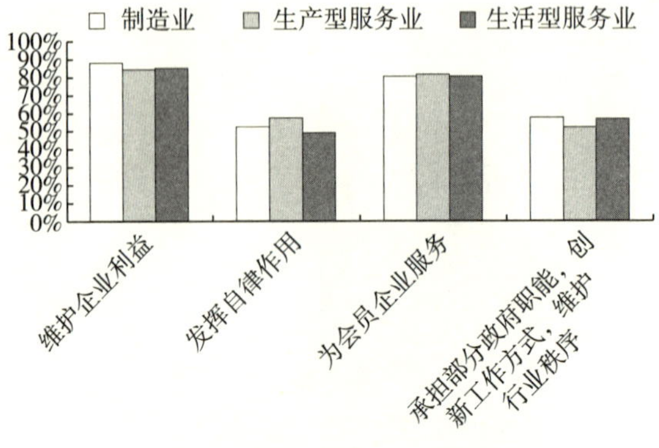

图 11.134　希望行业协会发挥的作用（行业）

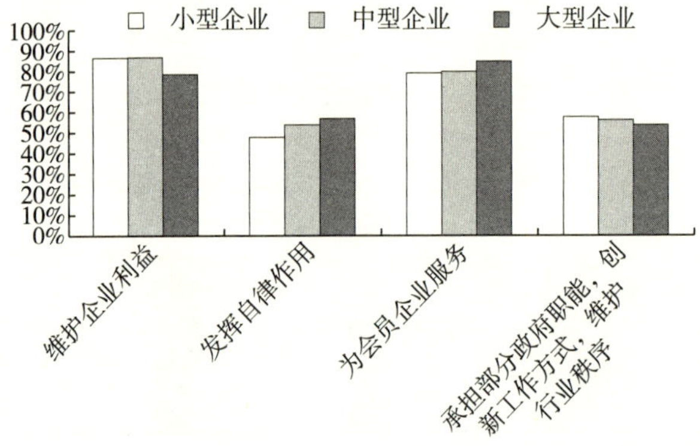

图 11.135　希望行业协会发挥的作用（规模）

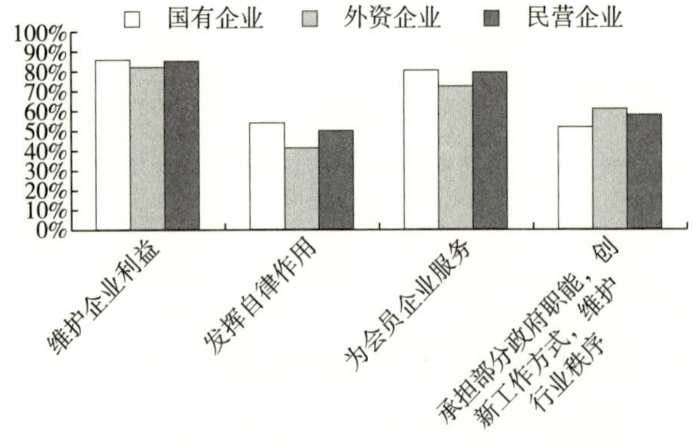

图 11.136　希望行业协会发挥的作用（所有制）

2. 行业协会难以发挥作用的主要原因。就调研总体而言，企业认为行业协会难以发挥作用的首要原因是，行业协会的职能定位不清楚（47.18%）。

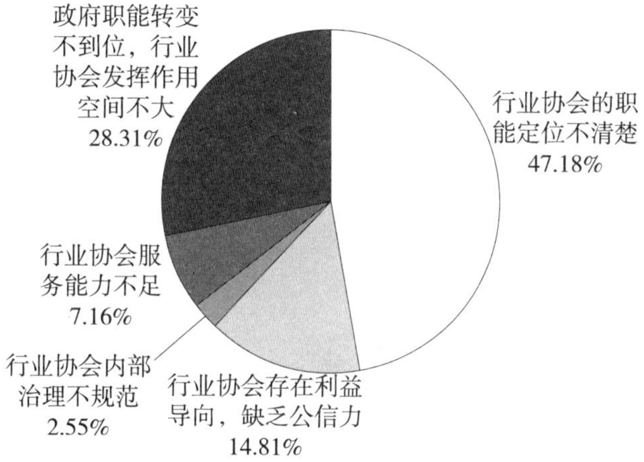

图 11.137　行业协会难以发挥作用的主要原因（总体）

从地区角度看，多数企业认为行业协会难以发挥作用的首要原因是，行业协会的职能定位不清楚。其中，东部地区企业中的 46.73%，中部企业中的 48.79% 和西部企业中的 47.35% 持此观点。

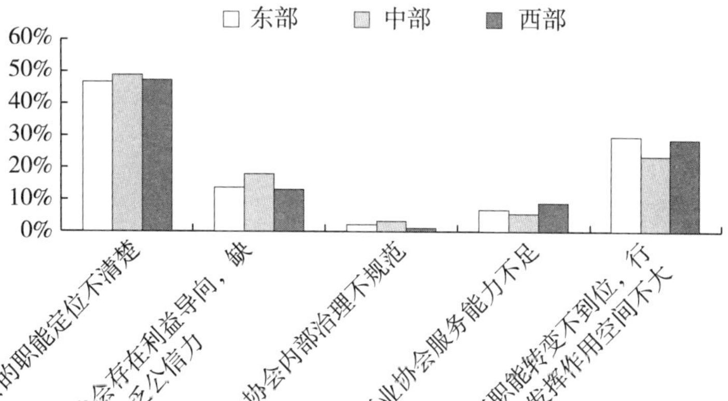

图 11.138　行业协会难以发挥作用的主要原因（地区）

从行业角度看，生活型服务业企业中，有53.61%的企业认为行业协会难以发挥作用的首要原因是行业协会的职能定位不清楚。制造业企业和生产型服务业企业同意此观点的企业比例分别为47.13%和40.53%。

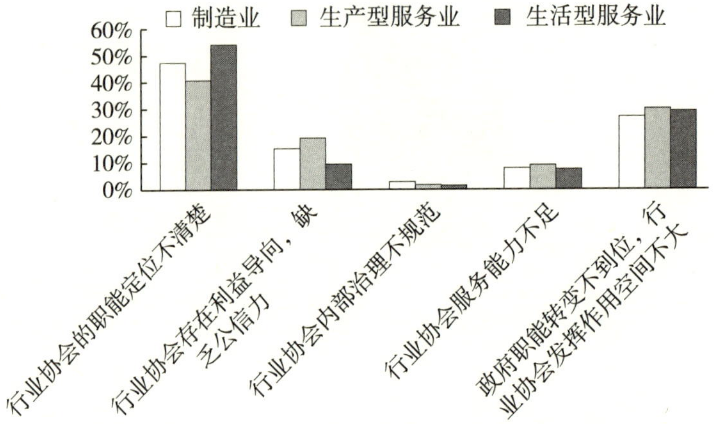

图11.139 行业协会难以发挥作用的主要原因（行业）

从规模角度看，多数企业认为行业协会难以发挥作用的首要原因是，行业协会的职能定位不清楚。其中，47.31%的小型企业、45.78%的中型企业和51.54%的大型企业支持此观点。

从所有制角度看，多数企业认为行业协会难以发挥作用的首要原因是，行业协会的职能定位不清楚。其中，50.89%的国有企业、41.77%的外资企业和45.22%的民营企业赞同此观点。

3. 行业协会如何发挥作用分析。从调研数据看，企业希望行业协会可以将维护会员利益作为其首要工作。在转变政府职能过程中，企业希望行业协会可以承担部分政府职能，成为市场监管体系的一环。同时行业协会要发挥好自律作用，促进行业健康发展。

为了达到上述三个目的，多数企业认为行业协会要明确自身的定位，加强自身的服务能力建设。同时，要积极推动政府职能转变，给行业协会发挥自身作用的空间。

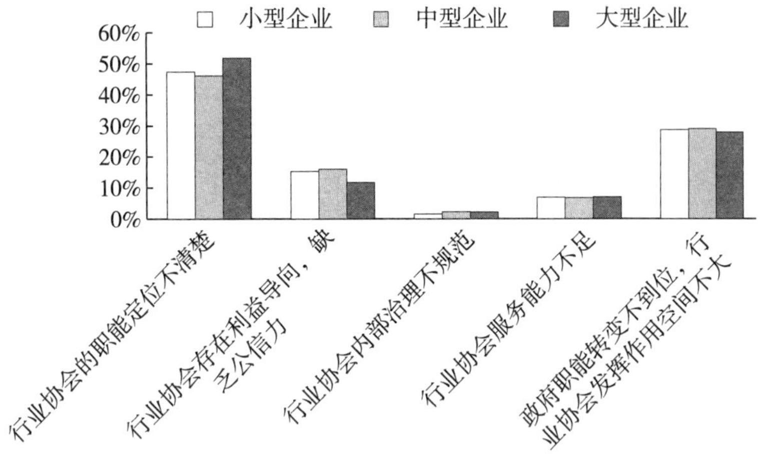

图 11.140　行业协会难以发挥作用的主要原因（规模）

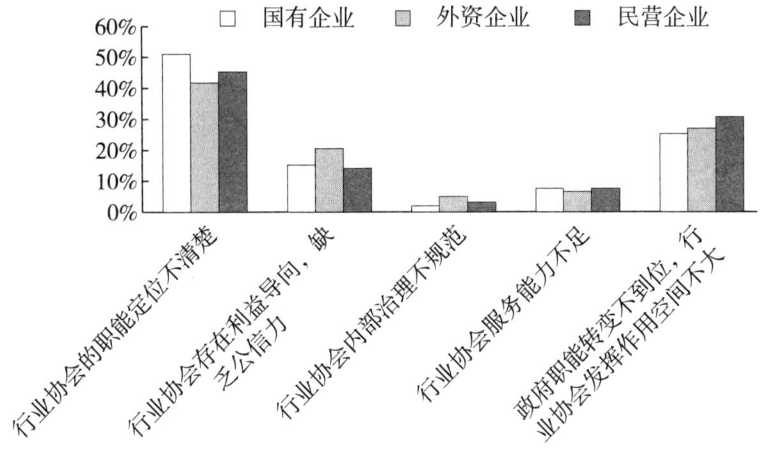

图 11.141　行业协会难以发挥作用的主要原因第一（所有制）

十一、企业对下一步深化经济体制改革的看法

1. 下一步深化经济体制改革的关键环节和重点领域。就调研总体而言，受访单位认为，下一步深化经济体制改革的关键环节和重点领域，最重要的是国有经济改革（31.47%）。持此观点的企业，在不同地区的比例分别为：中部地区 40.61%，西部地区 35.42%，东部地区 27.52%；

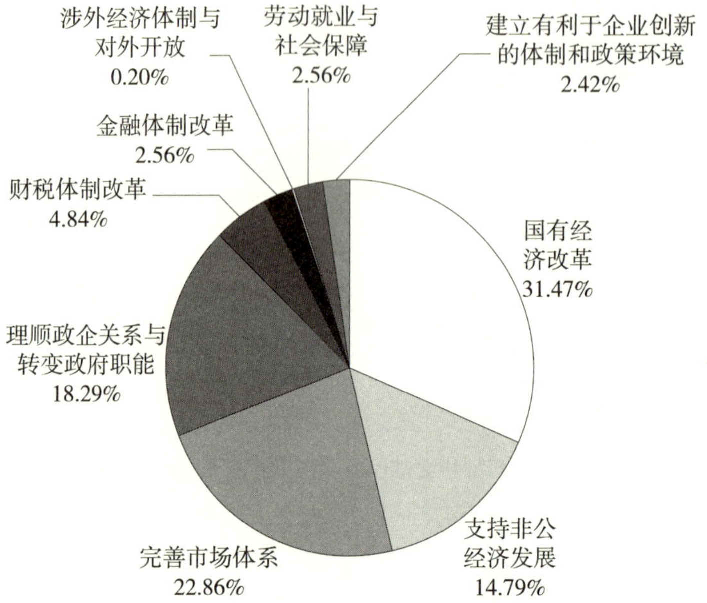

图 11.142　下一步深化经济体制改革的关键环节和重点领域（总体）

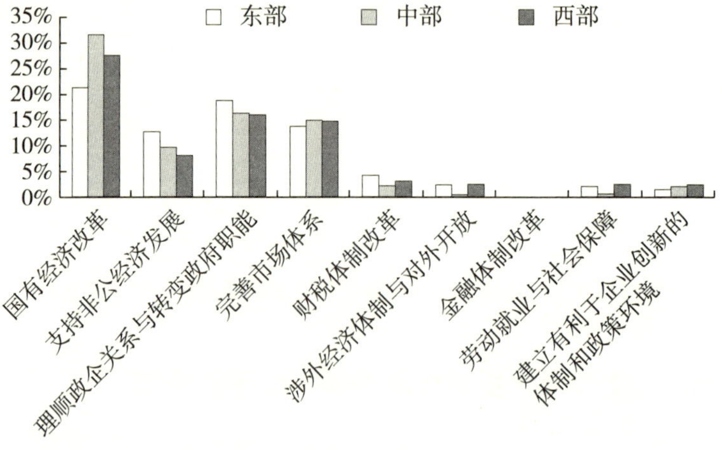

图 11.143　下一步深化经济体制改革的关键环节和重点领域（地区）

在不同行业的比例分别为：制造业企业 32.84%，生产型服务业企业 29.90%，生活型服务业企业 27.84%；

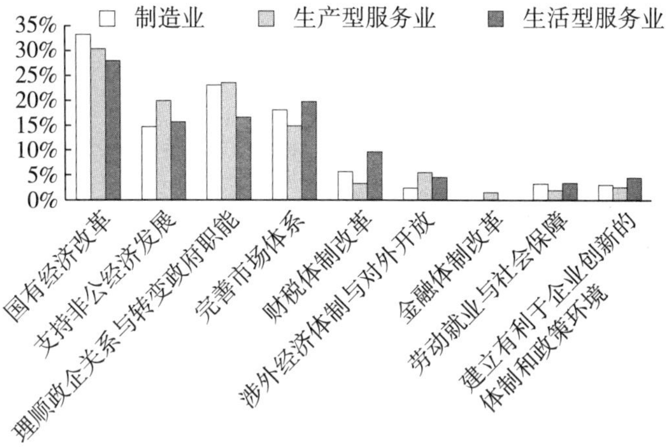

图 11.144 下一步深化经济体制改革的关键环节和重点领域（行业）

按不同规模划分，则占比分别为：小型企业 31.36%，中型企业 31.61%，大型企业 27.07%；

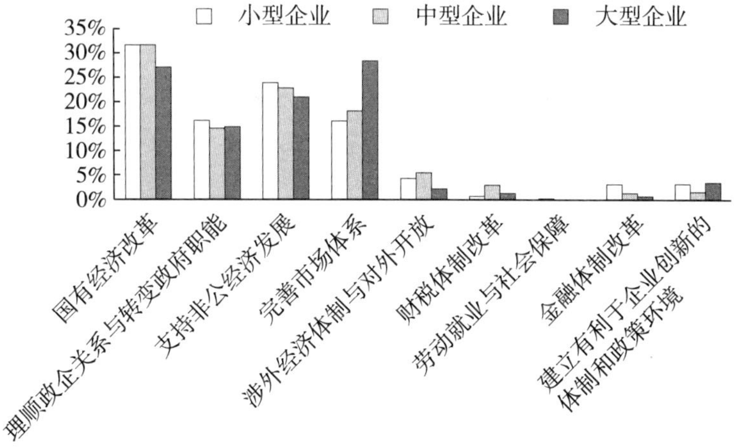

图 11.145 下一步深化经济体制改革的关键环节和重点领域（规模）

按不同所有制划分，则占比分别为：国有企业 37.33%，民营企业 28.54%。但 23.46% 的外资企业则认为，在下一步深化经济体制改革的工作中，最重要的是完善市场体系。

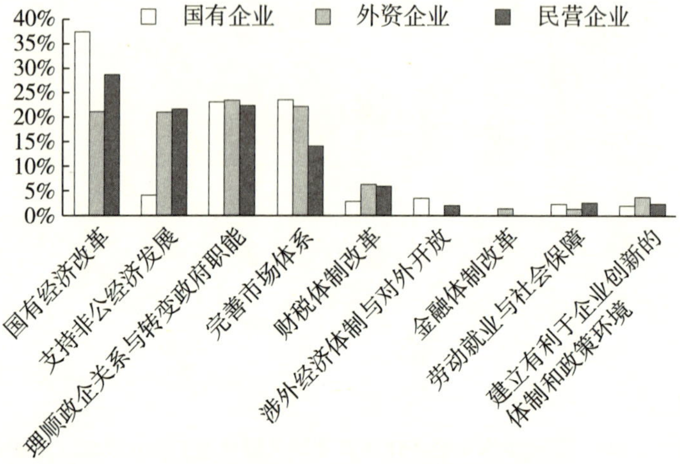

图 11.146　下一步深化经济体制改革的关键环节和重点领域（所有制）

2. 对下一步深化经济体制改革的分析。企业认为，在进一步深化经济体制的改革过程中，要将国有经济改革作为首要工作。要完善市场体系，充分发挥市场机制对经济的促进作用。要理顺政企关系，转变政府职能，建立服务型政府。要改革财税体制，降低企业的税负水平。要鼓励创新，为企业找到新的增长点，有能力抵消不良外部环境对企业的不利影响。

附件　调查问卷①

当前企业对政府与企业关系、深化经济体制改革的看法：突出矛盾与主要任务

一、企业基本情况

1. 企业属于哪种类型：(　)

A. 国有及国有控股企业；B. 外资及外资控股企业；C. 民营及民营控股企业

2. 企业所属行业：(　)

A. 农、林、牧、渔业；B. 采矿业；C. 制造业；

D. 电力、热力、燃气及水生产和供应业；E. 建筑业；

F. 批发和零售业；G. 交通运输、仓储和邮政业；

H. 住宿和餐饮业；I. 信息传输、软件和信息技术服务业；

J. 金融业；K. 房地产业；L. 租赁和商务服务业；

M. 科学研究和技术服务业；

N. 水利、环境和公共设施管理业；O. 居民服务、修理和其他服务业；

P. 教育；Q. 卫生和社会工作；

R. 文化、体育和娱乐业；S. 综合；

① 本问卷由中国上市公司协会与国务院发展研究中心共同设计并组织分析研究。

T. 其他__________

3. 企业在哪个板上市：（ ）

A. 主板；B. 中小板；C. 创业板；D. 海外（中国大陆以外上市）

4. 企业注册地是：__________

5. 企业在2012年的营业收入约__________万元人民币

6. 企业目前员工总数约__________名

7. 企业成立时间是__________年

二、政府与企业关系

8. 企业遇到的地方保护，主要体现在：（1）______（2）______（3）______

A. 政府对本地产品进行保护；B. 在企业并购时遇到地方排斥；

C. 在外地发生法律诉讼时遭受不公平待遇；

D. 企业到外地投资受原属地政府的干涉和阻拦；

E. 企业到外地投资，在获取外地政府财税支持、土地资源等方面受到不公平待遇；

F. 外地企业投资后与当地企业发生矛盾时，当地政府动用行政权力、司法手段等进行不正当干预

9. 您认为地方保护近年来是加重了还是有明显改善：（ ）

A. 加重；B. 明显改善

地方保护产生的主要原因是什么：（ ）

A. 保护本地区企业利益；B. 保护地方税收和就业；

C. 影响政府经济绩效；D. 非正常因素干扰；E. 其他__________

10. 近三年，您的企业平均每年向政府申报、审批项目数量约__________个，您认为这些审批中“不必要的审批事项”所占的比例是__________；在项目审批过程中，最长的一项审批时间跨度约__________天，约涉及__________个审批部门，约涉及__________道审批程序。

11. 您认为在行政审批中最需要改进的是哪些方面：（ ）

A. 减少审批层级，明确各级部门审批权限；

B. 增加关于审批标准和流程的透明度；

C. 提高审批效率，落实限时办结制；D. 减少审批事项，放松管制

12. 您的企业每年接待政府及相关机构检查和商业评比等活动约__________次，用于上述活动的费用占企业管理费用的比重约__________。

13. 企业高管每年参加政府及相关部门的会议约__________次，其中企业认为有必要的会议占比约__________，企业负责人每年和政府打交道的时间约占__________个工作日。

14. 近三年企业因政府要求的各种资助或摊派平均每年占营业总收入的比重约__________，占税前利润的比重约__________。

15. 近三年企业获得奖牌、冠名、认证和牌匾的数量为__________，其中：来自政府部门的数量为__________，来自行业协会的数量为__________。

16. 近三年企业平均每年获得政府各类资金支持、财政补贴、税收减免与税收返还等占营业总收入的比重约__________，而企业为此支付的成本占企业实际得到补贴的比例约__________。

17. 政府通过各类专项补贴来扶持企业的方式存在的主要问题：(　)

A. 企业无法及时获取各类政府补贴信息；B. 获取补贴的资格、标准、程序不清晰；

C. 补贴评审过程缺乏透明度；D. 有的企业能拿到，有的企业拿不到，显失公平；

E. 政府借补贴干预企业经营和决策；F. 额度太少，不值得去争取

18. 您对政府补贴的看法：(　)

A. 尽可能取消各类补贴；B. 应减少补贴；C. 优化补贴结构；

D. 加大补贴力度；E. 增强补贴透明度和公平性，强化监督管理；

E. 其他__________

19. 您认为企业要获取土地、矿产等资源最关键的是：(　)

A. 依靠企业实力参与竞争获取；B. 与政府的关系；

C. 熟悉国家和地方有关法律、政策；D. 其他__________

20. 当前土地、矿产等资源配置存在的主要问题：（　）

A. 政府主导且有选择性的配置导致机会不公；B. 大企业容易获得，小企业较难；

C. 政府对企业获取资源附加较多条件；D. 暗箱操作，权钱交易，腐败严重

21. 贵公司遭遇民事、经济纠纷时主要的解决方式：（　）

A. 法律手段；B. 私下协商；C. 寻求行政力量和社会关系支持；D. 忍受损失

22. 如果上题没有选择“A. 法律手段”，原因是：（　）

A. 诉讼经济成本高；B. 诉讼处理时间长；

C. 对司法判决没有信心；D. 胜诉后执行难

23. 政府在宏观调控和经济管理中存在的突出问题，依次是：（1）______（2）______

A. 政策变化频繁，企业缺乏稳定预期；B. 安全生产、环保标准等约束不强；

C. 过度使用行政手段干预企业，如准入、退出、资质审查、限产、限价等；

D. 产业发展规划、计划等，形成了新的行政干预；E. 其他__________

24. 政府在制定和执行经济政策时存在的主要问题，依次是：（1）______（2）______（3）______

A. 未充分听取企业意见；B. 决策过程不公开、不透明；

C. 决策主体注重部门利益；D. 决策评估机制不健全或缺失；

E. 反馈渠道不畅，缺乏有效监督，出现问题难解决；

F. 其他__________

25. 您希望行业协会在哪些方面发挥作用：（1）______（2）______（3）______

A. 维护企业利益；B. 发挥自律作用；C. 为会员企业服务；

D. 承担部分政府职能，创新工作方式，维护行业秩序；

E. 其他__________

您认为行业协会难以发挥作用的主要原因，依次是：（1）__________（2）__________（3）__________

A. 行业协会的职能定位不清楚；

B. 行业协会存在利益导向，缺乏公信力；

C. 行业协会内部治理不规范；

D. 行业协会服务能力不足；

E. 政府职能转变不到位，行业协会发挥作用空间不大；

F. 其他__________

三、企业的创新环境

26. 近三年企业年均研发经费占销售收入的比重约__________，新产品销售收入占营业总收入的比重约__________。如从事多元化业务，收益最高的业务是__________，收益最低的业务是__________

27. 您的企业是否遭遇过知识产权侵权行为：（　）

A. 是；B. 否

如遭遇过，是否严重：（　）

A. 严重；B. 不严重

28. 企业采取法律手段保护知识产权是否有效：（　）

A. 是；B. 否

若采取法律手段无效，其中的主要原因是：（　）

A. 法律制度不完善；B. 诉讼成本太高；C. 执行效果不明显；

D. 地方政府干预；E. 判决不公正

29. 您认为影响企业创新意愿的主要因素有：（　）

A. 创新门槛高、周期长、风险大，不如产能扩张稳妥；

B. 行业利润严重失衡，投资创新不如房地产、金融业的比较收益高；

C. 知识产权、专利保护、人才等不到位；D. 政府过度激励影响创新自主性；E. 创新缺乏人才和技术来源；F. 融资难

30. 您认为研发费用税前抵扣政策是否得到了有效落实：（　）

A. 是；B. 否

落实的时间周期约为__________；如果没有有效落实，主要原因是：（　）

A. 不了解该项政策；B. 界定研发费用抵扣难操作；

C. 税收部门倾向于多收税；D. 该政策意义不大，不值得向政府申请；

E. 科技部门和税务部门协调不够；其他__________

31. 您的企业更倾向于通过何种途径实现产品或技术创新：（　）

A. 挖竞争对手的关键技术人才；B. 主要依靠自己的研发力量；

C. 以模仿别人为主；D. 引进、消化吸收、再创新；

E. 主要靠与科研单位合作、购买科研单位的技术；

F. 并购有技术的公司

32. 您认为影响本企业创新最主要的体制性障碍是：（　）

A. 政府干预与行政管制太多；

B. 在一些产业存在不合理的准入限制；

C. 缺乏公平竞争的市场环境；

D. 企业的创新产品在产业化过程中遇到融资、市场准入、标准缺乏等难题；E. 政府部门的职能分割和利益关系

33. 企业开展创新活动最希望政府做的工作，依次是：（1）__________（2）__________（3）__________

A. 专项支持（科技经费、贷款贴息、低息贷款、创新基金、产业化经费支持等）；

B. 税收减免（高新技术企业所得税减免、研发费用抵扣、设备加速折旧等）；

C. 创造公平竞争的市场环境；

D. 切实保护知识产权；

E. 创造好的人居环境；

F. 在基础研究、科技平台建设、教育和人才培养等方面加大投入

四、完善市场体系

34. 您对能源资源价格改革的看法，依次是：（1）______（2）______（3）______

A. 政府应彻底放开对能源资源价格的控制；

B. 垄断利益格局不打破，能源资源价格改革难有实质性进展；

C. 目前市场体系不健全，能源资源价格改革无法达到预期效果；

D. 担心放开价格可能会导致涨价，希望继续实行政府定价或指导价

35. 当前应推动哪些垄断性业务的行业改革：（　）

A. 石油天然气；B. 铁路；C. 广播与通信；D. 电力；

E. 重大公共基础设施投资；F. 其他__________

您认为推进垄断行业改革的关键是：（　）

A. 政企分开；B. 引入竞争；C. 加强监管；

D. 产业链分拆；E. 形成改革共识和政治决心

36. 您认为政府市场监管能力在促进企业公平竞争方面所起的作用：（　）

A. 起了很好的作用（如标准执行到位、促进优胜劣汰等）；

B. 作用有限；

C. 缺位、越位、错位严重，该管的不管，不该管的管太多；

D. 其他__________

37. 您认为提高政府市场监管能力的重点是：（　）

A. 转变政府职能，减少行政干预，增强监管独立性；

B. 提高监管的透明度、公平性；

C. 完善法律法规和行业标准，保证有效执行；

D. 降低监管成本，提高监管效率

38. 近三年企业通过股票和债券市场直接融资占融资总额的比例__________，企业在融资中遇到的主要困难和障碍：（ ）

A. IPO、再融资和发债审批等行政干预过多，市场化程度低；

B. 融资成本高；

C. 金融产品少，金融创新难以满足企业需求；

D. 企业融资在所有制、规模等方面存在不公平和歧视现象

39. 您认为当前社会信用体系建设总体情况如何：（ ）

A. 有改善；B. 在恶化

当前社会信用体系建设存在的突出问题是：（ ）

A. 政府信用严重缺失；

B. 经济合同执行困难，经济纠纷和经营成本增加；

C. 大企业或垄断企业利用霸王条款在付款、定价等方面侵害中小企业利益；

D. 失信和违法成本低，导致社会信用环境恶化；E. 其他__________

五、关于多种所有制经济的改革与发展

40. 您认为过去五年我国国有企业改革进展如何：（ ）

A. 有重大突破；B. 有所进展；

C. 基本停滞；D. 有所倒退；E. 不好判断

41. 您认为下一步国有经济改革的重点，依次是：（1）__________（2）__________（3）__________

A. 改革国有资产和国有资本管理体制；B. 国有经济布局动态调整；

C. 改善国有企业公司治理；D. 完善国有资本经营预算制度；

E. 推进国有垄断行业改革；F. 其他__________

42. 影响国有经济改革的主要因素，依次是：（1）______（2）______（3）______

A. 缺乏改革共识；B. 政府高层的决心；C. 缺乏法律依据；

E. 国有企业内部的阻力；F. 国有资产管理部门的阻力；

G. 干部与人事管理部门的阻力；H. 其他__________

43. 目前非公经济（民营企业）发展的总体环境如何：（　）

A. 很好；B. 较好；C. 一般；D. 较差；F. 很差

44. 当前民营企业发展中遇到的突出问题，依次是：（1）__________（2）__________（3）__________

A. 民营经济发展受到国有经济的挤压；B. 既得利益格局很难打破，“非公36条”难以落实；

C. 市场准入放开不够，或虽有准入政策，但“玻璃门”、“弹簧门”现象严重；

D. 民营企业可以参与一些放开领域的投资，但难以实质性参与经营；

E. 金融创新不足影响民营企业投资与经营活动；

F. 在获得政府资源等方面遇到不公平待遇；

G. 其他__________

六、财税金融体制

45. 目前的税收负担占企业营业总收入比重约__________，其中增值税占企业税收总额的比重__________，所得税占企业税收总额的比重__________。您感觉企业税负重不重：（　）

A. 过重；B. 偏重；C. 不重；D. 较好；E. 宽松

46. 目前的行政事业性收费占企业营业总收入比重约__________，

您认为名目及金额多不多：（　）

A. 过多；B. 偏多；C. 不多；D. 还好；E. 较好

47. 您认为深化税收管理体制改革的任务，依次是：（1）__________（2）__________（3）__________

A. 增加财产税等直接税种，相应减少流转税等间接税种；

B. 扩大“营改增”试点，由生产型增值税转为消费型增值税；

C. 降低总体税负；

D. 依法公平征税，减少预征、超征等；

E. 改革出口退税制度

48. 您对深化政府采购制度改革的看法：（　）

A. 加大政府采购对创新、节能环保产品的支持；

B. 加大政府采购对中小企业的支持；

C. 进一步完善、落实公开、公平、公正、透明的政府采购规则；

D. 扩大政府采购范围；

E. 进一步完善政府采购监管制度；

F. 建立健全政府采购的绩效评估体系

49. 您认为下一步深化金融体制改革的主要任务，依次是：（1）______（2）______（3）______

A. 深化银行业改革；B. 推进利率市场化；

C. 完善人民币汇率形成机制；D. 推进民间金融合法化、透明化；

E. 放宽金融准入，降低准入门槛；F. 进一步完善多层次的资本市场体系；G. 进一步完善重大基础设施投融资体制

七、劳动就业与社会保障

50. 您的企业在劳动用工方面遇到的主要问题，依次是：（1）______（2）______（3）______

A. 用工荒，劳动力总量短缺；

B. 劳动力供给结构不合理，熟练技术工人、高管人员和科研人员难找；

C. 员工流动频繁，企业缺乏权益保护机制；

D. 就业服务体系不足，公共职业教育和技工培训不能满足企业需求；

E. 《劳动合同法》等法规不完善限制了企业用工的灵活性；

F. 企业承担的社会保障费用过高；

G. 员工生活方面社会化配套不足（如园区班车、员工宿舍、文化娱乐、医教设施）；

H. 工会或职代会集体协商作用发挥不足，劳动争议处理棘手；

I. 其他__________

51. 您认为近年来劳动用工保障改革方面效果显著的依次是（1）__________（2）__________（3）__________，下一步应重点突破的依次是（1）__________（2）__________（3）__________

A. 消除农民进城就业限制，城乡劳动者平等就业；

B. 实现打工者住房、子女教育、养老、医疗等在就业居住地属地化管理，与户籍脱钩；

C. 实现国有企业下岗职工基本生活保障向失业保险并轨；

D. 城乡都建立社会保障制度；

E. 建立并有效发挥劳动就业等人力资源中介机构作用；

F. 实行最低工资制度；

G. 完善《劳动合同法》，规范企业用工行为，保障双方权益；

H. 建立劳资集体协商制度，缓解劳动用工方面的群体性事件；

I. 固定工、合同工、劳务派遣工、协力工等实现同工同酬；

J. 完善就业服务体系，有效开展职业教育和技能培训；

K. 其他__________

八、涉外经济与对外开放

52. 您的企业海外收入占营业总收入比重约__________，海外资产占总资产比重约__________

53. 您认为现在的进出口政策有哪些需要进一步改进：（　）

A. 出口退税政策；B. 设备进口享受优惠政策；C. 融资信贷和出口保险；D. 外汇管理制度；E. 海关服务和通关政策；F. 其他__________

54. 您的企业在海外投资中遇到的主要问题，依次是：（1）__________（2）__________（3）__________

A. 贸易壁垒；B. 不公正投资审查制度；C. 政治和法律风险；

D. 中国企业相互间的恶性竞争；E. 行业准入限制；F. 其他__________

55. 政府在支持中国企业“走出去”方面还需改进：（1）__________（2）__________（3）__________

A. 完善对外投资的政策和法规，实现对外投资的便利化；

B. 完善对外投资的服务体系，为企业提供咨询和服务；

C. 加强双边贸易协定的签订，保障投资企业海外权益；

D. 放松外汇管制，提高外汇管理效率；

E. 减少项目审批，增强企业自主性；

F. 其他__________

56. 您认为中国的外商投资环境如何：(　)

A. 比过去好；B. 没有变化；C. 比过去差

57. 外资企业在华发展遇到的突出问题有：(1) ______ (2) ______ (3) ______

A. 行业的准入限制；B. 在华融资渠道少，融资难；

C. 科技创新等政策没有将外资企业纳入其中；D. 知识产权得不到保护；

E. 法律制度和政策不完善、不透明，政策变化快，可预见性差；

F. 劳动关系和劳务纠纷的处理复杂；G. 政治与外交带来的风险；

H. 其他__________

九、总结

58. 您认为下一步深化经济体制改革关键环节和重点领域，依次是：

(1) __________ (2) __________ (3) __________ (4) __________ (5) __________

A. 国有经济改革；B. 支持非公经济发展；C. 完善市场体系；D. 理顺政企关系与转变政府职能；E. 财税体制改革；

F. 金融体制改革；

G. 涉外经济体制与对外开放方面；

H. 劳动就业与社会保障方面；

I. 建立有利于企业创新的体制和政策环境；

J. 其他__________

附录　典型行业行政审批事项清单①

1. 汽车制造业

审批事项名称	审批机构	审批周期	审批内容	审批依据及条件
企业名称预先核准	工商行政管理局	3个工作日	名称是否符合法律要求	名称（变更）预先核准申请书
企业设立/变更登记	工商行政管理局	10个工作日	设立是否符合要求	1. 企业设立登记申请书；2. 董事会、监事会决议；3. 公司章程，验资证明；4. 企业名称预先核准通知书；5. 经营场所证明
办理组织机构代码证	质量技术监督局	5个工作日	组织机构代码证	1. 单位营业执照副本及复印件各一份；2. 单位公章；3. 法人身份证；4. 经办人有效身份证；5. 授权证明
办理税务登记证	税务局（地税、国税）	3个工作日	税务登记证	1. 营业执照；2. 公司章程；3. 银行账户、账号证明；4. 组织机构代码证；5. 法定代表人和董事会成员名单
外商投资企业设立审批	商务部	90个工作日	外商投资企业批准书	1. 申请书；2. 委托书；3. 授权委托书；4. 可行性研究报告；5. 项目核准批复；6. 合资协议、合同和章程

① 本部分资料由相关行业的企业提供，未经作者核准，相关信息不一定代表行业整体情况。

（续表）

审批事项名称	审批机构	审批周期	审批内容	审批依据及条件
节能审查	发改委	60 个工作日	节能专篇审查意见	1. 规划意见书；2. 申报请示；3. 节能专篇报告书；4. 申请报告书；5. 北京市固定资产投资项目节能登记表
立项审查	发改委	30 个工作日	项目核准批复	1. 土地预审意见；2. 规划意见书；3. 环评批复；4. 节能审查意见；5. 申报请示；6. 招标核准方案；7. 成交确认书；8. 营业执照复印件
土地出让合同	国土局	20 个工作日	土地出让合同	1. 中标通知书或成交确认书；2. 营业执照复印件；法人代表身份证复印件；3. 委托人身份证复印件及委托书
地价缴款情况核实	国土局	6 个工作日	地价款缴纳情况核实函	1. 申请；2. 出让合同；3. 转让登记表及契税发票通知联；4. 缴纳地价款、资金占用费、滞纳金发票及契税发票通知联；5.《补偿协议》及原土地方出具的补偿费及土地开发费已全额付清的证明
地籍调查	国土局	15 个工作日	地籍调查表	1. 申请书；2. 营业执照副本复印件；3. 法人代表身份证明书及身份证明；4. 委托书及委托人身份证明；5. 用地证；6. 地价款缴纳情况核实函；7. 土地出让合同；8. 中标通知书或成交确认书
出让国有土地使用权设定登记	国土局	20 个工作日	国有土地使用证	1. 登记申请书；2. 地籍测量成果；3. 地籍调查表；4. 土地权属来源证明文件；5. 申请人身份证明；6. 法定代表人身份证明；7. 委托书及委托人身份证明；8. 完税或免税凭证；9. 其他法律规定相关材料

（续表）

审批事项名称	审批机构	审批周期	审批内容	审批依据及条件
规划条件审查	规划委	20 个工作日	规划条件	1. 申报委托书；2. 建设项目规划许可及其他事项申报表；3. 国有土地使用权证；4. 请示文；5. 项目总图；6. 地形图
建设用地规划许可	规划委	7 个工作日	建设用地规划许可证	1. 申报委托书；2. 建设项目规划许可及其他事项申报表；3. 规划条件；4. 立项批复文件；5. 定桩成果；6. 地形图
建设工程规划许可	规划委	20 个工作日	工程规划许可证	1. 申报委托书；2. 建设项目规划许可及其他事项申报表；3. 立项批复文件；4. 建设用地规划许可证附件；5. 国有土地使用权出让合同；6. 勘察设计招投标登记表及勘察设计中标通知书；7. 城市建设工程办理竣工档案登记表；8. 规划意见书；9. 人防规划设计条件咨询意见书
规划核验（验线）	规划委	3 个工作日	核验（验线）意见	1. 申报表；2. 申报法人授权委托书；3. 建设工程规划许可证；4. 建设工程测量成果报告书；5. 建筑工程施工许可证
规划核验（验收）	规划委	7 个工作日	规划验收合同通知书	1. 申报表；2. 申报法人授权委托书；3. 城市建设工程竣工档案登记表；4. 建筑工程施工许可证；5. 建设工程规划许可证；6. 建设用地规划许可证；7. 建设工程竣工测量成果报告书；8. 房屋土地测绘技术报告书；9. 工程实测总平面图；10. 施工（竣工）图纸；11. 各朝向立面完整的现状照片

（续表）

审批事项名称	审批机构	审批周期	审批内容	审批依据及条件
环境影响审查	环保局	30 个工作日	环评批复	1. 环评报告书；2. 申请登记表；3. 水土保持方案行政许可意见；4. 申请报告书
建设项目环保设施验收	环保局	30 个工作日	环保验收	1. 建设项目环保审批批复；2. 建设项目竣工环境保护“三同时”验收登记表；3. 建设项目竣工环境保护验收申请；4. 环境保护验收监测报告或调查报告；5. 环境保护验收监测报告。
交通影响审查	交通委	20 个工作日	交通影响评价报告评议意见函	1. 交通影响评价报告书；2. 规划意见书；3. 控规材料
建筑工程施工许可证核发	住建委	8 个工作日	建筑工程施工许可证	1. 申请表；2. 建设工程规划许可证；3. 国有土地使用证或有关批准文件；4. 施工图设计文件审查通知书；5. 施工合同备案表；6. 监理合同备案表；7. 安全生产管理人员安全生产考核合格证书和《地上、地下管线及建（构）筑物资料移交单（表 AQ–A–2）》8. 项目建设资金落实证明；9. 人防施工图备案回执；10. 法人委托书；11. 建筑节能设计审查备案登记表

（续表）

审批事项名称	审批机构	审批周期	审批内容	审批依据及条件
房屋建筑工程竣工验收备案	住建委	5 个工作日	工程竣工验收备案表	1. 建筑工程竣工验收备案表；2. 工程竣工验收报告；3. 工程质量竣工验收记录；4. 建筑工程施工许可证；5. 建设工程规划许可证；6. 建设工程规划验收合格通知书；7. 建筑工程消防验收意见书；8. 建设工程档案预验收意见书；9. 工程质量保修书；10. 法人委托书原件；11. 法定代表人身份证明
建筑设计防火审核	消防局	8～30 个工作日	消防审核意见	1. 建设工程规划意见书或建设工程用地许可证；2. 建筑工程消防设计防火审核申报表；3. 全套正式蓝图；4. 消防设计专篇
建设工程地震安全性评价报告审定及抗震设防要求确定	地震局	12 个工作日	意见书	1. 批准文件；2. 规划意见书；3. 岩土工程勘察报告；4. 实地勘察报告或抗震设防要求技术咨询资料；5. 本场地地震安全性评价工程应用报告和评审意见
改变绿化规划、绿化用地的使用性质审核	园林绿化局	18 个工作日	审核意见	1. 申请报告及附图；2.《调整绿化规划、绿化用地的使用性质申请书》；3. 控制性详细规划、修建性详细规划、规划许可证及附图、其他经批准的规划文件；4. 拟调整绿化规划、绿化用地的测绘成果

（续表）

审批事项名称	审批机构	审批周期	审批内容	审批依据及条件
人防工程建设规划设计条件审查	民防局	8 个工作日	人防工程建设规划设计条件咨询意见书	1. 申请表；2. 规划部门对建设项目设计方案的相关意见；3. 建筑面积明细表；4. 设计方案；5. 易地建设申请
人防工程易地建设证明书	民防局	8 个工作日	人防工程易地建设证明书	1. 申请表；2. 人防工程建设规划设计条件资金意见书或人防工程建设规划设计条件意见书
项目立项	发改委或工信局	2 个月	可研报告编制、审批表格填写、能耗报告编制、能耗专家评价、项目立项	可研报告内容、能耗报告内容以及能耗专家评审意见审核通过
车辆生产企业及产品公告	工业和信息化部	企业从样车试验到审批发布约 50 ~ 105 个工作日	车辆技术参数及试验报告	国经贸产业［2002］768 号《关于进一步加强车辆公告管理和注册登记有关事项的通知》、发改产业［2006］1532 号《关于完善车辆生产企业及产品公告管理有关事项的通知》；依据国家强制性检验标准及车辆产品《公告》技术审查规范性要求

（续表）

审批事项名称	审批机构	审批周期	审批内容	审批依据及条件
国家环境保护部环保公告	国家环境保护部	3.5 个月	环保生产一致性保证计划书、与环保相关的技术参数及试验报告	环发［1998］83 号《关于加强新生产机动车排气污染监督管理的通知》；依据国家强制性排放检验标准及环保部标准
市符合环保排放标准车型目录（环评）	市环境保护局	6 个月	与环保相关的技术参数及试验报告	建设项目环境管理条例、分类项目管理名录，国家强制性排放检验标准及北京市地方标准
道路运输车辆燃料消耗量达标车型表	交通运输部	企业从样车试验到发布约 100 个工作日；每季度一批	与油耗相关的技术参数及试验报告	交通运输部 2009 年第 11 号令及交通运输部下发的营运客车（货车）燃料消耗量限值及测量方法
中国强制性产品认证（CCC 认证）	质量监督检验总局国家认证认可监督管理委员会	3.5 个月	车辆技术参数及试验报告、生产一致性控制材料、车辆一致性证书	总局第 117 号令《强制性产品认证管理规定》；强制性产品实施规则：CNCA-02C-023：2008 国家强制性检验标准

2. 房地产业

审批事项名称	审批机构	审批周期	审批内容	审批依据及条件
房地产开发企业一级资质核定（初审）	市住建委	20 个工作日	房地产开发企业一级资质	1.《房地产开发企业资质管理规定》（建设部令第 77 号） 2.《关于转发建设部〈房地产开发企业资质管理规定〉的通知》（京建开［2000］387 号文） 3.《关于进一步加强房地产开发企业资质管理的通知》（京建开［2007］1152 号文）
房地产开发企业一级资质核定（审批）	建设部	20 个工作日	房地产开发企业一级资质	1.《中华人民共和国城市房地产管理法》第三十条； 2.《城市房地产开发经营管理条例》（国务院令第 248 号）第八条、第九条。
立项审批	发改委	30 个工作日	项目核准及固定资产投资核准	房地产开发企业设立意见书、工商管理局核名通知、土地使用权批复、资金证明、项目申请报告、环评审批意见、规划选址意见书、项目合同书、验资报告、能源评估、节能报告表

（续表）

审批事项名称	审批机构	审批周期	审批内容	审批依据及条件
项目核准备案	市（或区）发改部门	7个工作日	环评、地灾、节能、企业资金	1. 环评批复；2. 地质灾害评估登记表及批复；3. 节能备案登记；4. 企业资金证明（3个月内）
选址意见书	规划局	30个工作日	项目整体规划	规划定位图
《用地规划许可证》	市规划和国土资源委员会	20个工作日，如办变更60个工作日	用地指标	立项批文，选址和土地审查，环境影响评价报告等
《建设工程规划许可证》	市规划和国土资源委员会	20个工作日	建筑消防	取得方案批复、完成总平面图、建筑专业施工图设计、命名批复等
施工图消防审批	市消防局	30个工作日	建设工程建筑、机电施工图	1. 取得《建设工程规划许可证》；2. 涉及超规范的内容，需上报省、国家公安消防主管部门，取得认可意见
《建设工程规划验收》	市规划和国土资源委员会	20个工作日	已建设完成的建筑物是否与建筑图相符	工程竣工、完成竣工查丈、移交政府配套等
《地名命名核准》	市规划和国土资源委员会	10个工作日	名称合法性	土地合同、建筑物现状或效果图
《社会投资项目核准通知书》	市发展和改革委员会	10个工作日	是否符合社会投资项目核准条件	有资质的工程咨询机构编制的申请报告、资本证明金、房地产开发资质

（续表）

审批事项名称	审批机构	审批周期	审批内容	审批依据及条件
《建设项目环境影响审查批复》	市人居环境委员会	60 日	各项环保措施的可行性	报告书、公众调查表、人居技术中心审查意见等
《建筑工程施工许可证》	市住房和建设局	15 个工作日	工程发包程序、工程合同的合法性、工程担保手续是否合法、工程是否符合开工条件	已经取得建设工程规划许可证、施工场地具备施工条件、确定施工企业、施工图设计文件已依法进行了审查、建设资金已经落实等
规划意见书	市规划委员会	20 个工作日	建设项目的性质、规模、布局确定建设用地及代征城市公共用地范围和面积和其他法律、法规、规章中要求审查的内容	《城乡规划法》 《北京市城市规划条例》
建筑设计方案审批	规划局	20 日	建筑设计方案报审	设计说明、项目区位图、鸟瞰图、总平图、环境关系分析图、规划结构分析图、公建配套分析图、景观绿化分析图、道路交通分析图、建筑单体效果图及平面、立面、剖面图、竖向设计图、各专业规划图
不使用政府投资的城建类投资项目核准	市发展和改革委员会	20 个工作日	项目核准	《国务院关于投资体制改革的决定》（国发［2004］20 号）

（续表）

审批事项名称	审批机构	审批周期	审批内容	审批依据及条件
国有建设用地使用权协议出让合同变更	市国土资源局	16 个工作日（不包括重新评审地价时间）	北京市国有建设用地使用权出让合同补充协议	1.《中华人民共和国城市房地产管理法》第 12 条；2.《中华人民共和国土地管理法》第 53 条；3.《中华人民共和国土地管理法实施条例》第 29 条；4.《中华人民共和国城镇国有土地使用权出让和转让暂行条例》第 9 条；5.《北京市实施〈中华人民共和国城镇国有土地使用权出让和转让暂行条例〉办法》（市人民政府令［2007］第 200 号修改）第 3 条
出让国有建设用地使用权土地初始登记（其他单位或个人）	市国土资源局	10 个工作日	国有土地使用证	1.《中华人民共和国土地管理法》第 11 条第三款；2.《中华人民共和国土地管理法实施条例》第 5 条第一款；3.《土地登记办法》第 3 条、第 27 条和第 28 条
地价款缴纳情况证明书	国土资源局	16 个工作日	核实项目用地须支付相关款项的缴纳情况，并出具证明	开发企业已与市国土局签订土地出让合同，并交纳地价款； 开发企业已与本宗地前期开发（一级开发）单位签订补偿合同，并交纳补偿款； 开发企业已交纳印花税、契税等相关费用

（续表）

审批事项名称	审批机构	审批周期	审批内容	审批依据及条件
一般类建设项目环境保护审批（环境影响报告书、环境影响报告表、环境影响登记表）	市环境保护局	报告书30个工作日、报告表20个工作日、登记表10个工作日	环评	《中华人民共和国环境保护法》第13条 《中华人民共和国大气污染防治法》第11条第1款和第2款 《中华人民共和国水污染防治法》第13条第1款和第2款 《中华人民共和国固体废物污染环境防治法》第13条等
建设项目交通影响评价报审	市交通委员会	20个工作日	交评	北京市实施《中华人民共和国道路交通安全法》办法 北京市道路运输条例 中华人民共和国道路交通安全法实施条例
工程报建	市城建委	7工作日		填写报建登记表
天然气报装（完成勘察、设计、合同、缴费、施工图、确定施工单位）	市天然气公司	6个月		完成勘察、设计、合同、缴费、施工图、确定施工单位

（续表）

审批事项名称	审批机构	审批周期	审批内容	审批依据及条件
供电报装（完成可研、设计、出图、确定施工单位）	市供电局	9 个月		完成可研、设计、出图、确定施工单位
供水报装（完成踏勘、设计、合同）	水务局	2 个月		完成踏勘、设计、合同
建设工程施工现场条件踏勘	市城乡建设委	7 个工作日	踏勘表	完成质量、安全报监手续
工程质量监督注册登记	市城乡建设委			完成施工图并联审查和施工招标后
建设工程安全监督检查登记	市城乡建设委	7 个工作日		完成施工图并联审查和施工招标后
“一费制”收费认定及缴费	市城乡建设委	7 个工作日		
园林绿地审查联系单	市园林局	10 个工作日	施工图总平面	取得《建设工程规划许可证》

（续表）

审批事项名称	审批机构	审批周期	审批内容	审批依据及条件
项目园林审核意见的复函	市园林绿化局	20 个工作日	绿地规划方案审核	北京市绿化条例 北京市古树名木保护管理条例 城市绿化规划建设指标的规定
规划设计方案文物保护审查	文物管理部门	20 个工作日	批准规划设计方案中包含的文物保护方案，提出其他文物保护要求	规划部门原则批准规划设计方案，并出具复函
规划设计方案消防设计审查	公安消防部门	16 个工作日	规划设计方案中包含的消防设计方案，提出其他消防设计要求	规划部门原则批准规划设计方案，并出具复函批准
工程的地震安全性评价	市地震局	20 个工作日	场地安全性评价	1.《中华人民共和国防震减灾法》2. 地震安全性评价管理条例（国务院令第 323 号）3. 地震监测管理条例（国务院令第 409 号）4. 北京市实施《中华人民共和国防震减灾法》办法 5. 建设工程抗震设防要求管理规定（中国地震局令第 7 号）6. 地震安全性评价资质管理办法（中国地震局令第 8 号）7. 湖北省工程建设场地地震安全性评价管理办法（省人民政府令第 183 号）8. 中国地震动参数区划图（GB 18306－2001）9. 工程场地地震安全性评价技术规范（GB17741－1999）

（续表）

审批事项名称	审批机构	审批周期	审批内容	审批依据及条件
施工图防雷装置设计审核	市气象局	15 个工作日	审核意见书	完成施工图设计审查
伐树许可证	园林管理部门	12 个工作日	批准对建设项目用地内树木砍伐或移植	规划部门核发建设工程许可证
地名的命名、更名审批	规划管理部门	20 个工作日	批准项目建筑物的命名	规划部门核发建设工程许可证 项目用地完成在国土管理部门的初始登记，并核发土地证
年度投资计划	计划管理部门	45 个工作日	批准项目投资列入本地总体经济计划	规划部门核发建设工程许可证； 开发企业投资资金已落实到位； 开发企业根据规划、民防等部门审定设计方案，缴清涉及的地价款、基础设施建设费、相关税费等费用
房屋建筑和市政基础设施工程竣工验收、备案	市质量监督站备案科	15 个工作日	认可文件或者准许使用文件	
人防方案审查	市人民防空办公室	10 个工作日	人防方案	规划设计方案总平面取得市规划部门认可意见

（续表）

审批事项名称	审批机构	审批周期	审批内容	审批依据及条件
人防施工图审查	市人民防空办公室	20 个工作日	人防施工图	人防方案审查意见书
人防竣工验收、备案	区人防办	20 个工作日	认可文件或者准许使用文件	
规划核验［城镇建筑工程（验收）］	规划管理部门	7 日	认定项目用地和工程符合规划要求	规划部门认定资质的测绘单位完成实测，并依据用地、工程规划批准文件出具《建设工程竣工测量成果报告书》、《房屋土地测绘技术报告书》
消防验收	公安消防部门	10 日	认定项目消防工程建设符合要求	完成消防工程施工
预售证办理	市规划和国土资源委员会	30 日（视各地情况不同而审批周期不同）	施工情况、资金投入、预售方案、预售价格、社区公共配套移交意向书等	施工证、进度证明、验资报告等
房产初始登记办理	产权登记中心	90 日	规划验收合格证明、竣工报告、公共配套移交协议书等	规划验收合格证明、竣工报告、公共配套移交协议书、分栋、分户表、测绘报告等

（续表）

审批事项名称	审批机构	审批周期	审批内容	审批依据及条件
社区公共配套移交	区委物业办、规划国土局、产权登记中心	政府部门没具体审批时间	物业办审位置图，使用标准	规划局出图—物业办审图，位置选择是否合理—规划局出移交意向书—物业办再出移交意向书—根据规划验收合格证再出正式移交书，以上资料不齐全，无法办理预售和初始登记
预售合同解除	规划国土局	43 日	预售合同买卖双方资料	已签署的预售合同、预售证、双方解除协议书
退房	房产交易中心	1 个月	解除商品房买卖合同	1. 持法院判决书 2. 持银行无法按揭证明
申报资料：个税手续费返还	主管税务机关	6 个月以上	个税缴纳情况	手续费支付信息表
涉外售付汇业务	国税局、银行	1 ~2 个月	外汇合同付款	合同、发票原件等材料是否齐全、符合要求
贷款卡年审	中国人民银行	1 个工作日	企业经营情况、征信水平等	企业正常经营、征信正常等

3. 能源行业

审批事项名称	审批机构	审批内容	审批依据及条件
运输管理	运输企业（运输主管部门）	关于同意承担运输的文件	电力部：《火电工程可行性研究报告书内容深度要求（试行）》第 3 条，电计［1997］321 号； 国家发改委：《火力发电厂可行性研究报告内容深度规定》第 4 条，DL/T 5375-2008
银行贷款	银行总行	关于同意项目贷款的承诺函	国家发改委、中国银监会：《国家发展改革委、中国银监会关于进一步改进固定资产投资项目落实银行贷款工作有关问题的通知》第 1 条，发改投资［2004］1198 号
煤源	煤炭企业	关于同意供应燃料的承诺文件	电力部：《火电工程可行性研究报告书内容深度要求（试行）》第 3 条，电计［1997］321 号； 国家发改委：《火力发电厂可行性研究报告内容深度规定》第 4 条，DL/T 5375-2008
供水	供水企业	供水协议	电力部：《火电工程可行性研究报告书内容深度要求（试行）》第 3 条，电计［1997］321 号； 国家发改委：《火力发电厂可行性研究报告内容深度规定》第 4 条，DL/T 5375-2008
综合利用	建材企业等	灰渣综合利用协议	国家发改委：《粉煤灰综合利用管理办法》第 10 条，国家发展和改革委员会、科学技术部、工业和信息化部、财政部、国土资源部、环境保护部、住房和城乡建设部、交通运输部、国家税务总局、国家质量监督检验检疫总局令（第 19 号）

（续表）

审批事项名称	审批机构	审批内容	审批依据及条件
脱硫（硝）吸收剂	相关生产企业	脱硫（硝）吸收剂供应的协议（协议）	国家发改委：《火力发电厂可行性研究报告内容深度规定》第 4 条，DL/T 5375-2008
可研审查	咨询机构	可行性研究报告审查意见	国家发改委：《火力发电厂可行性研究报告内容深度规定》第 3 条，DL/T 5375-2008
矿产压覆	省级矿产主管部门	关于建设项目压覆矿产资源情况的批复文件	全国人大：《矿产资源法》第 33 条，主席令第 74 号； 国务院：《矿产资源法实施细则》第 35 条，国务院令第 152 号； 国土资源部：《建设项目用地预审管理办法》第 8 条，国土资源部令第 42 号； 国土资源部：《关于规范建设项目压覆矿产资源审批工作的通知》第 4 条，国土资发［2000］386 号
地质灾害	省/市/县国土资源管理部门	地质灾害危险性评估报告备案登记表	国务院：《地质灾害防治条例》第 21 条，国务院令第 394 号； 国务院：《国务院关于加强地质灾害防治工作的决定》第 10 条，国发［2011］20 号； 国土资源部：《国土资源部关于加强地质灾害危险性评估工作的通知》第 5 条，国土资发［2004］69 号

（续表）

审批事项名称	审批机构	审批内容	审批依据及条件
自然保护区保护	自然保护区管理机构	关于同意项目建设的意见（或有）	国务院：《自然保护区条例》第 32 条，国务院第 167 号令； 国家土地管理局：《国家土地管理局自然保护区土地管理办法》第 19 条，国土法字［1995］第 117 号
草原占用	草原行政主管部门	关于同意占用草原的意见（或有）	农业部：《草原征占用审核审批管理办法》第 6 条，农业部令第 58 号
林地占用	森林行政主管部门	关于同意占用森林的意见（或有）	全国人大：《森林法》第 18 条，主席令第 3 号； 国务院：《森林法实施条例》第 16 条，国务院令第 278 号
文物保护	省级文物主管部门	关于无文物保护的证明文件	全国人大：《文物保护法》第 29 条，主席令第 84 号； 国务院：《文物保护法实施条例》第 23 条，国务院令第 377 号
地震安全	国家地震局/省地震主管部门	关于地震安全性评价审批文件	全国人大：《防震减灾法》第 35 条，主席令第 7 号； 国务院：《地震安全性评价管理条例》第 3、11、16、19 条，国务院令第 323 号
节能评估	国家发改委环资司	关于项目节能评估报告书的审查意见	全国人大：《节约能源法》第 15 条，主席令第 77 号； 国家发改委：《固定资产投资项目节能评估和审查暂行办法》第 10 条，国家发展和改革委员会令第 6 号

（续表）

审批事项名称	审批机构	审批内容	审批依据及条件
铁路专线	地方铁路局	关于同意铁路专用线接轨的文件（或有）	铁道部：《铁路专用线专用铁路管理办法（试行）》第8条，铁（1995）107号
接入系统	国家/南方电网公司	关于同意项目并网的意见	国家电网公司：《国家电网公司电厂接入系统前期工作管理办法》第7、8、18、23条，国家电网公司［2007］243号
海洋环境保护	国家海洋行政主管部门	关于海洋环境影响评价的审核意见（或有）	全国人大：《海洋环境保护法》第43条，主席令第26号； 国务院：《防治海岸工程建设项目污染损害海洋环境管理条例》第7条，国务院令第507条
海域使用论证	国家海洋行政主管部门	关于海域使用论证报告的批复（或有）	国家海洋局：《海域使用权管理规定》第6条，国海发［2006］27号； 国家海洋局：《国家海洋局关于海域使用管理示范区工作标准和要求》第4条，海办发［1998］047号； 国家海洋局：《国家海洋局关于印发〈海域使用论证管理规定〉的通知》第2条，国海发［2008］4号
用海预审	国家海洋行政主管部门	关于项目用海预审的意见（或有）	国家海洋局：《海域使用权管理规定》第11条，国海发［2006］27号； 国务院：《国务院关于国土资源部〈报国务院批准的项目用海审批办法〉的批复》第6条，国函［2003］44号

（续表）

审批事项名称	审批机构	审批内容	审批依据及条件
投资协议	企业	投资协议书	电力部：《关于实施电力建设项目法人责任制的规定（试行）》第9条，电建［1997］79号
取水审批	流域水行政主管部门	关于同意项目取水文件	国务院：《取水许可和水资源费征收管理条例》第11条，国务院令第460号；水利部：《取水许可管理办法》第5条，水利部令第34号；水利部、国家发展计划委员会：《建设项目水资源论证管理办法》第11条，水利部、国家发展计划委员会委员会令第15号；国务院：《国务院对确需保留的行政审批项目设定行政许可的决定》第168项，国务院令第412号
厂址规划	省级规划主管部门	关于同意厂址选择的批复文件	全国人大：《城乡规划法》第36条，主席令第74号； 国家发改委：《企业投资项目核准暂行办法》第8条，国家发改委令第19号；建设部、国家计委：《建设项目选址规划管理办法》第7条，建规［1991］583号；建设部：《建设部关于〈建设项目选址规划管理办法〉有关问题的复函》第3条，建规字第533号
民航设施	省级民航主管部门	项目建设对民用航空设施无影响的证明文件	国务院：《民用机场管理条例》第47条，国务院令第553号；民航华东局：《华东地区民用机场净空保护区建设项目管理程序（2012年版）》第8条，民航华东局发［2012］69号

（续表）

审批事项名称	审批机构	审批内容	审批依据及条件
军事设施	省级军事设施主管部门	关于建设项目是否影响军事设施的批复文件	全国人大：《军事设施保护法》第13条，主席令第25号；国务院、中央军委：《军事设施保护法实施办法》第16、23、36条，国务院、中央军委令第298号
上报文件	计划单列企业	计划单列企业对本工程项目的意见（或有）	国家发改委：《企业投资项目核准暂行办法》第10条，国家发展和改革委员会令第19号
环境保护	国家环保部	关于建设项目环境影响报告书的批复意见	全国人大：《环境保护法》第13条，主席令第22号； 全国人大：《环境影响评价法》第25条，主席令第77号； 全国人大：《清洁生产促进法》第18条，主席令第54号； 国务院：《建设项目环境保护管理条例》第9条，国务院令第253号
建设用地	国土资源部	关于项目建设用地预审的批复文件	全国人大：《土地管理法》第52条，主席令第28号；国务院：《土地管理法实施条例》第21条，国务院令第256号；国土资源部：《建设项目用地预审管理办法》第14条，国土资源部令第42号
水土保持	水利部/省级水行政主管部门	关于建设项目水土保持方案的批复意见（国家核准）/关于建设项目水土保持方案报告书的批复意见（省内核准）	全国人大：《水土保持法》第25条，主席令第39号； 水利部、国家计委、国家环保局：《开发建设项目水土保持方案管理办法》第3条，水保［1994］513号； 水利部：《开发建设项目水土保持方案编报审批管理规定》第2条，水利部令第24号

（续表）

审批事项名称	审批机构	审批内容	审批依据及条件
职业病危害	国家安监局	关于职业病危害预评价报告的审核意见	全国人大：《职业病防治法》第 17 条，主席令第 52 号； 国家安监总局：《建设项目职业卫生“三同时”监督管理暂行办法》第 15 条，国家安全生产监督管理总局令第 51 号
安全预评价	国家安监局		
通航安全	航道管理机构	关于通航安全影响论证的批复文件	交通运输部：《水上水下活动通航安全管理规定》第 15 条，交通运输部令［2011］5 号； 海事局：《水上水下活动通航安全影响论证与评估管理办法》第 3、7 条，海通航［2011］262 号
取（排）水构筑物	省级河道主管部门	关于同意修建取（排）水构筑物的文件	国务院：《航道管理条例》第 14 条，国务院令第 545 号； 交通运输部：《航道管理条例实施细则》第 7 条，交通运输部令［2009］9 号
港口岸线	港口行政管理部门	关于港口岸线使用的审批文件	交通运输部、国家发改委：《港口岸线使用审批管理办法》第 6 条，交通运输部、国家发展和改革委员会令［2012］6 号

（续表）

审批事项名称	审批机构	审批内容	审批依据及条件
社会稳定风险评估	省级发展改革委	关于社会稳定风险评估报告的意见	国家发改委：《重大固定资产投资项目社会稳定风险评估暂行办法》第6条，发改投资［2012］2492号
项目环境影响报告书审批	国家或省级环保部门	项目环境影响评价报告书	符合国家和地方的相关环保要求
项目水土保持报告审批	国家或省级水利部门	项目水土保持报告书	符合国家和地方的相关水保要求
项目竣工环境保护验收	国家或省级环保部门	项目建设环保符合环境报告和批复的要求，申请验收	符合建设项目竣工环境保护验收各项条件
项目水土保持验收	国家或省级水保部门	项目建设符合水土保持报告和批复的要求，申请验收	符合建设项目竣工水保验收各项条件

4. 软件和信息技术服务业

审批事项名称	审批机构	审批周期	审批内容	审批依据及条件
电信设备进网许可证	中华人民共和国工业和信息化部	6 个月	产品入网测试	《电信设备进网管理办法》
防爆电气设备防爆合格证	国家防爆电气产品质量监督检验中心	6 个月	产品测试	《防爆电气产品生产许可证实施细则》
CRCC	铁路总公司	12 个月	产品入网测试	《CRCC 产品认证规则特定要求》
安防工程企业资质	中国安全防范产品行业协会	6 个月	资质审核	中安协资［2011］2 号安防工程企业资质评定标准
计算机信息系统集成企业资质	中华人民共和国工业和信息化部	6 个月	资质审核	计算机信息系统集成企业资质等级评定条件及实施细则
国防通信网设备器材进网许可证	中国人民解放军总参谋部	6 个月	入网测试	《通信指控装备入网许可须知》
电力专用通信设备进网许可证	国电通信中心技术部	6 个月	入网测试	《电力专用通信设备进网管理办法》
市企业技术中心	市经济和信息化委员会	6 个月	资质审核	企业技术中心认定评价管理办法
市工程实验室	市发展和改革委员会	6 个月	资质审核	工程实验室管理办法

（续表）

审批事项名称	审批机构	审批周期	审批内容	审批依据及条件
发票增量	区国税局	审批 15 个工作日内	销售合同、发票、发票清单、发票验旧	现有的发票数量不能满足销售合同开具需要
红字发票	区国税局	资料齐全当天办理	销售合同、发票、退货协议、红字申请单	增值税专用发票管理规定
发票丢失	区国税局	相关手续办理完毕	丢失证明资料、销货方原件、复印件、登报报纸、开具方、收取方发票丢失说明	发票丢失管理规定
软件退税	区国税局	1 个月以上	网上填报打印增值税即征即退申请表、产品清单、审批单、银行缴款回单原件及复印件、纳税申报表、税务事项通知书	《关于软件产品增值税政策的通知》财税［2011］100 号
高新技术企业认定	高新技术企业协会	3 年一次	高新技术企业认定申请书，公司证件复印件；知识产权证书（独占许可合同）、生产批文，新产品或新技术证明（查新）材料、产品质量检验报告、省级以	

（续表）

审批事项名称	审批机构	审批周期	审批内容	审批依据及条件
			上科技计划立项证明，以及其他相关证明材料；公司人员状况；具有资质的中介机构鉴证的企业近三个会计年度研究开发费用情况表及附表资料；财务报表	《高新技术企业认定管理办法》
软件企业年审、认定	市经济和信息化委员会	每年1次	上年度财务报表；本企业开发或拥有知识产权的软件产品的证明材料原件及复印件各一份（复印件盖公章），上年度自产软件收入涉及的全部软件产品登记证书、软件著作权登记证书、专利证书等；提供占全年总收入35%以上的软件销售发票清单；上年度费用明细账账本原件及12月份科研开发成本明细账账页；人员情况明细表	《软件企业认定管理办法》，研发费占总收入不低于6%，且不论企业规模大小、收入高低

（续表）

审批事项名称	审批机构	审批周期	审批内容	审批依据及条件
软件产品确认批复	国税局（退税备案批复）	约 1 年 1 次	已获得著作权证书的软件产品	国税局网站办事指南
加计扣除	地方税务局	每年 5 月 31 日之前	区地税减免税备案表；资料清单；研究开发项目计划书和研究开发费预算，名单，成果报告，效用说明，科委鉴定意见书，研究费用汇总表，执行情况表等其他资料	《企业研究开发费用税前扣除管理办法［试行］》《关于中关村东湖张江国家自主创新示范区和合芜蚌自主创新综合试验区有关研究开发费用加计扣除试点政策的通知》（财税［2013］13 号）
科委研究项目备案	市科委	每年 4 月 30 日之前	研究开发项目计划书和研究开发费预算、名单、成果报告、效用说明	《企业研究开发费用税前扣除管理办法［试行］》

5. 公共领域基础设施行业

所在行业：城市生活垃圾处理（焚烧发电项目为例）				
审批事项名称	审批机构	审批周期	审批内容	审批依据及条件
经营权协议、投资协议	项目所在县（区）、市政府		BOT 特许权协议（或投资协议）	
项目公司设立	县（区）、市工商局；县（区）市政府	1 个月左右	项目公司工商注册设立	部分地区要求提供环评、发电许可等前置性支持文件才能注册，这些文件公司成立后才能办理，目前只能以筹建名义注册
预可研报批	县（区）、市、省发改委及相关部门	1～2 个月	项目建议书（预可研报告）审批	
路条	县（区）、市、省发改委	1～2 个月	同意开展前期工作的函（路条）	
规划选址意见	县（区）、市规划局；县（区）市政府	1 个月	规划选址意见书、规划设计条件、修建性详规及单体方案审查	
用地意见	县（区）、市、省国土局（厅）	1～2 个月	土地预审意见	部分地区需要提前对压覆矿产、地质灾害、水土保持、文物保护等环节进行提前审批

（续表）

所在行业：城市生活垃圾处理（焚烧发电项目为例）				
审批事项名称	审批机构	审批周期	审批内容	审批依据及条件
总量确认	县（区）、市、省环保局（厅）	1～3个月	常规污染物排放总量确认	对 SO_2、氮氧化物等污染物排放进行审查
环评	县（区）、市、省环保局（厅）	3～6个月	环境影响评价	针对项目对周边大气、水、土壤等环境因素、社会因素影响进行综合评价
公参	县（区）、市、省环保局（厅）	1～3个月	环评公众参与	对周边居民进行公众参与调查并进行两次公示
各项检测	县（区）、市、省环保局（厅）	1～3个月	大气、地下水、土壤检测	
	县（区）、市、省环保局（厅）		二噁英检测	
	县（区）、市、省环保局（厅）		垃圾成分分析	
取水意见	县（区）、市、省水利局（厅）	1～3个月	水资源论证	部分地区政府强制性要求必须做水资源论证报告
水土保持意见	县（区）、市、省水利局（厅）	1～3个月	水土保持评估报告审批	

（续表）

所在行业：城市生活垃圾处理（焚烧发电项目为例）				
审批事项名称	审批机构	审批周期	审批内容	审批依据及条件
节能评估	县（区）、市、省发改委	1 个月内	节能评估报告审批	
维稳评估	县（区）、市、省发改委	1～3 个月	维稳风险评估	
电力消纳	县（区）、市、省电力公司、国家电网	3～6 个月	电力消纳方案审批	
电力接入审批	县（区）、市、省电力公司、国家电网	3～6 个月	电力接入方案批复	
安全预评价	县（区）、市、省安监局（厅）	3～6 个月	安全预评价	
职业劳动卫生预评价	县（区）、市、省安监（卫生）局（厅）	1～3 个月	职业劳动卫生预评价	
压覆矿产评估	县（区）、市、省国土局（厅）	1～3 个月	压覆矿产评估	
地质灾害评估	县（区）、市、省地质局（厅）	1～3 个月	地质灾害评估	

（续表）

所在行业：城市生活垃圾处理（焚烧发电项目为例）				
审批事项名称	审批机构	审批周期	审批内容	审批依据及条件
地震防护评估	县（区）、市、省地震局（厅）	1～3 个月	地震防护评估	
林业防护评估	县（区）、市、省林业局（厅）	1～3 个月	林业防护	
文物保护评估	县（区）、市、省文物局（厅）	1～3 个月	文物保护	
防洪证明	县（区）、市政府（水利局）		防洪证明	
垃圾保量证明	县（区）、市政府（城管局）		垃圾保量证明	
立项核准批复	县（区）、市、省发改委（能源局）	3～6 个月	节能评估报告、项目申请报告评审、立项核准批复	对公司成立以来的各种支持性文件、节能评估报告、申请报告进行评审、审批

所在行业：污水处理				
审批事项名称	审批机构	审批周期	审批内容	审批依据及条件
立项	发改委	20 个工作日	项目建议书等	《国务院关于投资体制改革的决定》等文件

（续表）

所在行业：污水处理				
审批事项名称	审批机构	审批周期	审批内容	审批依据及条件
可研	发改委	20 个工作日	可研报告、立项批复、选址意见书、用地预审报告、环评及能评批复等	《国务院办公厅关于加强和规范新开工项目管理的通知》等文件
初步设计	建交委和发改委	20 个工作日	初步设计文件、可研批复等	《国务院办公厅关于加强和规范新开工项目管理的通知》等文件
环评	环保局	15～60 个工作日	环境影响报告书、环境影响报告表或登记表、区县环保局预审意见、技术评估意见	《天津市建设项目环境保护管理办法》、《中华人民共和国环境影响评价法》。遵守国家和地方的环境保护法规标准；符合重点污染物排放总量控制要求等
安评	安监局	30 个工作日	安全设施设计审查申请报告及申请表、立项和可行性研究报告批准文件、安全预评价报告书、初步设计及安全专篇等	《非煤矿矿山建设项目安全设施设计审查与竣工验收办法》、《中华人民共和国安全生产法》。安全预评价报告由具备相应资质的评价机构承担；安全设施设计由具备相应资质的设计单位承担；安全设施设计符合工程建设强制性标准和行业技术规范；所确定的设施、设备、器材符合国家标准和行业标准等

（续表）

所在行业：污水处理				
审批事项名称	审批机构	审批周期	审批内容	审批依据及条件
能评	经委	20 个工作日	固定资产投资项目能评审批申请书、企业法人营业执照副本复印件（加盖印章）、《固定资产投资项目能源利用情况表》、固定资产投资项目节能评估文件（含专家论证会名单及论证意见）或节能登记表	《天津市节约能源条例》、《中华人民共和国节约能源法》。区域内的内资企业投资 1 亿元以上（含 1 亿元）审批、核准的工业及其他项目（不含建筑），投资 7 亿元以上（含 7 亿元）备案的工业及其他项目（不含建筑）等
职评	卫生局	20 个工作日	申请公函、申请书、职业病危害预评价报告书表、可研报告	《建设项目职业病危害分类管理办法》、《中华人民共和国职业病防治法》。有建设项目职业病危害预评价报告；按规定编写“职业卫生专篇”以及对职业病危害的防护设施进行设计等
规划	规划局	20 个工作日	建设工程规划许可证申报表（建筑物）、与规划管理相关的施工图、使用土地有关证明文件等	《中华人民共和国城乡规划法》、《天津市城市规划条例》等。审定修建性详细规划或总平面设计方案；审定建设工程设计方案；取得土地权属文件

（续表）

所在行业：污水处理

审批事项名称	审批机构	审批周期	审批内容	审批依据及条件
用地（划拨）	国土房管局	20个工作日	建设用地批准书申请表、《建设项目用地预审报告》（仅限于单独项目选址）、《选址意见书》及《建设用地规划许可证》、属政府资金项目，提交项目建议书或可行性研究报告及其批复文件、经批准的投资计划文件；属于非政府资金的，提交项目申请报告及核准文件、初步设计或者其他有关批准文件（仅限于单独项目选址）等	《天津市土地管理条例》、《中华人民共和国土地管理法》、《中华人民共和国土地管理法实施条例》。建设用地批准书申请表；建设项目用地预审报告》（仅限于单独项目选址）、《选址意见书》及《建设用地规划许可证》；属政府资金项目，提交项目建议书或可行性研究报告及其批复文件、经批准的投资计划文件；属于非政府资金的，提交项目申请报告及核准文件，初步设计或者其他有关批准文件（仅限于单独项目选址）等
消防设计审核	公安消防局	20个工作日	申报表、建设单位工商营业执照、设计单位资质证明文件、消防设计文件等	《中华人民共和国消防法》、《建设工程消防监督管理规定》。建设单位的工商营业执照等合法身份证明文件；设计单位具备相应的资质条件；提供建设工程规划许可证明文件等

（续表）

所在行业：污水处理				
审批事项名称	审批机构	审批周期	审批内容	审批依据及条件
施工许可证	建交委	3 个工作日	建设用地规划许可证、建设工程规划许可证、施工图纸审查备案书、施工中标通知书及已备案的施工合同、质量监督、安全措施备案书等	《中华人民共和国建筑法》。已办理用地及规划手续，已确定施工企业，有满足施工需要的施工图纸及技术资料，建设资金已经落实等
环保验收	环保局	30 个工作日	验收监测报告（表）或调查报告、验收申请	《建设项目竣工环境保护验收管理办法》、《天津市建设项目环境保护管理办法》。按照建设项目环境影响报告书（表）、环境影响登记表和审批部门的要求落实各项环保措施；出具建设项目竣工环境保护验收监测报告或竣工验收监测表及相关文件；环保设施竣工验收应当与主体工程竣工验收同时进行
安全验收	安监局	30 个工作日	非煤矿矿山建设项目安全设施竣工验收申请表、安全验收评价报告书及备案批复、经审查合格的安全	《非煤矿矿山建设项目安全设施设计审查与竣工验收办法》、《中华人民共和国安全生产法》。安全设施和安全条件应符合设计要求；

（续表）

所在行业：污水处理				
审批事项名称	审批机构	审批周期	审批内容	审批依据及条件
安全验收	安监局	30个工作日	设施设计、修改设计的文件及相关资料、施工单位资质证明材料等	安全设施和安全条件能满足正常生产和使用；按规定建立安全生产管理部门和配备安全生产管理人员等
职业病验收	卫生局	20个工作日	验收公函、申请书、职业病危害控制效果评价报告书	《建设项目职业病危害分类管理办法》、《中华人民共和国职业病防治法》。委托有资质的卫生技术服务机构完成建设项目“职业病危害控制效果评价”；委托有相应资质的职业健康检查机构对作业人员进行上岗前职业健康检查等
消防验收	公安消防局	20个工作日	申报表、竣工验收报告及竣工图纸、消防产品质量合格证明文件、施工、监理等单位合法身份证明及资质等级证明文件等	《中华人民共和国消防法》、《建设工程消防监督管理规定》。项目已经竣工；建设工程的施工单位、工程监理单位、设计单位、检测单位分别具有相应等级的资质和合格身份证明文件；建设单位具有工商营业执照等合法身份证明文件；建设工程经建设单位、设计单位、施工单位、工程监理单位联合自验合格，已经取得《工程竣工验收报告》等

（续表）

所在行业：污水处理				
审批事项名称	审批机构	审批周期	审批内容	审批依据及条件
防雷验收	气象局	20 个工作日	申请表、施工单位资质证书原件及复印件（加盖公章）、防雷装置竣工图、具备资质单位出具的防雷装置检测报告、采用防雷产品备案书等	《防雷减灾管理办法》、《防雷装置设计审核和竣工验收规定》、《天津市气象条例》。主管部门批准工程立项等证明文件；具备资质单位设计与施工
规划验收	规划局	20 个工作日	建设工程规划验收合格证申报表（建筑工程）、《建设工程规划竣工测量技术报告》、建设工程档案预验收证明原件等	《中华人民共和国城乡规划法》、《天津市城市规划条例》。完成建设工程规划验收测量